Chronicles of Taiwan's Wetlands

A History of Human Mobility, Species and Wetlands Evolution

從東亞文明到臺灣與周遭島嶼的濕地變遷、人群流動與物種演替史卷

方偉達 著

目次 Contents

Part 3 怒雷翻地軸——臺灣北部濕地

Part 4 雲霄兩分流——臺灣中部濕地

Part 5 上原下隰——臺灣西南部濕地

海上明珠——臺灣東部與離島濕地

Part 7

垄之法——

回到濕地之心：保育的進程與趨勢

Part 8

濕地之跋

推薦序

站在歷史交叉點上，溼地變遷演繹著臺灣過去的發展軌跡，更提示未來保育的方向

陸曉筠　海洋委員會海洋保育署署長

「坔」是溼地[1]的古字，也是我很喜歡的字，因為是水跟土融合在一起的涵義。臺灣，何其有幸，擁有各式不同樣態的溼地，也有著豐富的溼地生態與風土人情。過去，我研究室曾經有機會走遍臺灣大部分的國家重要溼地，不論是國際級、國家級或是地方級的重要溼地，在走踏的過程看到臺灣溼地的美、感受到臺灣溼地的脈動、認識到臺灣溼地的人、聽到臺灣溼地的故事……這些記憶已成為一輩子深植在血液中、不可分割的一部分。這本《臺灣濕地誌》重新勾起了我對溼地的感動跟想望，讓我重新思考溼地跟人類關係。

溼地，是生命繁衍的搖籃，也是地球生態系統中至關重要的一環。從遙遠的過去到現代，溼地始終在人類歷史與自然環境中扮演著舉足輕重的角色。它不僅提供豐富的生態資源，還在調節氣候、儲存碳、減緩洪水與水質淨化等方面發揮著無可

1　「濕地」與「溼地」兩詞都有人使用，但兩個字的字形字義或許有些差異，就字形來看，「溼」有土水相容的意義，「濕」則有日曬蒸散的濕氣之意。因偏好土水意義的「溼地」，本篇序言以「溼地」爲主，但內容涉及法規或官方名詞，仍以官方使用之「濕地」爲主。

取代的功能。然而，隨著工業化進程加速，全球溼地面積急劇縮減，許多溼地正面臨著前所未有的威脅。

在臺灣，溼地更是這個島嶼的根基之一。臺灣的溼地如同星羅棋布的綠色寶石，散布在島嶼的四周以及內陸，從北部的河口到南部的湖泊，從東岸的礁湖到離島的鹽田，每一片溼地都蘊含著豐富的生態文化與歷史。本書《臺灣濕地誌》透過溼地的歷史、人類與溼地的命運交織、臺灣不同區域的溼地特徵，以及保育與未來趨勢的探討，全面呈現臺灣溼地的多樣性與其在生態保育中的核心角色。

溼地的歷史

溼地的歷史幾乎與地球的歷史一樣久遠。從遠古時代開始，溼地就做為生命的搖籃，滋養了多樣的生物，並在人類文明中發揮著關鍵作用。古代人類社會往往依賴溼地中的豐富資源為人們提供食物、庇護與醫藥。無論是兩河流域的肥沃月彎地區，還是埃及尼羅河三角洲，溼地都是古文明興起的核心支柱。在臺灣，溼地的歷史同樣悠久。早期的臺灣原住民族群與溼地息息相關，許多部落依賴溼地來捕魚、採集植物與進行農耕活動。隨著漢人移民潮的到來，臺灣的溼地開始被更大規模地開發，成為農田、魚塭以及排水系統的重要組成部分。溼地的資源為臺灣的農業經濟提供了穩定的基礎，同時也成為了許多鄉村社區日常生活的一部分。然而，隨著現代化進程的推進，許多溼地被填平或改作他用，導致自然溼地的面積大幅減少。今天，我們站在歷史的交叉點上，回顧溼地的變遷，不僅是為了了解過去的發展軌跡，更是為了尋求未來保育的方向。

臺灣溼地的文化與歷史意象，書中談到可從「黑水溝」這一關鍵地點開始。黑水溝，這片位於臺灣海峽的險惡水域，曾經是臺灣與中國大陸之間的天然屏障，也是一個充滿神祕與危險的地方。它的名字帶有深刻的象徵意義，反映了人們對大自然力量的敬畏。然而，黑水溝不僅僅是臺灣與外界相互隔絕的地理象徵，也是臺灣周邊溼地生態系統的一部分。黑水溝的潮汐、海流與風暴，使得臺灣西部沿海形成了廣闊的潮間帶溼地，這些溼地成為魚類、貝類和鳥類的主要棲息地。溼地生態的豐富性與黑水溝的險惡自然條件交織在一起，成為臺灣溼地意象的起點。這些溼地不僅是自然界的生命儲藏室，也見證了臺灣與外界聯繫的歷史變遷。

人類與溼地

溼地不僅僅是自然界中的一部分，它更與人類的命運緊密交織。在臺灣，溼地一直承載著人類活動的痕跡。從早期的農業開墾到現代的都市發展，溼地常常成為人類利用與開發的對象。然而，溼地同時也是一個敏感的生態系統，稍有不慎的開發或過度利用，便會對其生態平衡造成不可逆的損害。在臺灣的歷史進程中，溼地不僅提供了豐富的資源，也成為人類活動的依托。漁民在溼地中捕撈魚蝦，農民依賴溼地的水源進行灌溉，甚至現代的都市滯洪，也有賴於溼地的天然吸收與入滲。隨著經濟發展與人口增長，許多溼地被填平以供城市擴展，或遭到汙染而逐漸退化。人類與溼地的關係既是依存的，也是充滿挑戰的。

臺灣的溼地環境

臺灣的溼地環境極為多樣，從北到南、從東到西、乃至離島，各地的溼地都有其獨特的生態特徵與文化價值。

在北部，淡水河口的關渡自然保護區是臺灣重要的溼地之一。這片溼地不僅是候鳥的中途驛站，也是多種魚類、甲殼類和植物的繁殖棲地。北部的溼地系統因靠近都市，經常面臨人類活動的壓力，然而它們仍然保持著驚人的生態多樣性。

中南部的溼地，如嘉南平原的魚塭與雲林鰲鼓溼地，則展現出溼地在傳統農漁業中的關鍵作用。這些溼地不僅提供豐富的水產資源，也是當地社區生活的重要依托。中南部的溼地擁有較為溫暖的氣候，吸引了大量候鳥以及其他水生動物在此棲息。

臺灣東部溼地，如花蓮的石梯港溼地與臺東的卑南溪口溼地，則保留了相對較為原始的自然狀態。這些溼地多數位於山海之間，孕育著獨特的生態環境。東部溼地的遼闊與靜謐，讓人感受到自然的偉大與生命的豐饒。

此外，離島地區如金門、澎湖和馬祖，也擁有獨具特色的溼地景觀。澎湖的鹽田溼地是歷史文化的見證，同時也是重要的鳥類棲息地，展現出溼地的多重價值。

溼地的保育核心

在認識溼地的歷史與文化價值的同時，我們也必須面對溼地未來充滿挑戰的現實。全球範圍內，溼地的面積正以驚人的速度縮減，臺灣的溼地也不例外。工業化、城市化、農業過度開發等人類活動，正在對溼地生態系統造成嚴重破壞。隨著氣候變遷的加劇，海平面上升與極端氣候事件頻繁發生，溼地的生態平衡正面臨著前所未有的威脅。然而，我們不能放棄。每一片溼地都是地球的一部分，是生命的源泉，是我們情感的寄託。我們有責任保護這些溼地，讓它們繼續滋養萬物生靈。溼地保育不僅僅是環境保護的議題，它更是人類與自然的和解，是對未來世代的承諾。

溼地的保育工作顯得尤為迫切。臺灣在過去數十年間，已通過《濕地保育法》，逐步推動溼地保護政策，劃定國家重要濕地。在這些國家重要濕地範圍，不僅要致力於保護溼地的生態功能，還要讓更多人了解溼地的重要性，培養人們對自然的敬畏與熱愛。我們相信，唯有在人們心中種下愛護自然的種子，溼地的未來才能得以守護。

在這本《臺灣濕地誌》中，作者希望能激起讀者心中對溼地的情感共鳴。溼地脆弱而充滿生命力，這本書能帶領讀者了解溼地、關注溼地、並透過行動保護溼地。讓我們一起為這片滋養無數生命的土地，付出我們的心力與愛，讓它得以代代相傳，繼續散發生態的多樣與美好。

推薦序

開展跨領域宏觀視角，重新理解濕地

林廷芳　三聯科技教育基金會董事長
勤美集團董事長

當方偉達教授向我提及他要寫一本超過二十萬字的《臺灣濕地誌》時，原以為這將會是一本學術論文集般的大部頭巨著。收到樣本稿件後，迫不及待地翻閱，除了欣賞其中許多平時不容易看到的圖片之外，更佩服偉達兄用宏觀且細膩的手法，將研究臺灣濕地之眾多視角，跨領域整合起來，匯聚成這本史詩般的鴻篇佳構。

看到本書副標題「從東亞文明到臺灣與周遭島嶼的濕地變遷、人群流動與物種演化史卷」，讓我不禁從書架的角落將連橫先生以傳統史學體例撰寫的臺灣史著《臺灣通史》（連先生寫於一九一〇年代臺灣日治時期，出版於一九二〇年）再回顧一回。方教授這本書以地理學、人類史學、考古學等領域，多面向地描述「大灣」臺灣，同時彙整國際公約《拉姆薩國際濕地公約》、《生物多樣性公約》、《巴黎氣候協定》等精神，闡述臺灣的國際參與以及在全球濕地生態系中具體的定位與貢獻。我個人非常推薦將這本書當成《臺灣通史》的前傳來欣賞，絕對會有不一樣的收穫。

個人從事大地工程的相關工作多年，過去僅用非常狹隘的角度去探討康熙湖存在臺北盆地對於臺北城市建設相關工程地質的影響，而方教授卻能用類似郁永河《裨海紀遊》（一六九八年）般樸實的文筆，直述地記載臺灣的濕地演進，再加上有如蘇軾〈後赤壁賦〉的豪情去描述大自然與人類的依存關係，使此書卓然昇華為一本文學作品。

對於一個從小在新店溪畔長大的城市人而言，我常常有機會沿著碧潭新店溪騎自行車繞行社子島，若時間充足，更能夠往關渡、淡水方向騎行，一路欣賞濕地。近幾年來，已可以看到自然濕地保育、高灘地人工濕地營造及復育產生了具體成果，除了公部門重視，更是台灣濕地學會以及許許多多相關保育團體、專家、保育志工們長期默默付出、集眾人之力投注心血所得。我相信這僅是一個起步。經濟發展與自然生態間如何取得平衡？方偉達教授（現任社團法人台灣濕地學會理事長）這本書必會給我們莫大啟發。

寫於二〇二四年國際濕地科學家學會年會（臺北年會）（SWS 2024）前夕

推薦序

山川萬物皆文史　閱盡滄桑自在身

魏國彥　前行政院環境保護署署長
臺灣大學地質科學系退休教授
逢甲大學講座教授

出版社寄來一份書稿，希望我從地質學觀點審閱方偉達教授的文章，我先讀為快。一讀之下，我的感觸與收穫早超越了地質學的範疇。主要是因為這本《臺灣濕地誌》的論述面向極廣。

「濕地」本身就是一個多學科的輻輳之地，含括地理學、生態學、水文學、生物多樣性、環境科學等，也牽涉到國土保育、氣候治理公共政策，如何面面俱到又適切平衡，是寫作上的一大挑戰。方教授舉重若輕，自出機杼，成一家風骨，可用蘇軾評論文章「大略如行雲流水，初無定質，常行於所當行，止於所不可不止」來形容，讀來流暢滋潤，茲借用清代張潮《幽夢影》中的詩句「山川萬物皆文史 閱盡滄桑自在身」來略作品題，也有和偉達教授唱和的意思。

這本書充滿人文氣息，將大自然與名家的文章詩句融合地恰到好處，也流露出知識份子終極關懷的入世情懷；但目睹濕地破壞，滄桑之處，不免徘徊於憐惜與放棄之間，有時灑脫，有時淡漠，傷心之處難掩濕地野性的元氣淋漓。

放在世界地圖上，臺灣的濕地面積不大，分布零碎，大部分已遭到人類活動的入侵，甚至破壞，本很難引起世界級的關注。但是，臺灣濕地又極具特色，是多山小島嶼（mountainous small island）之地形與氣候格局下的典型案例。臺灣近七十年歷經快速社會變遷，是國際學界在當下「人類世」危境中尋求解方的實驗室，這也是二〇二四年十一月國際濕地科學家學會（SWS）年會在方教授努力下，移地到臺灣首次舉辦的主要原因之一。從臺灣的濕地，讓世界看到臺灣；看到臺灣的濕地命運，如若展現了全球環境治理、生物多樣性保育與自然碳匯大趨勢中的一個精緻櫥窗。

任何實驗，都要有完整周全的「實驗報告」，方教授這本《臺灣濕地誌》就扮演了這個角色。就地質時間尺度而言，臺灣濕地的形成與演化與臺灣的造山運動血脈相連，也與臺灣山高水短、地震頻仍、雨量豐富、颱風肆虐、山脈侵蝕、河川的發育均夷過程密切相關。臺灣的湖泊朝生暮死，很快淤積成濕地，其位置與面積又快速轉移；海岸地帶在數千年之內，由滄海而桑田，演化歷程說不清，理還亂。《臺灣濕地誌》梳理了不同時間尺度中千絲萬縷的歷程，既是自然歷史的書寫，也是人文情懷的關照。

明朝陳眉公《小窗幽記》有云：「居軒冕之中，要有山林的氣味；處林泉之下，當懷廊廟的經綸」，方教授出入書房與濕地之間，為臺灣的濕地立傳，也為之請命。他在山野濕地中踽踽獨行，在書房案牘勞形中，花了三十年功夫完成此書，瀟脫又自在。這份用心與苦工，充分展現於書中。希望朝野人士與所有島嶼子民在展讀之餘，也要開始行動！成為珍貴濕地的守護人。

自序
君問臺灣，滄溟欲浮

臺灣，是你我成長的地方，她的母親，就是遼闊的蔚藍海洋。

約莫八千萬年以前，這裡原是一片汪洋大海，經過地殼變動，產生了陸地，但是又被海水淹沒了。約六百萬年前，菲律賓海板塊推擠過來，使這個小島再次隆出水面，此即鼎鼎大名的「蓬萊造山」運動。臺灣四面環海，臺灣海峽有黑水溝，《渡臺詩》即是證明。[1]

君問台灣路，滄溟地欲浮。十更約千里，八宇只孤舟。
旁瞷金門島，橫衝黑水溝。相傳舊疆域，隋號小琉球。

臺灣歷經漫長的演變，在海洋與陸地之間浮沉。明朝時，臺南的安平到安南還是一片海灣，當時被稱為「大灣」，又叫做臺江。如今大灣消失了，形成一片陸地，但是「臺灣」這個地名卻留了下來，用閩南語讀為「大灣」、「大員」，即為臺灣。歷史學者李筱峰指出，「臺灣」有一說，是發音的原意為「外來者」（Tayan，亦即漢人之意）。也有可能是西拉雅族人或是大武壠人，對於當時登陸的外地人的通稱。[2] 這個論點頗為有趣。

臺灣由海洋孕育，卻擁有高山地形與豐富的生物種類。雖然幅員有限，然地處亞熱帶，氣候溫暖，雨水充沛，全島山巒綿延，溪谷縱橫，從海平面到近四千公尺的高山，涵容了極其多樣的生態環境，也孕育出豐富的動、植物相。例如在雪霸國家公園有冰河時代就存在的櫻花鉤吻鮭；墾丁國家公園社頂公園、馬祖大坵島有溫馴的梅花鹿；臺南曾文溪口有從韓國外海遠渡重洋，年年造訪的黑面琵鷺；澎湖望安、蘭嶼、小琉球，曾有綠蠵龜上岸產卵。這些動物，都比我們的祖先還早來到這塊陸地，因為這裡氣候溫和，土壤肥沃，適合動植物繁衍成長。

時至今日，一切有了巨大的變化。臺灣人口超過二千三百萬，一眼望去，過去茂密的綠色森林變成了水泥叢林；綿延的海岸擠滿肉粽般的消波塊；綠意盎然的農田上蓋起了房子；潮起潮落的海岸，則填成陸地建蓋工廠。

二十一世紀，改變速度加劇。因為氣候變暖，海平面上升，沿海陸地可能又要被海洋收回。未來的臺灣沿海，會是怎麼樣的光景呢？

濕地的類別和功能

濕地是什麼？哪裡有濕地？一個沒有濕地的地球，就是一個沒有水的世界。濕地在整個地球的涵蓋面積雖不高，對於自然物種與人類生存來說，卻是非常重要的生態系統。濕地不僅是乾淨水源、能保護水岸，同時也是地球最大的自然碳儲庫，對於農業及漁業來說，有關鍵影響。

濕地是陸與水的交接地帶，孕育著地球萬物。濕地、森林、海洋並稱為全球三大生態系統，蘊含豐富的動植物基因庫，提供生物重要的庇護、覓食及生育環境。數以萬計的生物必須仰賴濕地生態的保存才得以存活，濕地具有維護生態安全、保護生物多樣性等功能。

濕地位於水生生態系統及陸地生態系統之過渡地帶，除了飽含水分的土壤以外，還有植被，這些植被以帶狀分布，貫穿整個生物區。此外，濕地內的生物相相當多變，不同的濕地類型可能包含不同的生物相。濕地包含七種基本類型：

一、沼澤：包括紅樹林沼澤氾濫平原，以及低窪森林。

二、草澤：例如美國五大湖邊的香蒲草澤，或是波羅的海海岸的蘆葦草澤。

三、泥沼：例如北歐溫帶地區的沼澤，或是北極區覆蓋湖岸的漂流沼澤地帶。

四、泥炭：例如加拿大和俄羅斯北部的泥炭地。

五、濕草地沼澤：氾濫平原的濕草原，或是大湖區沿岸的草本植物地帶。

六、淺水沼澤：湖邊沿岸地區，或是河灣地帶。

七、垂直濕地：岩壁的滲水，沿著岩石表面穿越厚厚的泥炭和植被而流動的薄層水流。

不同類型的濕地，包含特殊的植物群落及生態系統，並且經由多樣化的環境因素交互作用而產生。例如，濕地上常發現碎石沙洲、侵蝕河岸、沙灘、牛軛湖和三角洲，其形成因素包括氾濫、侵蝕和沉積作用。基於以上原則，濕地與環境之間，具備多重機制，包括肥沃土壤的有機質和控制植物多樣性的物理、化學、生物性因子。此外，透過不同程度的沉積腐植質，也會影響無脊椎動物分布狀態。這些不同因素會隨著時間，持續造成生物群落或生態體系改變。

目前，全世界濕地面積約為六六〇萬平方公里，占陸地面積不到百分之五。[3]根據人口資料統計，自十八世紀以來，全世界人口不斷膨脹，目前超過八十億。二〇五〇年，聯合國估計世界人口將增加到九十六億。人口越來越多，象徵「人與地爭」的現象會越來越嚴重。香港大學生物科學學院課程總監侯智恆認為，人口增加將造成全世界飢荒以及經濟發展等問題，土地、能源及自然資源將受到威脅。他指出，在自然資源中，濕地環境最容易受到人為衝擊的影響。

在臺灣，濕地面積的計算一直缺乏科學性的說法。全臺灣濕地面積究竟有多少？根據中華民國野鳥學會的估計，海岸濕地和內陸濕地占了臺灣總面積的千分之三。內陸濕地面積約五．四平方公里，海岸濕地面積約為一一三．五六平方公里，合計這些天然濕地約一一八．九平方公里。[4]

臺灣濕地的危機

以科學論述來說，濕地除了擁有生物多樣性以外，亦具備生態系統服務功能，提供豐富的漁業資源、防洪、營養鹽生產循環及貯存、廢水過濾及吸附、碳匯貯存，以及保護海岸等作用。此外，濕地還提供環境美學、遊憩和教育功用。

然而，當今濕地面臨到棲地變遷、碎裂化、汙染、水文改變、外來物種入侵以及生物多樣性減少的問題。

我在哈佛大學讀書時的教授理查．佛爾曼（Richard Forman）曾經以生態環境棲地空間變化的過程，說明除了人為活動造成濕地消失，其演替過程還包括穿孔、切割、碎裂、縮小。當然，隨著濕地品質越來越差，最後會面臨消失的命運。[5]這些過程受到伐木、鋪路、農地重劃及都市開發的影響，造成濕地本身及周圍環境遭到破壞。上述的人為干擾活動，亦形成對鳥類棲地的威脅；尤其臺灣有許多鳥類屬於遷徙性物種，一旦棲地受到破壞，造成這些物種的生存壓力，恐將造成國際輿論關注。

臺灣本島經歷自然和人文變遷，即使雨量充沛，濕地依然逐漸減少和劣化。濕地消失的自然因素包括全球氣候暖化、降雨量不均衡，以及臺灣南部濕地因為缺水而陸化。而受到全球氣候變遷的影響，臺灣原本四季分明的氣候，逐漸形成炎熱型的熱帶氣候。

目前臺灣下雨的頻率和幅度，都受到溫度上升的影響。由於臺灣是高度都市化的地區，城市氣溫比周遭環境溫度高，較易形成熱空氣上升，冷空氣下降。也就是說，溫度越高，下雨幅度越大，較容易在城市產生午後雷陣雨。然而，由於臺灣南部下雨頻率不夠，導致濕地在春天及冬天乾季缺水，經常是等不到一滴雨，南部濕地因此陸化。

臺灣地狹人稠，經常選擇利用價值較低的濕地進行重大工程。例如，興建高速鐵路經過臺灣水雉原生棲地葫蘆埤；興建西部濱海快速道路，經過桃園觀音、新竹南寮、彰化彰濱、漢寶、雲林麥寮、嘉義東石、臺南北門等海岸地區，穿越過的重要濕地包括新竹港南濕地、彰化漢寶濕地、嘉義好美寮濕地、臺南四草濕地、臺南北門濕地等。

此外，鋼鐵及石化重工業區的開發，皆以濱海海埔地做為興建基地，幾乎占據臺灣西部從北到南的海岸，且預計要填埋的土地面積仍持續增加。[6]

臺灣的濕地與全世界的濕地面積比較起來，固然微少，但是臺灣野生動物已記錄者包括哺乳類超過八十種、兩棲類三十多種、淡水魚類超過二百六十種、鳥類超過六百七十種。因為受到濫捕及棲地環境遭受破壞等影響，稀有及瀕臨絕種的濕地物種，越來越多。例如哺乳類中，歐亞水獺、水鼩、臺灣水鹿從極度瀕危到受脅；保育類鳥類超過一百三十種；淡水魚中超過十種屬國家極危與瀕危，包括櫻花鉤吻鮭；兩棲類中，南湖山椒魚、豎琴蛙、臺灣山椒魚、觀霧山椒魚、楚南氏山椒魚、諸羅樹蛙、橙腹樹蛙以及臺北赤蛙等，皆屬極危與瀕危。此外，面對外來物種的淩厲威脅時，例如福壽螺、布袋蓮、小花蔓澤蘭與多線南蜥等，臺灣原生物種更需要保護。

根據世界自然保育聯盟調查，外來入侵種對生物多樣性的威脅僅次於棲息地的喪失。在臺灣，許多原生物種，例如臺灣萍蓬草的棲地，在旱季時常被粉綠狐尾藻、翼莖闊苞菊、卡羅萊納過長沙所占據。在引水灌溉農田的埤塘環境，常看見人厭槐葉蘋、大王蓮、大萍（水芙蓉）等外來種水生植物在池面漂浮。

臺灣濕地面臨的環境威脅，不亞於濕地物種所面臨的威脅。[7] 棲地保護和物種保育是一體兩面。綜上所述，臺灣濕地所面臨的威脅為：一、濕地物種棲息環境遭受破壞或汙染；二、不當使用農藥及殺草劑；三、民眾缺乏保育觀念，喜好圈養、食補及隨意放生；四、外來種的危害，如福壽螺等。

濕地臺灣的重要

臺灣的濕地，在城鄉、在高山、在海邊，在你我的周遭。本書的濕地觀點以及章節鋪陳，第一部先從大航海時期荷蘭人、漢人進到臺窩灣——濕地臺灣起始，談臺灣進入全世界濕地的視角。接著，第二部從文化人類學的角度，談臺灣以及東亞各國的族群遷徙與濕地相互依存的觀點。第三部到第六部從地理視角，分述臺灣本島北部、中部、西南部、東部以及離島的濕地。第七部談濕地法規的沿革與保護政策，並從在地與民間社團的角度，談濕地環境運動、濕地教育的傳播發展，以及人工濕地復育工程等。最後一部回溯《拉姆薩國際濕地公約》、國際濕地科學家學會等國際組織，論述最新的濕地藍碳、青碳，全球氣候變遷，以及臺灣參與國際公共事務的回顧，展望未來濕地發展的構想。

臺灣在東亞海域是重要的存在。以地質構造來說，臺灣位於歐亞板塊與菲律賓海板塊碰撞隆起之處，是一座從海洋上升的新興島嶼，因此，濕地環境具有年輕、多變以及生態薈萃的特性。本書介紹百萬年前臺灣島從海中隆升，到千年之前朝代更迭，及至近代臺灣的風風雨雨。

以人文生態觀點來看，臺灣的濕地生態，具有大陸及海洋系統交會的特徵。臺灣位於環西太平洋島鏈的關鍵處，是冬季候鳥在花綵列島島鏈「踏石」中的「跳島」度冬之所，具有鳥類生態學的國際傳遞意義；此外，在人文考古學方面，遠古臺灣人類具有美拉尼西亞、玻里尼西亞人種的特徵，例如在血緣及語言上，紐西蘭毛利人與臺灣原住民竟有相似之處。歷史的悠久長河之中，閩南和粵東漢人住在臺灣島的時間只有四百年，相當短暫，可說是「暫住民」。超過上千年的考古遺跡、化石，待我們不斷追尋。

連橫《臺灣通史》序中提到：「斷簡殘編、蒐羅匪易；郭公夏五、疑信相參。」身為科學家，我在思考書寫足可於市場傳播的科普書時，一方面需要扎實嚴謹的旁徵博引，一方面要詼諧易讀，才能讓讀者感到興味。因此，著作期間，閱讀了很多國際科學期刊文獻，以及許多明清時代的作品，甚至深入荷蘭海牙調查、閱讀揆一和鄭成功的紀錄，進行諸多考證。此外，更深入探訪臺灣山川大地與民間風土，過程中亦去到韓國、中國大陸、沖繩、菲律賓、越南、泰國，尋找原住民的遺跡。穿梭時空，考證歷史。

人類可以消失，但歷史不會。在歷史的長河之中，曾經在臺灣島居住以及往復遷徙的所有人群，見證了廣袤的濕地，從海草青苔，到林澤猛獸——《臺灣濕地誌》這本書，企圖還原人類與濕地共存的原貌，是「濕地的故事」，更是「人類的故事」。

方偉達　謹識

注釋

1 《渡臺詩》，吳廷華（一六八二—一七五五）著作。吳廷華字中林，號東壁，浙江錢塘人。

2 李筱峰，《以地名認識台灣》。臺北：遠景出版社，二〇一七年。

3 翁義聰、鄧伯齡、馮雙、何一先著，方偉達序言，《二〇一一國家重要濕地導覽手冊》。內政部國土管理署城鄉發展分署，二〇一一年。

4 方偉達，〈濕地政策發展〉，《科學發展》，四九七期，二〇一四年，頁六至十一。

5 Richard T. T. Forman, 1995. *Land Mosaics: The Ecology of Landscapes and Regions*. Cambridge University Press.

6 陳瑤湖，〈水產養殖與環境保護〉，《海大漁推》，第十二期，一九九一年，頁一至四。

7 方偉達，《聽，濕地在唱歌》。臺北：新自然主義，二〇〇六年。

參考文獻

1 林文源、郭文華、王秀雲、楊谷洋，《科技社會人：跟著關鍵物去旅行》，第四集。新竹：國立陽明交通大學出版社，二〇二二年。

2 林秋綿，〈臺灣各時期原住民土地政策演變及其影響之探討〉，《臺灣土地研究》，第二期，二〇〇一年，頁二三至四〇。

3 陳佳穗，〈〔龍潭〕地名沿革與傳說研究〉，《空大人文學報》，第十一期，二〇〇二年，頁一四一至一六〇。

4 Steiner, F. R. 2016. *Human Ecology: How Nature and Culture Shape Our World*. Island Press.

PART 1

荒嶼星河

億萬年深歷史與大航海時代濕地初現

造山運動形成的島嶼，歷經億萬年板塊運動與冰期往復，自然資源豐富。
大航海時代，荷蘭人、漢人進入臺窩灣，臺灣濕地開始進入全世界視角。
四百年來，人群來來去去，自然力量亦於此波濤洶湧……
攝影：洪敏智

烽煙迷、塵浥揚，天南地北翻飛浪。
征塵夜、一掬洌，東西各往追流觴。

——方偉達（一九九一年）

濕地是整個地球上生產力最豐沛的生態系。沒有濕地，就沒有文明。

本章經由濕地敘事，連結起臺澎金馬，凸顯其何以為東亞環太平洋西緣的生態網絡關鍵區域，同時是維繫全球環境穩定，不可或缺的島鏈一環。

臺灣擁有豐富的濕地資源，從山區到海岸分布著高山湖泊、河川、埤塘、農田、潟湖、珊瑚礁、魚塭、紅樹林、潮灘等多樣化濕地類型，富含物種、物產資源、生物棲地。

大航海時期，荷蘭人、漢人進到臺窩灣，也就是臺南大灣的一鯤鯓等沿海沙洲，自此臺灣濕地開始進入全世界視角。臺灣四面環海，可說是一個由海岸濕地所圍繞的高山島嶼。

多樣化的濕地類型，包括海岸。圖為屏東鼻頭海岸。（攝影：方偉達）

CHAPTER

I 臺灣濕地意象從黑水溝開啟

早在唐朝，浙江詩人施肩吾即曾渡過黑水溝來到澎湖，開啟了臺澎詩歌璀璨的一頁。陳文達編纂《臺灣縣志》亦記載：「黑水溝為澎、廈分界處，廣約六、七十里，險冠諸海，其深無底，水黑如墨，湍激悍怒。」

海上瞭望黑水溝：西部渡海史

黑水溝有二，其在澎湖之西者，廣可八十餘里，為澎廈分界處，水黑如墨，名曰大洋，其在澎湖之東者，廣亦八十餘里，則為臺澎分界處，名曰小洋，小洋水比大洋更黑，其深無底。

——《臺灣縣志》（一七二〇年）

黑水溝的名字來自於其深色的海流，因為此海域水色深暗，肉眼很容易分辨，且海流強勁快速，海象惡劣，常有船難，有著「十去，六死，三留，一回頭」之俗諺。

施肩吾描繪的濕地意象

施肩吾（七八〇年—八六一年），浙江杭州府人，是唐朝的官員、道學家、詩人。八五九年（唐宣宗大中十三年），八十歲的施肩吾為了逃避戰亂，率領族人遷居澎湖列島，離開家鄉前夕，他為自己修下了假墳，祈求晚年魂歸故里。過了兩年，病逝在澎湖。[1]

施肩吾曾寫過一首詩〈澎湖嶼〉（〈島夷行〉）：

「腥臊海邊多鬼市，島夷居處無鄉里。黑皮少年學採珠，手把生犀照鹹水。」

原詩是〈島夷行〉，〈澎湖嶼〉則是後人所加。這首詩當中，鬼市可能是夜市，讓人感到撲面而來的魚市場的海風，參雜著腥臊的氣味。當時澎湖居民很少，只有少數漁民來往，也沒有形成村落。經過日晒雨淋，澎湖嶼上皮膚黝黑的青少年，手上拿著燃燒的牛角燈，照亮海底，以便浮沉在海水之中，採集澎湖島上的珠蚌。

施肩吾描述的海邊濕地意象，充滿了鬼魅的情結，還有異國風味。海邊遠望「鬼市」（夜間市集），以及手拿著生犀「採珠」的情形，具有地方色彩。濕地腥羶的「腥臊味」，膚色黝黑的「少年」，更是在海洋島嶼上看到的濕地風土與民情。

南宋王象之（一一六三年—一二三〇年）《輿地紀勝》的〈島夷行〉：

「環島三十六：自泉晉江東出海間，舟行三日，抵彭湖嶼，在巨浸中。」

王象之是最早稱澎湖為三十六嶼者。唐朝還沒有史書稱其為「彭湖」或「澎

1 施肩吾在西元九世紀有沒有來過澎湖？此問題曾掀起一場文化論戰。日本學者藤田豐八在1915年認爲施肩吾描寫的是合浦。而根據連橫1920年出版的《臺灣通史》描述，施肩吾曾率領族人移居澎湖。1960年到2000年，臺灣學界也引發論戰，依舊沒有定論。梁嘉彬認爲施肩吾指的是鄱陽湖；毛一波、蘇同炳、方豪認爲，這些都是聽聞得來，曹永和、陳知青、李熙泰、熊俊則認爲施肩吾到過澎湖。

◀ 遙想徐孚遠看到島嶼景象，慨歎「荒嶼星河又一天」。（攝影：洪敏智）

▶ 澎湖的陡峭海岸，浪潮澎湃。（攝影：方偉達）

湖」，到了宋朝，才出現此名稱。在北宋泉州人的眼中，澎湖已經是海外之國。

施肩吾擅長描寫濕地，他在〈感憶〉中描述：

「暫將一葦向東溟，來往隨波總未寧。忽見浮鷗歸別塢，又看飛雁落前汀。」

自謂以一葦小船，隨波飄盪，通向東方大海，在異鄉的「別塢」，無法歸鄉；自己卻無法像候鳥一樣，秋來春去，自由來去。

從濕地的角度來看，這些都是海岸風景。歷代文人，欣賞這篇文章的人很多，其中最有名的是沈光文。沈光文（一六一二—一六八八年）是南明遺臣，浙江鄞縣人，在逃難的時候，碰到颱風，漂流到臺灣。

沈光文來到臺灣，看到安平晚照、沙鯤漁火、鹿耳春潮這些臺江沿岸自然景色，心中悵然，改寫〈感憶〉為：

「暫將一葦向南溟，來往隨波總未寧。忽見游雲歸別塢，又看飛雁落前汀。夢中尚有嬌兒女，燈下惟餘瘦影形。苦趣不堪重記憶，臨晨獨眺遠山青。」

南明遺臣徐孚遠（一五九九年—一六六五年）的〈東寧詠〉也是一種流浪島國的心理：

「自從飄泊臻茲島，歷數飛蓬十八年。函谷誰占藏史氣，漢家空嘆子卿賢。土民衣服真如古，荒嶼星河又一天。荷鋤帶笠安愚分，草木餘生任所便。」

穿越時空的青瓷大碗？漢人來澎湖時間考據

根據《國立歷史博物館澎湖內垵中屯歷史考古調查報告》：「澎湖蒔板頭山東邊海岸海階上，該地目前布滿了圍籬與種植之植物，調查人員在海階之邊緣，也就是蒔板頭山遺址歷史文化層的上部，發現時間約為西元一二〇〇年左右，約在南宋之際的遺物。澎湖蒔板頭山除了發現房屋基座之外，還有漢人生活遺物……。」[2]

二〇〇三年，考古學者於澎湖白沙中屯嶼A遺址發掘出唐代製造的「花口矮圈足青瓷大碗」，經過鑑定為唐代浙江慈溪上林湖荷花芯窯址燒製。中央研究院院士臧振華認為，漢人來澎湖的時間：「最遲當不晚於北宋，極可能在唐末或唐宋之間」。[3]

此為澎湖地區首件發掘出土的唐代遺物；並由同層出土之木炭標本測得碳十四年代為西元六七〇年至八七〇年，相當於唐代中期，二者所標示的年代頗為一致。因此可以確定唐代漢人足跡已到澎湖。

2 許雪姬，《續修澎湖縣志（卷二）｜地理志》第3章〈開拓〉。澎湖縣政府，84頁，2005年。

3 國立歷史博物館，《國立歷史博物館澎湖內垵中屯歷史考古調查報告》。臺北：國立歷史博物館，2003年。

臺灣東岸有一股起源於菲律賓東方的暖流，一路由南往北進到日本南方，從低緯度流向高緯度，叫做黑潮。冬季時，黑潮支流常從澎湖水道進入臺灣海峽，使此海域海流快速，有漩渦和渦流。暖流的作用是增溫增濕。（繪製：郭天俠）

郁永河在《全臺詩》中，寫了一首七言律詩〈渡黑水溝〉，描繪大海孤舟的蒼茫景象。他在一六九七年（康熙三十六年）到臺灣尋找戰略物資硫磺，很多朋友都警告他別去，因為這條黑水溝，造成許多帆船翻覆。最終他還是突破許多困難險阻，來到臺灣。以下是他的記述：

浩蕩孤帆入杳冥，
碧空無際漾浮萍。
風翻駭浪千山白，
水接遙天一線青。
回首中原飛野馬，
揚舲萬里指晨星。
扶搖乍徙非難事，
莫訝莊生語不經。

郁永河的船隻隨著強風，橫渡臺灣海峽。詩中所說的「水接遙天一線青」，可想像是聳入天際的蒼鬱高山的視角，而此來自一場源自於地球板塊間的大碰撞，在太平洋西緣所產生的陸地奇景。

「黑水溝」指的是深藍色的海水，其中沒有懸浮顆粒，也無法反射太陽照射下的澎湃海面。黑水溝位於臺灣海峽西側，是澎湖水道最窄處，臺灣新竹南寮和中國大陸福建平潭島之間，直線距離約126公里。從衛星遙測來看，可略見黑水溝的輪廓。(資料來源：© NASA.,Visible Earth.)

海望中央山脈。郁永河「水接遙天一線青」詩中所感。(攝影：黃光瀛)

郁永河（一六九七年）採硫渡九十六條河川

明鄭覆亡於一六八三年（康熙二十二年）。十四年後，浙江人郁永河來到了臺灣。當時福建福州火藥庫爆炸，焚毀火藥五十餘萬斤，負責管理火藥庫的王仲千幕僚郁永河聽說臺灣北部北投、天母一帶盛產硫磺，於是帶著師爺王雲森從金門坐船出發，到達臺南安平，買好採硫的工具。

一六九七年農曆四月七日，郁永河和王雲森從臺南安平各自出發。郁永河一路坐著牛車，經過新港社（今臺南市新市區）、嘉溜灣社（今臺南市善化區）等地，夜渡急水溪、八掌溪，抵達諸羅山（今嘉義）。接著過牛跳溪（今朴

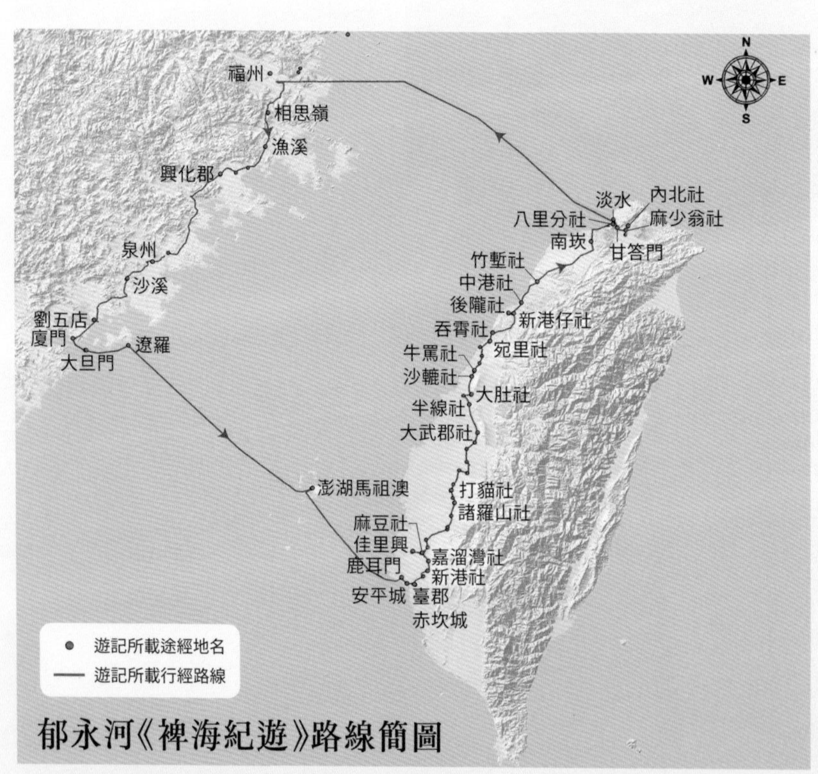

郁永河《裨海紀遊》路線示意圖。如今西南沿海已經淤塞，河川水系也大不相同。
（編繪：中央研究院臺灣史研究所唐立宗。整理自：https：//thcts.sinica.edu.tw/themes/rc14.php）

子溪）、打貓社（今嘉義縣民雄鄉）、大武郡社（今彰化縣社頭鄉）……一路北上吞霄（今苗栗縣通霄鎮）、竹塹（今新竹市）、南崁（今桃園市南崁）、八里分社（今新北市八里區）等；最後乘坐莽葛（小船）於四月二十七日抵達淡水。共計花了二十天。

王雲森走水路，遇到暴風雨，所幸逃過一劫。郁永河一路計算，從臺南安平到淡水，從南到北要渡過九十六條河川。到了大甲溪時，河水暴漲，牛車過不去，牛罵社（今臺中市清水區）的官員，就建議原住民下水當橋，扛著郁永河渡河，遭到郁永河拒絕。原住民知道之後很感動，主動幫忙郁永河扛行李過河，護送他順利通過原始叢林。途經林澤濕地、芒草遍野、荒無人煙之地。一六九七年農曆十一月完成採硫和煉硫之後，離開臺灣。一六九八年寫完《裨海紀遊》。

臺灣西部海域有兩股洋流：一股是來自南方的暖流，在夏天吹西南風時助長；另一股是來自北方的大陸沿岸流，在冬天吹東北季風時到達臺灣中部。大陸沿岸流有季節變化，主要受到季風、入海河流（鹹淡變化引起水團密度差異）等影響。閩浙沿岸流起源於杭州灣，由長江和錢塘江的川流匯集而成，穿過舟山群島。這股潮流靠近沿岸淺水區域，向南流動。由於閩浙沿岸淺水區域狹窄，海底坡度較大，所以沿岸流的範圍比較狹窄。臺灣中部附近海域的潮差可達五公尺，而在大滿潮時，潮差甚至可達六公尺以上。海浪潮差雖大，但海象更為可怕。季節性風暴和颱風，是導致海象惡劣的主要原因之一。臺灣海峽在每年中秋節之後，適逢東北季風南下，海象凶險，正如其黑水溝之名。

CHAPTER

2 板塊大霹靂，濕地的生命

臺灣位處板塊交界地帶。太平洋的菲律賓海板塊和歐亞板塊之間的劇烈碰撞，形成了臺灣島。島嶼位於極其複雜的板塊匯聚邊界上，地質活動非常活躍。其中部分是古老的火山島弧，這些島弧在板塊碰撞時合併，是自然營力所造成。

造山運動與板塊震動，彷彿要摧毀地軸。日治時期書寫漢詩的詩人尾崎秀真（おざき ほつま，一八七四年—一九四九年）依據地質演化，描述這一場天崩地變的自然營造力，如絕壁奇峰自海中聳立。他形容為「濤捲雪山坤軸摧」。臺灣東海岸觀察到的巍峨高聳的奇峰，有如神鰲屹立於地形險要之處，其〈花蓮港抵蘇澳渤海舟中望蓬萊有作〉[4]，描述得如真似幻，發揮了海中神山的想像力。

神鰲屹立海之隈，萬仞翠屏天半開。
水底玲瓏生玉樹，眼前縹緲現瓊臺。
雲傾星漢月輪動，濤捲雪山坤軸摧。
我欲御風長嘯去，恍然飛過古蓬萊。

4 尾崎秀眞，《臺灣日日新報》1923年12月19日8版，〈舟中望臺灣東海岸絕壁有作〉。本詩爲七言律詩，亦收入林欽賜《瀛洲詩集》，1923年。

尾崎秀真描述臺灣東海岸觀察到的巍峨高聳的奇峰，如真似幻，想像絕壁奇峰自海中聳立，是「濤捲雪山坤軸摧」。（攝影：洪敏智）

約六百萬年前以來，菲律賓海板塊向西北方移動，並與歐亞板塊產生碰撞，發生了「蓬萊造山運動」。菲律賓海板塊上的呂宋火山弧，將大陸邊緣的岩層推擠抬升形成山脈。由於劇烈的碰撞，使山脈快速抬升，而侵蝕作用也隨之加速。山崩及河流在山麓前緣堆積大量的碎屑沉積物，形成了沖積平原。早更新世以來，距今約一百多萬年前，現今各大河流大致已形成，中央山脈已成長到二至三千公尺的高山，臺灣西部也開始形成了大範圍的沖積平原。

約三萬年前至一萬八千年前，氣候進入「冰河期」，高緯度及高海拔地區水結凍成為冰

河，海面下降約一二〇公尺，一大部分的臺灣海峽消失了，大陸棚曝露水面成為陸地，臺灣與中國大陸以陸橋連結，變成了歐亞大陸與臺灣島之間的通道。這是末次最大冰河期。在這寒冷的冰河期，臺灣島在海拔三千五百公尺以上的高山，也被冰河覆蓋，形成高山冰河。歐亞大陸北方的動物群大舉通過臺灣海峽，來到溫暖的臺灣島。

從地形來看，海岸山脈在東岸聚合，山峰從海平面突起了三千公尺。這些墨綠色的山巒之中，翻湧的急流，攜帶砂石傾瀉而下。砂石堆積河谷，怪石嶙峋。

◀ 宜蘭以北至東北外海區域，是菲律賓海板塊向北隱沒到歐亞板塊之下，於沖繩海槽形成琉球島弧與拉張盆地。北緯20度以南，歐亞板塊前緣的南中國海板塊向東隱沒到菲律賓海板塊之下，形成呂宋島弧。（資料來源：陳文山）

尾崎秀真形容「萬仞翠屏天半開」，臺灣峻拔的奇山怪峰，有如神鰲屹立於天際，形成一線天險。（攝影：洪敏智）

臺灣地體構造圖

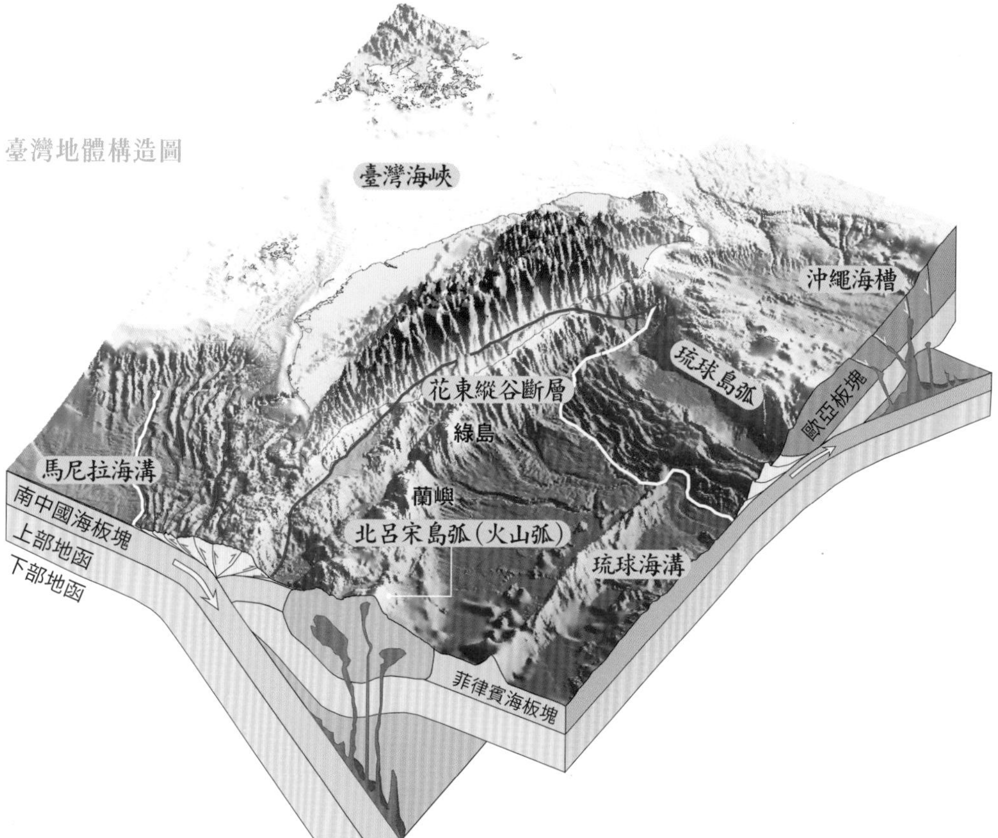

臺灣東部地勢險峻，斷層海岸北起於蘇澳，南止於旭海（屏東縣牡丹鄉）。除了宜蘭平原以外，大多是氣勢雄偉的懸崖峭壁，海岸線陡直，天然港灣較少，不利於海運。西部海岸多為沙岸，較為寬緩，起於淡水河口，止於楓港。多沙灘、沙洲、潟湖，海灘寬廣，入海坡度緩，海岸線平直，缺乏天然深港，沿海居民從事養殖漁業，魚塭、蚵架廣布。

縱貫其中的中央山脈爲臺灣最長最大之山脈，北起蘇澳，南止鵝鑾鼻，呈北北東，南南西走向，長達三三〇公里，有「臺灣屋脊」之稱，也是各大河川水系源頭，流往太平洋與臺灣海峽。

玉山是臺灣和東亞最高的山峰，海拔三九五二公尺。內陸地帶有湖沼、溪流、水塘、水田等不同型態的淡水濕地，從本島的北、中、南、東部以至各個離島地區，都有濕地分布。

每年十月到隔年三月，北亞洲的季風帶來乾爽的空氣；五月到九月，東南亞吹來的季風溫暖又潮

臺灣地表有70%為山林所覆蓋，陡峭的山巒產生強烈的風速，形成風切。（攝影：洪敏智）

溼。嶙峋的海岸線之後，就是肥沃的沖積扇平原。從高山溪谷中流淌而下的礦物質，讓河口濕地恢復肥力。

臺灣生物多樣性豐富，曾在此棲息的物種有超過八十種哺乳動物以及六百七十種以上鳥類。此外，還有一百七十種以上的爬蟲類和兩棲動物。森林中的植物包括松樹、柏樹、冷杉，以及杜鵑花等；另有一些特有物種，例如臺灣黑熊、臺灣獼猴以及蝴蝶。平原、草原跟森林交錯，當中有野雉、野豬、山羊、山羌、石虎以及大批的野鹿，亦曾出現雲豹。

臺灣降雨集中，南部山區的降雨量，遠高於北部山區，主要來源為颱風。通常颱風西行進入臺灣島，先為海岸山脈所阻礙。由於臺灣山脈地勢落差大，出現強降雨時，經常造成山區土石流和下游的淹水災害。當溪流如瀑布般沖瀉而下，乾枯的河水，忽而暴漲，一夕之間，可以改變出海口的水位深淺。大航海時期，歐洲人來到臺灣，進行水文觀測，始有初步的科學紀錄。

臺灣島大部分區域都在亞熱帶。高山冬天為白雪所覆蓋，夏天則雲霧繚繞。（攝影：洪敏智）

2
1
4
3
6
5

1. 臺灣黑熊（攝影：方偉達）
2. 臺灣獼猴（攝影：方偉達）
3. 雲豹，原有臺灣雲豹已宣告消失，現於動物園所見為馬來種。（攝影：方偉達）
4. 石虎（攝影：陳美汀）
5. 黃喉貂（攝影：馮振隆）
6. 山羌（攝影：柯伶樺）
7. 水鹿（攝影：方偉達）
8. 臺灣梅花鹿（攝影：方偉達）
9. 藍腹鷴（攝影：馮振隆）
10. 臺灣帝雉（攝影：馮振隆）

▲　臺灣西部海岸沙丘消長快速，進入潟湖出海口之後，泥沙快速沖刷，形成潮溝（subtidal channel）的深度變化，這是臺灣海岸沙洲橫亙和變遷的現象。（攝影：洪敏智）

◀　河川上游泥沙淤積在海岸地帶（攝影：方承舜）

濕地的定義

「濕地」是一個生態系統。全世界各區環境不同，有超過五十種濕地定義。為了適用各國不同的界定或管理，以及學術研究上的需求，本書依據筆者二〇〇九年出版的《城鄉．生態規劃、設計與批判》加以說明。

科學定義，用於大自然自身與人類文明互動之下進行詮釋。

法定定義，為了避免違法者針對政府制定濕地名詞定義上的疏失破壞濕地，因此用意在擴大濕地範疇，讓濕地能受到良好的保護。

一般來說，濕地定義的主要精神是由水文、土壤、植物等生物相和非生物相的特徵來主導。濕地其實不是一般人喜愛的自然環境，因為土壤底層泥土在飽含水分的情況下，容易孳生細菌，而且不容易和上層的水分進行交換，因此常常造成土壤缺氧的現象。然而濕地飽含豐富的腐植質，因此孕育出豐富的物種。

目前在濕地的定義中，最具代表性的是在一九七一年國際拉姆薩會議上通過的《拉姆薩國際濕地公約》（英文Ramsar Convention，全名為《關於特別是作為水禽棲息地的國際重要濕地公約》，簡稱《濕地公約》）。此公約是依政府間進行保護水鳥的協定，成為濕地保護和國際合作的基本框架。公約第一條便將濕地定義為：「凡是包含草澤、林澤、泥澤或水域等地，不論為天然或人為、永久或暫時性、靜止或流動、淡水或鹹水，由沼澤地(marsh)、泥沼地(fen)、泥炭地(peat land)或水域所構成的地區，包括低潮時水深不超過六公尺的海域。」

此外，美國內政部針對濕地定義為：「受到洪水入浸、或是其充滿地表水與地下水、或持續提供植被生長繁衍，以適應當地充沛水分的土壤環境。」一九九四年美國內政部也針對濕地區分為兩種形式，包括：一、靜水水域，靜止水體的棲地包括湖泊、埤塘、沼澤、滲流及草澤；二、流動水域，流動水體的棲地包括了河流、瀑布、小溪及湧泉，這個定義將流動水域也看做是濕地的範圍。

本書論述的「垂直濕地」，不在這些傳統「平面」濕地定義的範圍內。

CHAPTER

3 信史之始與大航海時代的濕地

臺灣早在舊石器時代便發現有人類活動。西元九世紀到十七世紀，歷史資料相當缺乏，只能靠著斷簡殘篇的文字，以及殘缺的考古證據，進行推估。

明朝末年是歷史上一個重要時期，中國經歷了許多戰爭和政治動盪；相反地，此時歐洲是大航海時期，這標誌著人類歷史「西升東降」的重大轉捩點，也書寫了臺灣近代漢人東遷來臺的歷史。一六二四年荷蘭進占臺灣，臺灣進入信史時代。

西方人在十七世紀初為了要來亞洲做生意，開始進入臺灣。遠東地區為歐洲海上霸權三國角力的所在，包含租得澳門的葡萄牙、殖民菲律賓呂宋島的西班牙，以及據有

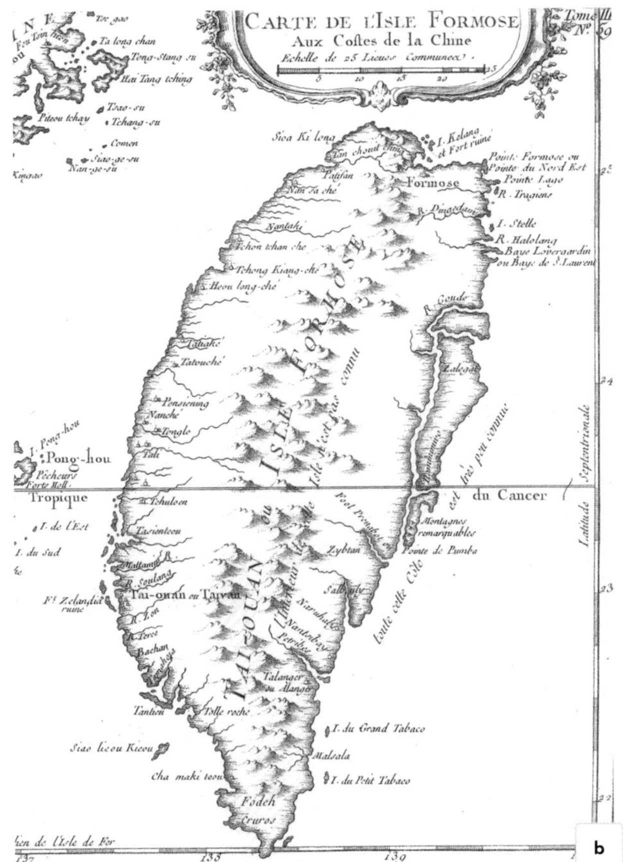

b

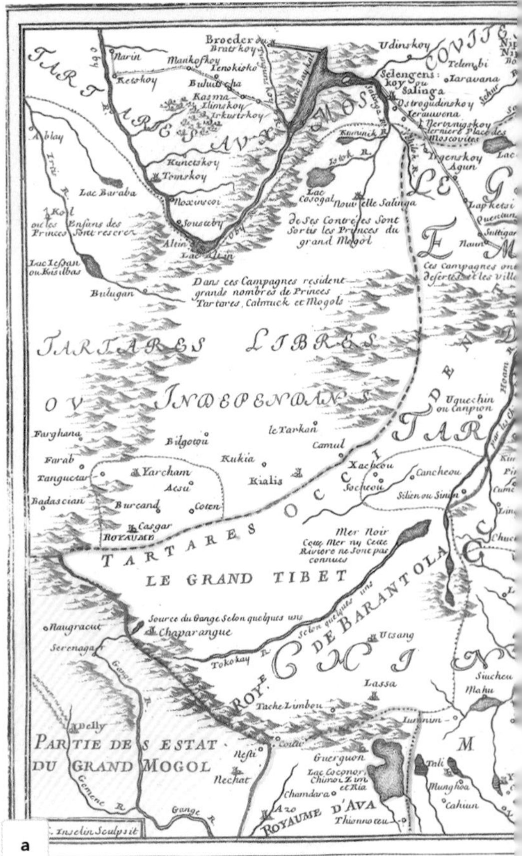

a

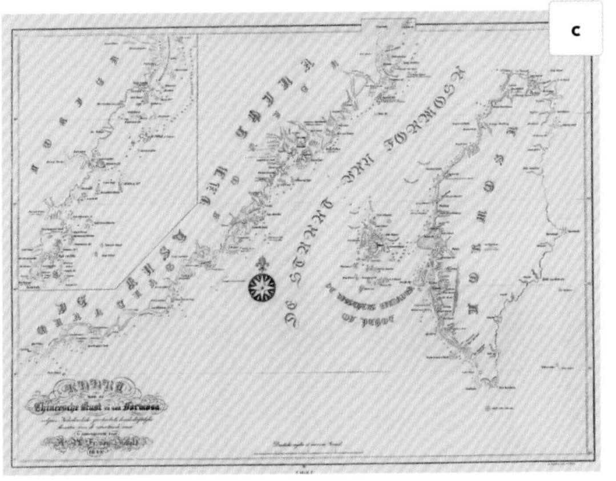

c

大航海時期，歐洲的探險家和商人乘坐大型的船隻，穿越大西洋，到達了美洲、非洲和亞洲等地，打開嶄新的貿易和文化交流的大門。這個時期的探險家和商人為人類的發展開創出不可磨滅的貢獻，同時也為人類文明帶來一系列的改變和挑戰。大航海時期之後，18世紀到19世紀歐洲人測繪臺灣，繪製出臺灣地圖。

(a) 圖為1705~1717年間地圖（資料來源：©A map of China, Korea and Japan, by Nicolas De Fer (1646-1720 circa), Royal French Geographer. The island of Taiwan is labeled "I.Formosa ou Bel Isle". 中文圖名為〈東亞地圖：韃靼大帝國與日本〉，資料來源：文化部典藏網，國立臺灣歷史博物館）

(b) 圖為1756~1764年間地圖（資料來源：©Detailed map of Formosa (Taiwan) and the contiguous coastline of China, published by Jacques Nicolas Bellin (1703-1772), who was among the most important mapmakers of the eighteenth century, via Wikimedia Commons）

(c) 圖為1849年地圖（資料來源：Kaart van de Chineesche kust en van Formosa, by Philipp Franz Balthasar von Siebold,1849. 中文圖名為〈中華沿岸與福爾摩沙島圖〉，資料來源：國立臺灣歷史博物館）

爪哇島的荷蘭，他們展開商業和殖民的競爭。此外，海上還有琉球人、閩東和閩南的漢人、日本海盜，以及漢人偽裝的海盜。

荷蘭東印度公司為了擴大貿易版圖，於一六二四年來到臺灣，並在現今的臺南市安平區建立「熱蘭遮城」做為貿易據點。西班牙人在一六二六年抵達臺灣，試圖在北部建立殖民地，但是被荷蘭人驅離。

荷蘭東印度公司在亞洲的貿易主要集中於香料、茶葉、絲綢、陶瓷等商品，每年派出約十到十五艘大船，到東南亞採購香料；此外也在亞洲地區建立殖民地，獲取更多貿易利益。茶葉最初由葡萄牙和荷蘭商人引進歐洲，到了十七世紀，英國東印度公司成了茶葉貿易的主要參與者。絲綢則是由中國出口到歐洲，主要通過陸路的絲綢之路運輸。

荷蘭東印度公司在臺灣的經營主要包括鹽、糖、米、布、茶、酒等物資的貿易；此外，也和明朝政府進行貿易，但因為雙方對於關稅的問題，爆發衝突。荷蘭東印度公司在臺灣的統治時間長達三十八年，直到一六六二年被鄭成功率軍隊攻陷。

葡萄牙人在臺灣的貿易主要包括香料、象牙、珍珠、金銀、絲綢、瓷器等物資，並在澳門建立了貿易據點。

真正記載濕地臺灣的紀錄，最早是在一五八二年（萬曆十年）。葡萄牙人在臺灣遇到颱風，擱淺於暗礁，發現了臺灣的海岸，充滿礁岩；海岸線之後，是肥沃的沖積扇平原。平原上棲息著野雉、野豬、獼猴以及山羊。這艘葡萄牙船，後來待在島上七十五天，經過千辛萬苦，才返回澳門。

有關臺灣濕地的描述，透過這一場船難事件，由傳教士留下了紀錄。

a

b

1602年成立的荷蘭東印度公司，是17世紀最大的跨國公司之一，以貿易為主，主要對象在亞洲地區，包括印度、中國、日本、印尼等地。

(a)圖為18世紀日本人眼中的東印度公司船隻，1792年。

(繪者不詳)(圖片來源：© via Wikimedia Commons, Depiction of a Dutch Ship, Anonymous, 1792)

(b)圖為荷蘭戰船，1782年。

(繪者不詳)

「這條淡水小河，海上潮汐可以進入，河水入海之前，有個小灣。漲潮或天氣好時，漢人的小形海船可通過此灣。」

葡萄牙傳教士並沒有說明這一條淡水小河在哪裡，但由文字判斷應是北臺灣的濕地。後來葡萄牙人在小帆船造好之後，就從這裡駛出，返回澳門。紀錄又說：

「溪河中可捉魚，附近有森林，可以捕鹿；山頂偶而可見高聳於雲端，山上有不少樹木，有些地方為一大片草地，不少鹿隻棲息其間，其中有些體型頗大，原住民在此用槍矛捕鹿。」[6]

當時臺灣島上擁有許多鹿群，有

過去臺灣島上擁有許多鹿群(攝影：方偉達)

6 翁佳音等，《陽明山地區族群變遷與古文書研究》。臺北：財團法人自由思想學術基金會，2006年。

時一群就有兩三千頭雲集漫步在平原之中。十七世紀德國士兵司馬爾卡頓（Caspar Schmalkalden）的《東西印度驚奇旅行記》（*Die wundersamen reisen des CASPAR SCHMALKALDEN nach West- und Ostindien,* 1642–1652）：

> 「一條條河路與溪水，從山巔中流竄而下。有些寬度，約有手槍的射程那麼遠，河川到雨季時，水深足足有七到九呎深；旱季則有三到五呎深，特別是在東部。有條河流，以水流湍急而聞名。雖然可以橫渡這條河，既不深又不寬，但是水流強勁，且河床礫石非常滑溜，所以任誰想過這條河，都必須小心。這條河匯集了大約二十條溪流，並且穿過三處河口，奔流入海。在島上的森林及田野當中，還可看見許多野生動物。同樣的，在水中魚類也是不虞匱乏的，因此整年都可以捕獲到豐富的魚類。而每年時節一到，就可以用網捕捉到上千隻烏魚和土魠，所以每個人只要花少量的錢，就有魚可以吃。」

根據統計，荷蘭東印度公司在亞洲獲利的四分之一來自臺灣，歷年來東印度公司也將臺灣和澎湖列入傳教的重點。

圖為原住民射獵梅花鹿（資料來源：© 清〈番社采風圖〉，1744-1747, via Wikimedia Commons.）

荷蘭人希望在中國沿海找到一處貿易基地，可以直接和中國進行貿易。然而，荷蘭人聽聞西班牙人占領臺灣北港（Lamang，菲律賓呂宋語為「僅有的」），疑為十七世紀的魍港）的傳聞，致使他們倉促出兵。換言之，荷蘭東印度公司出兵中國沿海的原因，除了與西班牙競爭之因素外，亦受到臺灣周遭海域貿易發展因素的影響。[7]

熱蘭遮城的濕地環境、城中之人、颱風與原民

荷蘭東印度公司的高階商務員與船長雷爾生（Cornelis Reyersen）於一六二三年十月，派遣五十人來到大員，在一鯤身島上以竹子和沙土構築了一個簡陋的砦堡，以防禦臺灣原住民的攻擊。這個砦堡就是荷蘭人在大員最早的據點。

一六二四年，荷蘭人把一鯤身到七鯤身的所有漢人和原住民驅逐，在一鯤身建築了「熱蘭遮城」（Zeelandia 海城）。荷蘭人以荷式城堡建築，整體由方形以及四角突出的稜形砲臺構成，城內設有行政辦公室、操場、

a CHAMPAN A CHINESE BOAT.

7　1619年，荷蘭東印度公司在爪哇巴達維亞（今印尼的雅加達）建立了東印度地區的總部，負責與亞洲各交易站的貨物轉運。大航海時期西方列強的海上劫奪，荷蘭競爭不過西班牙。

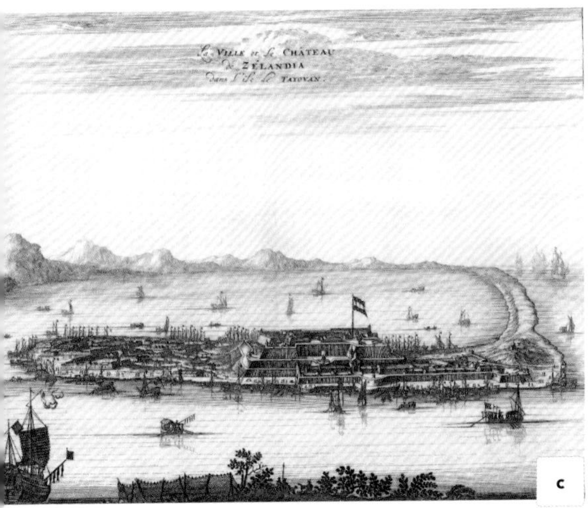

漢人其實早於荷蘭人抵達這一座陸連島，這也是荷蘭人決定在此建設熱蘭遮城為據點的理由。荷蘭人在灣澳中建築了城堡，位於臺江內海的邊上，靠近臺灣本島西南海岸，稱為大員。

(a)(b) 圖分別為中國船隻以及福爾摩沙船隻。拉彼魯茲著《航海地圖集》之插圖。

（資料來源：©Atlas du voyage de La Pérouse, 1797, (a)via Wikipedia, (b) © 國立臺灣歷史博物館）

(c) 圖為熱蘭遮城。畫家歐弗特・達波於1670年繪製熱蘭遮城市街圖。

（資料來源：©Olfert Dapper, 1639-1689，國立臺灣歷史博物館）

軍營、軍械庫、指揮部、醫院、倉庫等，是一種防禦性建築。

在臺灣建立商業港後，因為缺乏勞動力的關係，鼓勵中國農民進入耕作，引進大量的移民，這些人來自福建、廣東等地。一六二五年到一六二八年，福建發生嚴重乾旱，因此興起移民臺灣的風潮。當時為了收費，荷蘭東印度公司還清楚記載了每艘船來臺灣的人數。

漢人來到臺灣從事甘蔗、稻作等種植，由荷蘭東印度公司提供耕牛、農具、種子、資金等，獎勵開墾，並且保護其農耕免受原住民的干擾；鄭芝龍也以「三金一牛」招募墾民（參見本書第五部介紹）。然而，漢人不斷和原住民產生衝突，原住民也感到傳統領地受到壓力。

一六二四年荷蘭在臺灣建立殖民地，直到一六六二年結束統治，歷時三十八年。在臺灣建立的城堡、教堂、學校等設施中，最具代表性的有：

一、**熱蘭遮城**：位於今日臺南市安平區，是荷蘭人在臺灣興建最古老的城堡之一。一六二六年一位曾在此據點待過的澳門人迪亞茲（Salvador Diaz），對荷蘭人的防禦工事以及與華人貿易情況的報告中說，這個海灣是從西到東寬約兩里格、五點五公里，深入內陸的大海灣。水域的水淺，水底沙棚多，使得入港有其難度。靠海形成的一系列沙汕，是狹長半島，南北延伸，並在北方突然折曲，像個鉤子一樣指向陸地，在鉤子地帶蹲伏著許多小丘。在此

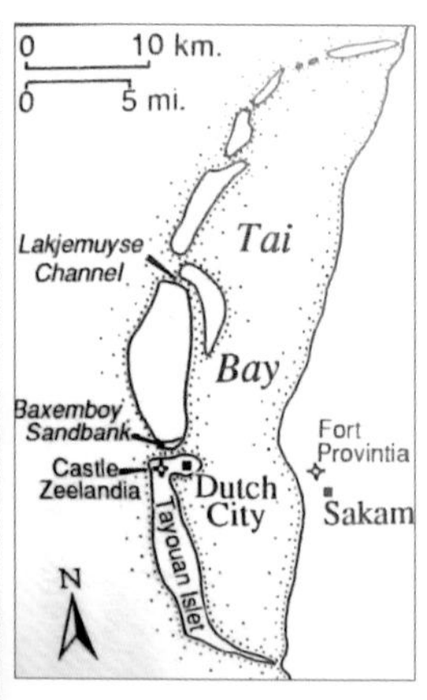

◀ 熱蘭遮城，阿伯特（Albrecht Herport）於1669年所著之《東印度旅行記》（Eine Kurtze Ost-Indianische Reisz-Beschreibung）中插圖，描述鄭荷之戰。作者是荷蘭東印度公司傭兵，曾親自參與鄭荷之戰。（資料來源：©https://vocwarfare.net/images/Herport-Taiwan）

▶ 1661年荷蘭人在臺灣的地圖

（資料來源：©Lynn Struve, Voices from the Ming Qing Cataclysm, https://vocwarfare.net/images/taiwan-map）

▲ 熱蘭遮城現稱為安平古堡（攝影：方承舜）

▼ 荷蘭人1624年在灣澳中建築了城堡，距今（2024）為400年，稱臺南四百年，圖為許鈞威仿作模型。

（資料來源：Copyright © 2024 Wayne Hsu, Theme by: Theme HorseProudly Powered by: WordPress, https://wayne3d.com/2020/01/fort-zeelandia-taiwan-%E7%86%B1%E8%98%AD%E9%81%AE%E5%9F%8E/）

可見漢人勞工正在忙著幫荷蘭人蓋城堡。熱蘭遮城有四個稜堡，壓制內側與外側海面，還有入港水道。

二、**普羅民遮城：**一六二五年一月，荷蘭人發現在北線尾沙洲不宜居住，因為沙洲常被海水淹沒，同時乾淨的水源要從大員本島運來，決定到海灣對岸的臺灣本島建造新的城市，以供居住，規模較小，稱為普羅民遮城，成為今日臺南市的前身。普羅民遮城位於今日臺南市中西區，是荷蘭人在臺灣所建的第二座城堡。

三、**安平天主教堂：**荷蘭人在臺灣的教堂不多，最有名的是位於今日安平區的安平天主教堂，這是荷蘭建的第一座天主教堂，將西方文化和科技帶到了臺灣。

臺灣之名的由來

「臺灣」這個語彙發展得非常晚，雖然字意上充滿濕地意象，卻不是臺灣最早的名稱。這個島嶼曾被稱為「雞籠山」、「雞籠」、「北港」、「東蕃」、「臺員」、「大員」、「大灣」等名詞。[8]其中「臺灣」源自於第一位漢人進入現在臺南外海的沙洲（現在的安平古堡一帶），被當地平埔族西拉雅人（嚴格來說，應該是大武壠族人）高聲喊叫成：Tayan，意思是「外來的侵入者」。後來漢人不明，照著發音稱呼為Tayan，經過「臺員」、「大員」、「大灣」語音的轉變，最後稱呼這裡為「臺灣」，發展成為如今全島的名稱。[9]

8　陳冠學，《老臺灣》。臺北：東大圖書公司，2006年。

9　李筱峰，《以地名認識臺灣》。臺北：遠景出版社，2017年。

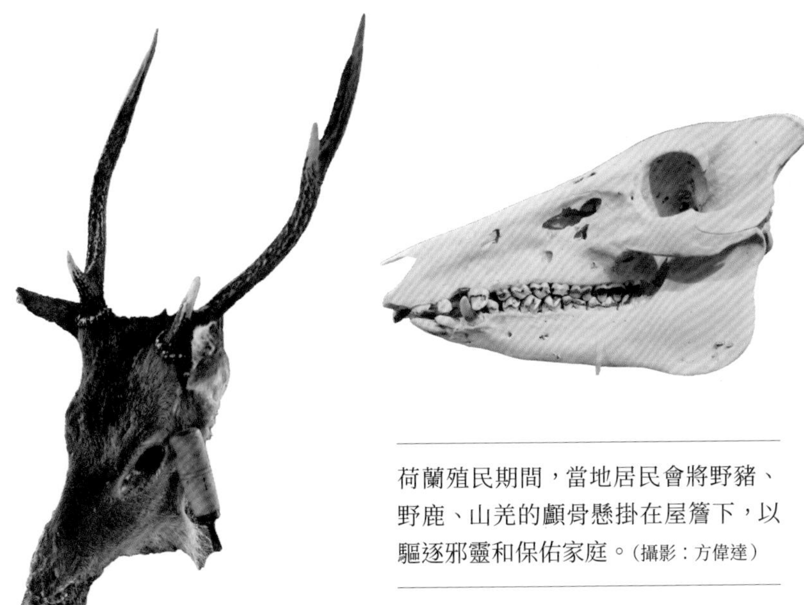

荷蘭殖民期間，當地居民會將野豬、野鹿、山羌的顱骨懸掛在屋簷下，以驅逐邪靈和保佑家庭。（攝影：方偉達）

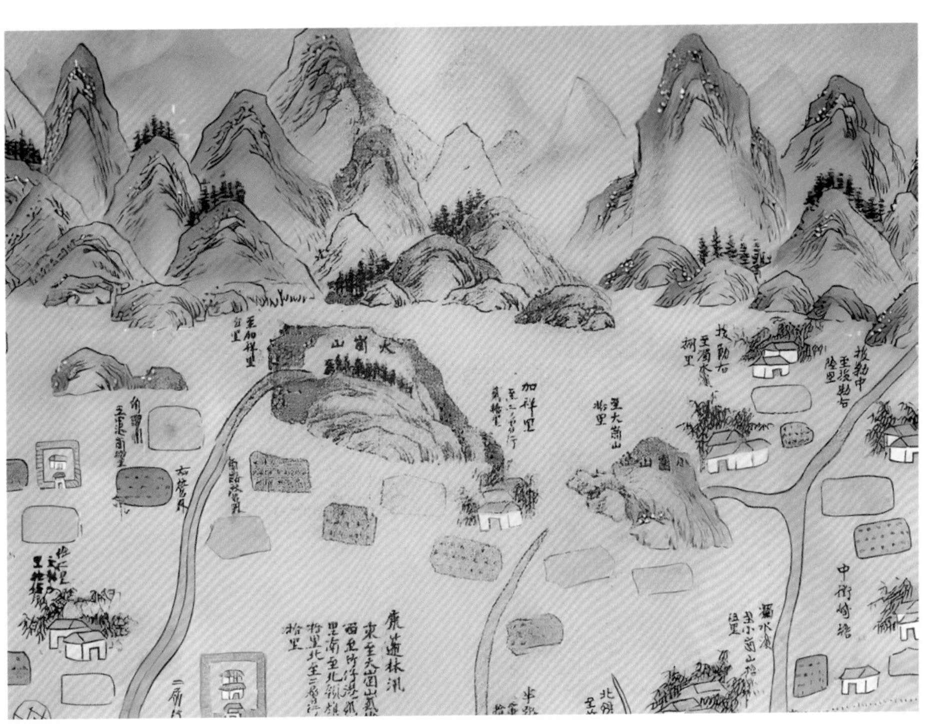

康熙年間所繪製的輿圖可以看到土臺屋，這是一種建在地面上的房子，通常由竹子、木材以及茅草等天然材料製成，屋頂呈現圓拱形，以適應颱風和地震等自然災害。圖為大崗山下原住民聚落。（資料來源：《康熙臺灣輿圖》，1699-1704。國立臺灣博物館。）

臺灣傳統房屋，如竹編牆、木造屋、土埆厝等，由於地基淺，遇大水直接軟化倒塌。
（攝影：方偉達）

隨著時間推移，十七世紀大陸移民來臺的數量不斷增加，對於臺灣的文化、經濟、政治等方面都產生了深遠的影響。

一八九五年，清朝在甲午戰爭戰敗，臺灣割讓給日本。日本統治臺灣期間，風災水災頻仍。臺灣河川短促湍急，容易氾濫，加上颱風因素，每每加重災情。

一九一一年八月二十五日到八月二十七日，颱風造成「南部暴風雨，災情空前慘重，人畜死傷與其他損害皆甚大」；八月三十日到八月三十一日，「暴風雨，人畜有死傷，其他災害亦大」。臺南府城公共建設損毀約八成，這場颱風至少造成二九〇人死亡，二萬三千間木造房屋全倒。一九一三年七月十六日到七月二十日，全島豪雨成災，甘蔗泡在氾濫成災的田中不能採收。一九一四年七月五日到九月二十日，嘉南平原陸續來了四個颱風，災情慘重，稻米、砂糖、食鹽都歉收，物價飛漲，連北部的樟腦、茶葉也跟著漲價，老百姓的日子苦不堪言。[10]

颱風亦造成平埔族洪雅、西拉雅、大武壠族、馬卡道等族人的生活壓力。山地林澤高溫多濕，居住其間容易罹患瘴癘疾病，因此平埔族原本選擇較為乾燥缺水的嘉南平原居住，之後由於敵人侵擾，才決定遷居山區。只要颱風季節，河川暴漲，就沒有好日子過。

平埔族對於颱風與水災的防衛，呈現在其建築特色上，包括土臺屋、浮腳樓，構築環繞村落的雙重矮牆，建造半月型的胸牆，形成了欄護設施。

遼闊的臺江濕地記憶

遼闊的臺江大灣，四百年前有三三三平方公里的海灣面積，如今演變成為海埔陸地。「濕地記憶」也許已不復存在於當地居民的印象中，但通過現存於臺灣少數原住民族的訪談與歷史文獻，或可了解祖先如何克服恐懼，逃離洪水等自然災害，進行漁獵生活的過程。

大海看似平靜，卻歷經四百年人群於此來來去去，以及自然力量的波濤洶湧。在濕地臺灣生活的人們，同時承受著災害與富饒，繼續往前行。

10 王子碩整理；陳信安、陳秀琍審閱；李秐衣編輯，〈1911年世紀大颱風：臺南市區災情實錄〉，2023年10月24日，檢自中央氣象署網站https://south.cwa.gov.tw/inner/Gglx1634607217OCfh。

大海看似平靜，卻歷經400年人群於此來來去去，以及自然力量的波濤洶湧。在濕地臺灣生活的人們，同時承受著災害與富饒，繼續往前行。(攝影：洪敏智)

參考文獻

1 Wu, Q., Z. Zhao, L. Liu, D. E. Granger, H. Wang, D. J. Cohen, X. Wu, M. Ye, O. Bar—Yosef, B. Lu, J. Zhang, P. Zhang, D. Yuan, W. Qi, L. Cai, and S. Bai. "Outburst Flood at 1920 BCE Supports Historicity of China' S Great Flood and The Xia Dynasty," *Science* 353 (6299) , 2016‥ No. 579—582.

2 許雪姬，《續修澎湖縣志（卷二）－地理志》第三章〈開拓〉。澎湖縣政府，八十四頁，二〇〇五年。

3 國立歷史博物館，《國立歷史博物館澎湖內垵中屯歷史考古調查報告》。臺北：國立歷史博物館，二〇〇三年。

4 尾崎秀眞，《臺灣日日新報》一九二三年十二月十九日八版，〈舟中望臺灣東海岸絕壁有作〉。本詩爲七言律詩，亦收入林欽賜《瀛洲詩集》，一九二三年。

5 翁佳音等，《陽明山地區族群變遷與古文書研究》。臺北：財團法人自由思想學術基金會，二〇〇六年。

6 陳冠學，《老臺灣》。臺北：東大圖書公司，二〇〇六年。

7 李筱峰，《以地名認識臺灣》。臺北：遠景出版社，二〇一七年。

8 翁佳音，〈福爾摩沙名稱來源～並論一五八二年葡萄牙人在臺船難〉，翰林社會天地，五，頁四至十三，二〇〇六年。

9 詹森、江偉全，《黑潮震盪：從臺灣東岸啟航的北太平洋時空之旅》。臺北：野人文化，二〇二三年。

PART 2

天地又穹蒼

人類遷徙與濕地命運交織

在東亞人類遷徙的大歷史中，不同民族，多元並存，既融合又衝突。
文化層中埋藏著魚蝦貝類的遺跡，訴說曾經的人類和濕地的關係。
臺灣不是邊陲，也不是中心，而是全世界文明網絡重要的一環。

攝影：洪敏智

> 晏陀蠻國，自藍無里去細蘭國，如風不順，飄至一所，地名晏陀蠻，海中有一大嶼，內有兩山，一大一小，其小山全無人煙，其大山周圍七十里。
>
> 泉有海島曰彭湖，隸晉江縣，取其國密邇，煙火相望，時至寇掠。
>
> ——趙汝适（一二二五年），《諸蕃志》[1]

不同族群從各方渡海來臺。

在濕地地景文化的歷史描述中顯示，原住民族在臺灣至少居住了千年以上，有南島語系血統、西歐種族血統等；距今四百多年前至今則有漳泉移民、閩客移民、西班牙、葡萄牙、荷蘭、大陸人、日本人以及新住民。

從福建的亮島文化、臺灣的長濱文化、網形文化以及大坌坑文化來看，臺灣史前人類頭骨考古文化層包含了尼格利陀（Negrito，小黑人）層（屬澳大利亞—美拉尼西亞親緣層），非特化蒙古人種的訊塘埔文化、芝山岩文化、圓山文化、土地公文化、植物園文化，以及十三行文化等。這些文化層中，埋藏著魚蝦貝類的遺跡，展現考古人類和濕地的關係。

1 《諸蕃志》作者爲南宋泉州市舶司提舉趙汝适，分上下卷，卷上志國，卷下志物。全書涉及158國家和地區，包括亞洲許多國家。趙汝适本人未親自訪問，只向商人多方詢問，「列其國名，道其風土，與夫道里之聯屬，山澤之畜產，譯以華言，刪其污渫，存其事實，名曰《諸蕃志》。」

CHAPTER

4 亙古的紀錄——人類簡史與濕地關係綜論

人類文明離不開水

濕地為地球上最重要的生態系之一，河川濕地更是人類文明的發源地，古代四大文明皆由河流所孕育，包括美索不達米亞（位於今天的伊拉克）、古埃及、古印度、古中國。這些文明建立在容易生存的河川臺地附近，擁有岸邊肥沃的土地，其中美索不達米亞和古埃及，分別發源於幼發拉底河和尼羅河，古印度文明發源於恆河和印度河，古中國發源於黃河和長江流域。

美索不達米亞文明起源之幼發拉底河（資料來源：©by Bertramz, via Wikimedia Commons.）

在西方語意學中，wetlands代表濕地的發音，相較於中文「坔」（音ㄌㄟˋ，臺語讀做lam，泥濘地、爛泥地之意）的形意關係，西方更具備擴張性的濕地文化意涵；其中以美索不達米亞濕地作為西方濕地文化的代表。西方人認為，濕地不僅僅是水居於土之上，根據他們對濕地的深刻觀察，濕地的「水」同時居於「土」之下，甚至遍及周邊環境，與傳統中國人認為濕地是「土上之水」的分界關係，西方人更具探索自然生態臨界地帶之科學拓荒精神。

擁有「伊甸園」美譽的美索不達米亞濕地位於伊拉克南部，是底格里斯河和幼發拉底河匯合之處，也是中東地區最大的濕地生態系統，曾經影響希臘、印度、埃及及亞歐等地的文化。經過數千年的歷史演變，濕地概念已經透過西方主流歷史，影響到全世界。

現代智人，不是唯一的智慧生物

大約三至四百多萬年前，非洲南方古猿出現。之後南方古猿成為全世界占有主導地位的人科動物。南方古猿形成了幾個分支，全都能夠直立行走。早期人類祖先是一種類直立人，和黑猩猩逐漸各自演化。直立人在演化的過程中，喜歡棲息在湖邊和沼澤濕地，因為覓食比較容易，也有充分的魚蝦貝類等蛋白質資源。這時候的類直立人，居住的地方屬於鄰近水域的森林，而且是群居生活，可以防禦猛獸的襲擊。

這些類直立人喜歡享用濕地提供富有營養的食物，在森林中過著採食的生活，例如採集鳥類剛孵出的蛋、樹幹上的白蟻和蠕蟲、植物生長的果實、地底的根莖等，以攝取動植物的澱粉、蛋白質以及醣類。另外也捕捉昆蟲、鳥類、蛙類、蛇類維生。

他們喜歡潛入水中，捕食小型水中生物，包括貝類、蝦蟹、魚類、小型兩棲類等。這和猿猴不同，猿猴害怕水。直立人需要含有高蛋白質的水產，例如大型貝類的肉，因為人科大腦消耗能量太高，占了人體總能量的百分之二十，這些水產有助於大腦發育。濕地中的食物可說非常多元。

從二百萬年前到一萬年前，地球上至少出現六種不同的人類，例如生存於一百八十萬年到一百四十萬年前的東非及南非的匠人。匠人喜歡棲息在森林和草原的濕地環境，包括河流和湖泊等，他們的食物來源包括肉類、魚類、水果、堅果和根莖類等。[2]

在亞洲，直立人存在了二百萬年，中國大陸發現十四個化石遺址，包含元謀、田東、建始、鄖縣、藍田等，北京人則生存在八十萬年之前。直立人除了以上所說的採食與捕捉水產，也會集體狩獵，獵捕比自己體型大很多倍的動物，比如東亞大陸的大象和水牛。當然這些人種不是現代亞洲人類的祖先。十萬年前到四萬年前，直立人在東亞消失，形成東亞人類學化石的斷層。

尼安德塔人在四萬年前消失，他們的祖先是生活在歐洲五十萬年前的海德堡人，海德堡人的祖先是距今約七十萬年前的先驅人，他們在歐洲捕捉野生的猛獁象、歐洲獅、愛爾蘭麋鹿、歐洲野牛、犀牛、野狼以及熊類。先驅人居住在兩條河流交匯處，氣候宜人，而且野生動植物資源豐富，展現濕地文明。

科學家認為，人類的祖先大約十六萬年前，出現在東非，後人稱他們為現代智人，曾經和尼安德塔人共存。十萬年前，現代智人開始遷居和擴張，碰到所謂的早

2　匠人的後裔包含了海德堡人、尼安德塔人以及現代智人。此外，也有另外一派說法是，匠人的後裔包含了亞洲的直立人。在人類的歷史中，還有一派說法是匠人是直立人的一種分支。

期智人，包括尼安德塔人、丹尼索瓦人、海德堡人、西布蘭諾人、佛羅勒斯人、馬鹿洞人等，至少六種人類。[3]

現代智人在十萬年前沿著歐亞大陸南方的喜馬拉雅山脈南側，進入東南亞地區，這是第一次擴張，取代了亞洲的直立人。第二次擴張距今約七萬年之前，一條路線擴散到歐洲，之後尼安德塔人消失；另外一條路線抵達亞洲之後，取代了西伯利亞丹尼索瓦人。過去地球上和現代人類（現代智人）共同存在的人類有尼安德塔人、爪哇人（直立人）、梭羅人、丹尼索瓦人、小矮人等。而臺灣現代人類的祖先究竟是誰呢？

跨越澎湖陸橋——尋找濕地民族與南島民族

在電影《冰原歷險記》中，一群動物為了逃避冰河時期的災難，穿越一座連接北美洲和歐洲的陸橋。最近一次冰河期，發生於第四紀更新世晚期，開始於大約十一萬年之前，結束於一萬二千年前。這段期間，各地冰蓋亦曾出現數次的進退，當冰河消退，稱為間冰期。

冰河時期，全球氣候變冷，南北極冰原以及高山冰川逐漸擴大，導致海水減少，海平面大幅下降。臺灣在冰河時期，曾經有連接大陸的陸橋，例如澎湖陸橋，為當時的生物提供了遷徙的通道，使得生物能夠適應不同的環境。

早在史前時代，推測臺灣周遭就可能有原始人類，是晚期智人，意即解剖學定

3 吳新智、崔婭銘，〈過去十萬年裡的四種人及其間的關係〉，《科學通報》，第24期，2016年，頁2687。

義上的現代人。一九九八年，漁民在臺灣海峽澎湖海溝，撈獲一件人類右肱骨化石，由陳濟堂收藏，國立自然科學博物館何傳坤發現這是大約在距今二萬六千年至一萬年前的人類化石，許多考古學家稱為「**臺灣陸橋人**」。當時澎湖海域的陸橋環境，居住著古菱齒象、浣貉、棕熊、鬣狗、虎、諾氏古菱齒象澎湖亞種、大連馬、普氏野馬中國亞種、野豬、北京斑鹿、達氏四不像鹿、德氏水牛等哺乳動物。[4]

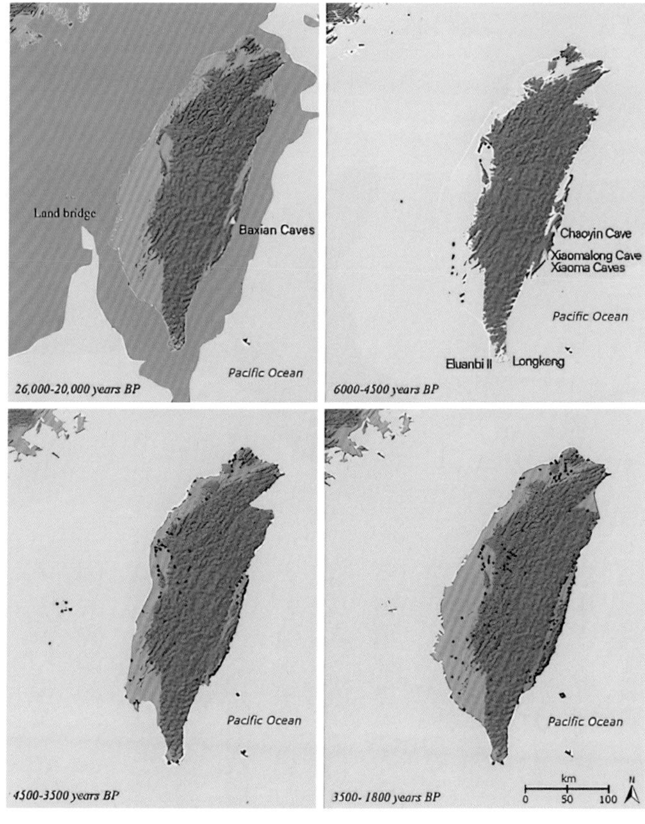

最後一次冰期的最盛期，發生於大約1萬8千年前。圖為臺灣海峽於不同時期的海陸變遷。

（資料來源：Matsumura, H., Xie, G., Nguyen, L. C., Hanihara, T., Li, Z., Nguyen, K. T. K., ... & Hung, H. C. 2021. Female craniometrics support the 'two-layer model' of human dispersal in Eastern Eurasia. *Scientific Reports*, 11(1), 20830.
Hung, H. C., Matsumura, H., Nguyen, L. C., Hanihara, T., Huang, S. C., & Carson, M. T. 2022. Negritos in Taiwan and the wider prehistory of Southeast Asia: new discovery from the Xiaoma Caves. *World Archaeology*, 54(2), 207–228.）

澎湖陸橋在距今2萬6千年至1萬年前曾居住著古菱齒象、浣貉、棕熊、鬣狗、虎、達氏四不像鹿、德氏水牛等哺乳動物。圖為古菱齒象下顎化石，以及德氏水牛化石。（攝影：方偉達）

同時期晚期智人化石，包括中國大陸的柳江人（六萬年前）、琉球的港川人（二萬四千年前），他們與東亞的蒙古種有別，具有澳大利亞－美拉尼西亞親緣關係。澳大利亞－美拉尼西亞地區人種和柳江人、港川人以及馬祖亮島島尾考古遺址亮島人（八千二百年前）之間，存在相似的文化和語言，都隸屬於南島民族[5]；也就是說，南島民族的南方人種，例如亮島人、港川人、菲律賓原住民、臺灣原住民，頭骨形態相當接近，都是濕地的民族。事實上，馬祖亮島人和臺灣的原住民，頭骨形態接近。

南島民族是指生活在臺灣、東南亞、密克羅尼西亞、新幾內亞沿海、美拉尼西亞、玻里尼西亞和馬達加斯加的民族，曾經居住在越

4 陳光祖，〈試論臺灣各時代的哺乳動物群及其相關問題——臺灣地區動物考古學研究的基礎資料之一〉（下篇），《中央研究院歷史語言研究所集刊》，2000年，頁367至457。

5 陳仲玉、邱鴻霖、游桂香、尹意智、林芳儀，《馬祖亮島島尾遺址群發掘及［亮島人］修復計畫》。連江縣政府文化局，2013年。

南、柬埔寨、緬甸、泰國、海南島、印度洋科摩羅群島，以及澳洲昆士蘭州的托列斯海峽群島。

南島民族大約六千年前移入臺灣。從空間分布來看，新石器時代早期的「南島民族」抵達沿海地區，而當時狩獵採集者「小黑人」也居住在沿海濕地，南島民族壓迫了小黑人的居住空間。新石器時代中期，大陸移民不斷進入臺灣，「南島民族」向內陸山麓進行農耕。

亮島人一號與二號

馬祖亮島人有一號，二號。「亮島人一號」臉型瘦長，距今約八千二百年，屬於澳大利亞－美拉尼西亞血統；「亮島人二號」臉型寬大，距今約七千六百年，已經有蒙古人的特徵，兩具人骨彼此年代相距約六百多年。「亮島人一號」屬於沿海濕地民族，隨著季節風，到亮島捕魚、短期居住，當地有五十公分的貝塚遺跡可以證明。「亮島人一號」是屈肢墓葬，屬於新石器時代「南島民族」，從事捕魚，和臺灣泰雅、阿美、東南亞原住民島嶼族群的遺傳血緣相近。

「亮島人二號」混有海洋蒙古人種特徵，代表海洋蒙古人種南下，與澳大利亞－美拉尼西亞人種相遇，這也可能是臺灣大坌坑文化的起源，是澳大利亞－美拉尼西亞－蒙古親緣關係的文化。

臺灣有小黑人？臺東東河小馬洞的小黑人（尼格利陀人）

曾任中央研究院副院長的張光直（一九三一—二〇〇一）認為澳大利亞—美拉尼西亞親緣關係民族曾出現在中國南方，這些南方民族具有「南方黑人」的特徵。這時期的人類化石和中國北方不同，和太平洋中的安達曼群島、馬來半島，或是菲律賓呂宋島的尼格利陀人，都具備「小黑人」的特徵，類似東南亞和新幾內亞的原住民。尼格利陀人在六萬年前走出非洲，曾經遍布整個東南亞，後來逐漸被南島民族所同化和取代。

臺灣真正居住過小黑人嗎？過去學者推測他們在南島語族來到臺灣之前，曾經居住於臺灣。臺東東河鄉小馬洞穴出土的一具遺骸，和東南亞小黑人的埋葬方式相同，墓葬採取交足而坐，或是蹲踞的姿勢。在體質形態上，也和菲律賓呂宋島的尼格利陀人最接近。

臺灣發現的小黑人骨骸遺跡，距今約五千年前。很難斷定這位小馬洞的小黑人從何而來。小黑人的考古證據存在了許多謎點，但是至少告訴我們臺灣曾經有過「小黑人」，也就是曾經有過尼格利陀人的蹤影。

臺灣曾經有過「小黑人」，也就是說曾經有過尼格利陀人的蹤影。圖為尼格利陀人頭骨。

（資料來源：Hung, H. C., Matsumura, H., Nguyen, L. C., Hanihara, T., Huang, S. C., & Carson, M. T. 2022. Negritos in Taiwan and the wider prehistory of Southeast Asia: new discovery from the Xiaoma Caves. *World Archaeology*, 54(2), 207–228.）

小黑人望著海邊的島嶼，向海中一躍而下。他的身高估計約一百六十公分，但已經比一萬年前生活在東亞海濱的祖先，高了十公分。小黑人體格結實，英勇得和沖繩祖先一樣啊，可以捕捉兇悍的野豬。然而如今他累了，只能抓海魚、煮貝殼湯，燒烤海鮮來吃。氣候突然異常寒冷，冷風刺骨。海水越來越冰冷，海流湍急，風浪強大，小黑人忍著耳朵的疼痛，潛到深海之中，設法用魚槍戳刺海魚，或是撈起牡蠣、海螺等。

海域中漁獲豐富，但是他潛水到海底，卻力不從心，無法捕獲任何食物。詛咒了一聲，憋了一口氣，他返回岸邊，仰頭吐出海水，耳朵開始耳鳴，冰冷的海水讓他耳膜和骨頭關節隱隱疼痛。

長期潛水到海中的捕撈工作，讓他關節異常疼痛。他覺得自己越來越衰老，沒有辦法像年輕時，在礁石間輕鬆跳躍。

他想起祖先曾經活在一萬年前歐亞大陸邊緣沖繩豐沛的獵場，海濱還有好吃的烤野豬。當時，就算是一路走到沖繩，也不是什麼困難的事情。隨著海平面逐漸上升，他已經沒有力氣划著獨木舟航向沖繩了。天氣越來越冷，氣溫下降，這當然不是一、兩天發生的事。腦殼一緊，他突然頭昏目眩，頭痛欲裂。天空的白雲向他微笑，彷彿是說著大限已到。

他筋疲力盡，望著海上的花崗岩洞，岩壁陡直入海。片刻後，他仰望藍天，緩緩閉上眼睛，嚥下最後一口氣，死的時候耳內骨都已經生了骨疣。他只有三十歲。

族人用傳統的屈肢葬方式下葬，他的四肢被折屈起來後，放入穴中埋葬。以屈肢葬方式下葬是因為族人覺得，他們死後會回到所出生的胎中。人怎樣來，就怎樣地離開，回到母親的懷抱。

死者「生前沒有名字」，死亡之後的八千二百年，被尊稱為馬祖「亮島人一號」。

新石器時代中期遺址出現於較高的海拔，包括1,000到1,700公尺以上的中海拔山區。（攝影：方偉達）

考古文化中的濕地痕跡

1 大坌坑文化

極盛時期距今約六千年前。當時人類的生存活動為採取水生資源，例如採集水生植物、魚類、水棲動物。此為臺灣農業最早的起源，種植根莖類作物並有稻米、小米的種植技術。[6]

2 訊塘埔文化

始於四千五百年前至三千六百年前之間，新石器時代中期、大坌坑文化晚期衍生的文化。分布於基隆至淡水之間海岸，以及關渡淡水河岸一帶，在圓山遺址、芝山岩、大龍峒都曾發現。臺北湖時代，可從圓山划船到大龍峒進行交易，也可以航海到淡水河口，定居臺北湖岸。臺北湖濕地後來形成泥碳層，發現豐富的動植物化石和孢粉。有穀類作物的種植與發展。

6　陳有貝，〈大坌坑的生業模式探討——陶片矽酸體分析方法的嘗試〉，《國立臺灣大學考古人類學刊》，第66期，2004年，頁125至154。

3 芝山岩文化

三千六百年到三千年前之間，新石器時代晚期文化，擁有漁獵和農耕技術。此時期臺北盆地湖泊林立，當時人類盛行狩獵與漁撈活動。

4 圓山文化

距今大約三千年至二千年前，屬於新石器時代中晚期的史前文化，是繼大坌坑、訊塘埔以及芝山岩文化之後，在臺北盆地北側

臺北湖是濕地極盛相

根據考古學家研究，最遲在距今一萬多年前，臺北盆地內可能已經有少量的人類活動，稱為先陶文化。然而一直沒有足夠的考古證據。

間冰期，臺北大湖積水時聚時退。過去一萬年以來氣候回暖，東亞濕潤，臺北盆地海水湧入，形成了半淡鹹水的古臺北湖。因為古淡水河流域來自山脈降水，流入臺北湖的淡水和臺北潟湖的海水混合，使臺北湖水呈現淡鹹混合的狀態。這種濕地的極盛相，形成較佳的水質，繁衍大量貝類，為史前人類提供了食物的來源。

臺灣北部的濕地與遺址中，採集到貝類化石。
（攝影：方偉達）

發展的文化。位於現今圓山、芝山岩、關渡、八里、五股、中和以及淡水河兩岸和新店溪下游的河岸階地。

圓山遺址毗鄰臺北半鹹水潟湖地形，在圓山貝塚中保存了食用後的貝殼、小魚魚骨等，其中貝殼種類包括大蜆、田螺、網蜷、牡蠣以及鐘螺等河流或濱海食材，這些屬於半淡半鹹水性的貝類，驗證當時臺北湖為一鹹淡水交雜的低濕沼澤湖泊。

圓山文化人使用陶器，食物來源包括梅花鹿、水鹿、山羌、野豬、稻米以及貝類，較少覓食海水魚類和小米。可以想見野生動物在圓山遺址鄰近的濕地或是濱海地帶，四處覓食。

5 植物園文化

距今二千五百年至一千八百年前，主要分布在臺北盆地南部的大嵙崁溪流域植物園、樹林打狗蹄山、潭底、關渡、淡水油車口以及桃園的大尖山等。古臺北湖在二千五百年前，因為淤積作用，產生了肥沃的耕地，農業是當時人類的生計方式。晚期人口增加，由濱海古潟湖殘存地區，逐步朝內陸或山區開拓，族群之間互動愈加頻繁。

6 十三行文化

臺北盆地持續被淡水河上游的基隆河、新店溪、大漢溪泥沙沖刷淤積於盆底，形成距今約一千八百年前鐵器時代至四百年前史前時代晚期、凱達格蘭族和噶瑪蘭族系統文化。

十三行遺址位於新北市八里區淡水河出海口交界處的南岸，此外，十三行文化還涵蓋西新庄子、社子、小基隆、澳底、貢寮舊社等地。

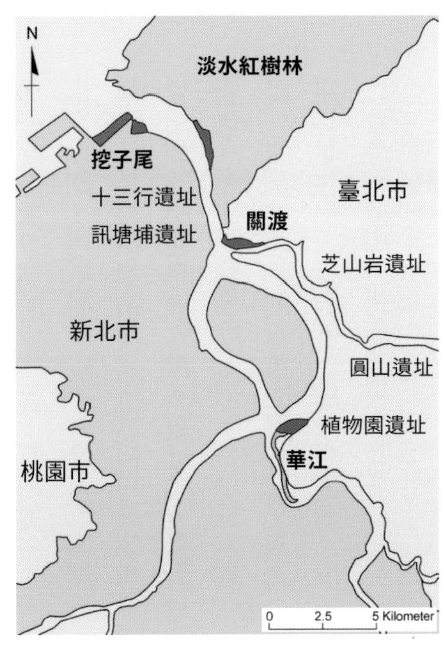

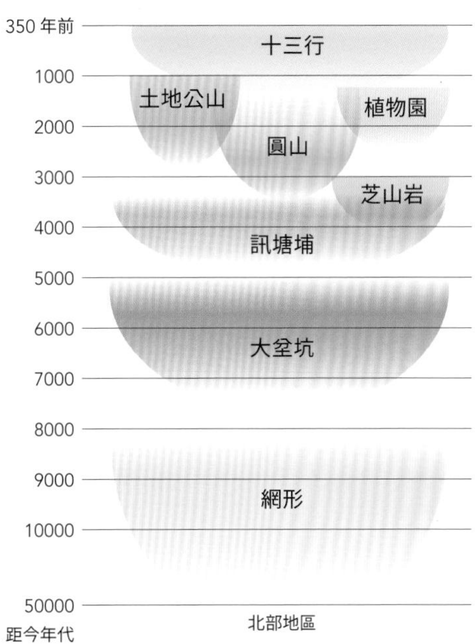

臺灣北部的濕地與遺址（繪製：江懿德）

文化遺址的年代遞嬗（繪製：江懿德）

臺北湖湖水退潮後，凱達格蘭族人種植稻米農作，偶而採食貝類，捕獵魚類、山豬、鹿、羌等維生。

當時氣候暖化，海平面不斷上升，侵蝕原有陸地，在此陰濕環境下，遺址中發現以鐵刀、鐵釘等鐵器建造的「干欄式」高架屋成群的柱洞。在離地八十到一百公分左右處，架起梁木，鋪上厚木地板，頂部「編竹苫茅為兩重，上以自處，下居雞豚，謂之麻欄」，也就是以木頭、竹子構築屋梁，並且以濕地生產的茅草蓋頂、遮蔽，並以梯子連接屋外地面，以避免盆地濕氣、瘴氣、淹水以及野獸、蟲蛇侵擾。

原住民與濕地記憶

較早進入臺灣的原住民，包括泰雅、布農、鄒族、魯凱、排灣等族；祖先較晚進入臺灣的原住民，有阿美、卑南、邵族、噶瑪蘭等。不管進入的時間早晚，多有洪水的傳說，例如阿美族和卑南族的祖先是因為洪水蔓延時，逃到臺灣，可說是臺灣收容的第一批洪水難民。又例如較早的泰雅族原住民，祖先應該是在洪水之前就已經來到臺灣，所以有遷到高山的集體記憶。

臺灣現存的原住民族中，至少有一半的原住民族群有口述的洪水傳說保留下來，甚至包括洪水殘留後的移民記憶，相當多元而豐富，甚至還可以解釋因為爭取濕地不成，導致兄妹變成不同的民族祖先，表達大家「都是一家人」的共源概念。

不同的少數民族共同生活在臺灣，每個民族部落的集體記憶有顯著的差異，傳說多元並存，互相借用，在文化上形成鑲嵌複雜的現象，並且進行融合。

「編竹苫茅為兩重，上以自處，下居雞豚，謂之麻欄」的干欄式浮腳樓，是一種建在高架木柱上的房子，通常用於儲藏穀物和其他物品。這些建築形式在平埔族群中非常普遍，在現代仍然被廣泛使用。（資料來源：©清〈番社采風圖〉, via Wikimedia Commons.）

CHAPTER

5 歲星分野、遷徙的子民——亞洲分化和演進的水之族群

根據遺傳學研究，現代智人在出走非洲之後，距今五萬到四萬年之前，分化為西方歐亞人、東方歐亞人。東亞O-M122黃種人進入中南半島、中國大陸、朝鮮半島、日本列島，包括古東亞人中的黑色人種（小黑人，又稱為和平文化人群）、棕色人種（澳大利亞－美拉尼西亞人、日本的繩紋人）、黃色人種（馬來民族、玻里尼西亞人、密克羅尼西亞人、古侗臺、壯侗等族）。廣義膚色較白的東亞人，經過民族混血融合，在東亞建立了三支民族，依序為古華夏民族、古苗瑤等族（吳人），以及古閩越族（黎族、侗族、水族、仫佬族、仡佬族、高山族、壯族、傣族）。來到臺灣的漢人屬於南方漢人。

福建人、廣東人、客家人都是漢化的古閩越族，又稱為百越族。百越民族遭到古華夏民族，也就是北方漢人武力征服，然後漢化。越南人是越族最南方的民族，過去稱為駱越，又作雒越、貉越，最早源自於越，分布在中國廣東西南部、廣西南部，越南北部，以及海南島。

歐亞板塊東緣的亞洲，以中國大陸居於亞東幅員最廣，連接朝鮮半島，其外有日本花綵列島等島嶼。亞洲諸國間的族群遷徙皆與濕地密不可分。

1 中國大陸，濕地萬象

中國大陸擁有豐富多樣的濕地資源，總面積約為五六三五萬公頃，占世界濕地面積約為百分之十，位居亞洲第一，世界第四，初步建立以國家公園、濕地自然保護區以及濕地公園為主體的濕地保護體系。其濕地主要分為五大類：

1 沼澤濕地：包括蘚類沼澤、草本沼澤、沼澤化草甸、灌叢沼澤、森林沼澤、內陸鹽沼、地熱濕地以及淡水泉或綠洲濕地。

2 湖泊濕地：包括永久性淡水湖、季節性淡水湖、永久性鹹水湖和季節性鹹水湖。

3 河流濕地：包括永久性河流、季節性、間歇性河流以及洪泛平原濕地，如九寨溝濕地。

4 濱海濕地：包括淺海水域、潮下水生層、珊瑚礁、岩石性海岸、潮間沙石海灘、潮間淤泥海灘、潮間鹽水沼澤、紅樹林沼澤、海岸性鹹水湖、海岸性淡水湖、河口水域以及三角洲濕地，如崇明島濕地。

5 人工濕地：包括水產池塘、水塘、灌溉地、農用泛洪濕地、鹽田、蓄水區、採掘區、廢水處理場所、運河、排水渠，以及地下輸水系統。

以上濕地分布在不同的地理區域，包括：

1 東北濕地：如黑龍江的扎龍濕地。

▲ 黑龍江的扎龍濕地，運用人工技術復育丹頂鶴。（攝影：方偉達）

▼ 四川九寨溝的湖沼和溪流濕地。九寨溝的湖水特別湛藍，因為地質由石灰岩構成，使得地下水富含二氧化碳，進而形成鈣華地質。這種地質對於懸浮物有固定作用，因此湖水幾乎不存在懸浮物，使得湖水的透明度極高。（攝影：方偉達）

2 黃河中下游濕地：如黃河三角洲。

3 長江中下游濕地：如洞庭湖和鄱陽湖。

4 杭州灣以北濱海濕地：如杭州灣濕地、崇明島濕地。

5 杭州灣以南沿海濕地：如珠江口紅樹林。

6 雲貴高原濕地：如滇池。

7 蒙新乾旱／半乾旱濕地：如內蒙古的達賴湖。

8 青藏高原高寒濕地：如青海湖。

這些濕地不僅在生態系統中扮演著重要角色，更是許多珍稀動植物的棲地。然而，由於不合理的開發和利用，許多濕地面積急遽縮減，生態環境受到嚴重影響。問題主要包括：

1 濕地面積減少

2 水資源汙染：家庭汙水、工業廢水、農業汙染等，導致濕地水質惡化。

3 外來物種入侵：例如互花米草等，對當地生態系統造成威脅。

4 氣候變遷：極端天氣事件頻仍，包括暴雨和暴旱。暴雨造成大氣中水汽含量增加，從而引發更強烈的降雨事件；且經常在短時間內集中爆發，特別在颱風季節和梅雨季節釀成洪水和城市內澇。二〇二〇年以來，南方的洪澇災害已造成約三四八一萬人次受災。此外，全球暖化加劇乾旱風險，特別是在西北地區。高溫和少雨的天氣模式，使得水資源短缺，影響農業生產和日常生活。

▲ 2009年透過海峽兩岸濕地研討會，開啟了中國大陸與臺灣學者進行交流，之後雙方不斷互訪，對方參考了我國2015年推動實施的《濕地保育法》精神，積極推動《中華人民共和國濕地保護法》的制定，兩岸積極進行沿海和內陸的濕地交流活動。（攝影：方偉達）

▼ 三峽大壩是世界上規模最大的水利工程之一，位於中國湖北省宜昌市。除了發電和防洪功能外，大壩的建設對長江流域的生態系統造成影響，特別是濕地。由於大壩的建設，長江上游的水流被阻斷，濕地面積減少，生態環境發生變化。此外，庫區的靜止水域也導致水質問題和藻華增加。（攝影：方偉達）

內蒙古的草原濕地是中國保存最完好的自然景觀之一，擁有豐富的生態系統，其中額爾古納濕地由多條河流交匯形成平原濕地。圖爲星星塔拉濕地。（攝影：方偉達）

極端天氣事件對於濕地生態環境和社會經濟造成嚴重影響，需要加強氣候變遷的監測和預警系統，以及推動濕地永續發展和環境保護措施。此外，更須關注人類活動例如農業、牧業、漁業和旅遊開發等產業，對於濕地生態環境造成的負面影響。

二〇〇九年海峽兩岸濕地研討會開啟了雙方交流序幕，期間雙方持續互訪，中國大陸學者專家參考了我國二〇一五年推動實施的《濕地保育法》精神，積極推動《中華人民共和國濕地保護法》的制定，在二〇二一年十二月二十四日通過，並自二〇二二年六月一日施行。該法律旨在加強濕地保護，維護濕地生態功能及生物多樣性，保障生態安全，促進生態文明建設，實現人類與自然和諧共生。主要內容包括：一、濕地資源管理：建立濕地資源調查評價制度，實行濕地面積總量管控制度。二、濕地保護與利用：對濕地實行分級管理，發布國家重要濕地名錄。三、濕地修復：制定濕地修復規劃，採取措施恢復受損濕地。四、監督檢查：加強對濕地保護工作的監督檢查。五、法律責任：明確訂定違反濕地保護法的法律責任。《中華人民共和國濕地保護法》標誌著中國濕地保護進入法治化階段，推動《全國濕地保護規劃（二〇二二—二〇三〇年）》更為濕地保護提供了法律保障。

▲ 西溪濕地位於浙江杭州城西，面積約11平方公里，為國家5A級旅遊景區。著名景點如秋蘆飛雪、火柿映波、深瀲會舟等十景。這裡也是中國集城市濕地、農耕濕地、文化濕地以及濕地旅遊為一體的城市濕地。（攝影：方偉達）

▼ 東灘濕地位於上海崇明島最東端，是候鳥的重要棲息地，設有崇明東灘鳥類國家級自然保護區。大片的蘆葦和木棧道，讓遊客可以觀賞自然美景。（攝影：方偉達）

2 駱越，水的民族

春秋戰國時代有吳國和越國，閩越國由越人在福建建立。戰國時期，越國被楚國所滅，遷至閩中地區，與當地的百越土著「閩人」，共同建立國家，主體部族為當時的閩部落和越部落，後人便將融合了越國文化並承襲了越國衣缽的古閩人，稱為閩越人。遠古時期居於越南北部的民族，稱為駱越人。如果我們分析越南的駱越之意，在南亞語系是「水」的意思。「駱田」就是水田，以農業維生。[7]

越南歷史悠久，據考古資料顯示，舊石器時期已有人類活動的痕跡。越南新石器時代文化，特別是紅河下游及越南海岸的史前文化，呈現出不同時期豐富的特色。[8] 越南北部新石器遺址發現最多，且研究較早，並有較多研究成果。從這些文化中，可看到人類從陸地邁向海洋濕地的過程。

越南建築受到水禽和蛇類的影響，屋簷的造型特殊。（攝影：方偉達）

7 武忠定，〈雒越之雒義新考〉，《萍鄉高等專科學校學報》，第29期第2卷，2012年，頁66至69。

8 早期以和平文化、北山文化、照儒文化爲代表；中期以蓋萍文化、多筆文化、瓊文文化爲代表；晚期以下龍文化、保卓文化爲代表。

一九二七年，法國考古學家瑪德琳．科拉尼(Madeleine Colani)發表了她在越南北部和平省進行的九次考古發掘成果。一九三二年第一屆遠東史前史會議同意將「和平文化」定義為越南北方全新世時期巖洞發掘的考古文化。和平文化代表了東南亞狩獵採集的人群，東南亞發現的「小黑人」，就是「和平文化人」的後代。「和平文化人」另有後代進入西藏高原、東南亞群島，西藏有相當高比例的矮黑人基因。

在英語定義中，「和平文化」用來泛指東南亞地區的石器文化，年代約在一萬二千年至四千年前。「和平文化」發現的地方，原來是一片**沼澤石灰岩**的山谷，在這種特殊的自然條件之下，人類幾乎完全居住在石灰岩洞穴之中，白雲石、石灰石幾乎是唯一可以運用的石材。當時食物包含了淡鹹水中的帶殼軟體動物(例如蝸牛、貽貝、牡蠣)。

新石器時代晚期出現的下龍文化，位於下龍灣。下龍灣過去沿海都是島嶼，擁有碳酸鹽沉積的地層，地質史古老，將近五億年，地貌豐富，例如喀斯特地形。根據世界自然保護聯盟的研究，當地擁有七種下龍灣特有

越南受到漢族文化影響，在雕塑上呈現出獅子圖像。(攝影：方偉達)

的植物物種，它們只能適應下龍灣的石灰岩，在世界其他地方找不到，例如：下龍蘇鐵、紫黃耆、下龍棕櫚、鹿角黃耆、紅掌等。一萬八千年前，這裡就有現代人類的足跡。當時居住在下龍灣的人類，藉由採捕魚蝦貝類、採集水果、挖塊莖和樹根維生。九千年前的人類開始製作陶器，到了五千年前，居民逐漸從山巒出發，向大海遷移，住在海洋濕地旁邊，像是和平文化人以及北山文化人，當時的下龍文化人，主要以捕魚為業。

二千七百年前出現了燦爛的「東山文化」。東山文化是越南紅河河谷鐵器時代的文化象徵。當時的人類喜歡出海，乘坐著大型船隻，輔以天文知識進行遠航。

東山文化等同是駱越人的文化。在駱越社會，有「雒王」、「雒侯」、「雒將」，意思是水王、水侯、水將，稱為部落領袖。早期的農業模式，是隨著潮水進退進行農業開墾。駱越人在舊石器時期，就生活在紅河流域，到了東山文化時代，已經成為氏族公社。後來，駱越人發展為京族（又稱越族）、黎族、芒族等南亞語系民族。此後獨立建國，向南越擴展，成為越南的主體民族。東山文化影響的區域包括東南亞，印度半島和馬來亞群島。

越族、泰族、占族交戰

越南文化深刻受到佛教文化和印度教多元文化的影響。

百越族是閩越原住民族，在華夏民族南遷（南征）和東遷（東征）的壓迫之下，陸續航海來到臺灣，或是從中國大陸遷到越南北部，這一支駱越人稱為京族人。

駱越人的另一支後裔稱為芒族，受到漢族文化影響較小，早期以水稻為主要食糧，房屋為干欄式的高腳房屋。他們和西部的泰族不斷交流。

百越持續從越南北部往南部拓展；泰族則是從雲南的西雙版納往南部遷徙。越南中南部原由占族人所統治，東漢末年中原衰弱，占族人獨立建國，史書稱為「林邑」，南北朝之後改稱為「占城」。「林邑」靠近扶南國，吸收大量印度教文化的元素以及婆羅門教文化，形成具有占婆特色的婆羅門教文化。

占族人因地理位置之便，在海上絲綢之路扮演非常重要的角色，但與泰族和越族長期戰爭，不斷消耗國力，最後占城走向了衰亡。

印度婆羅門教是林邑的國教，形成具有占婆特色的婆羅門教文化。印度教的金翅鳥，又稱迦樓羅，源自古印度神話傳說，是佛教天龍八部之一的護法、神鳥修婆那族的首領，也是眾鳥之王。

林邑國的金翅鳥造型，為鎮水患之神。（攝影：方偉達）

林邑國的象頭神是智慧之神。在南亞，大象是常見的濕地動物。（攝影：方偉達）

美麗的濕地城市：胡志明市

今日越南南部的胡志明市（Ho Chi Minh City）是越南第一大城，原名西貢。胡志明市靠近湄公河三角洲，這使得它擁有豐富的濕地生態系統。濕地在胡志明市的生態和經濟活動中扮演著重要角色，提供多樣的生物棲息地，同時也有防洪和水質淨化的作用。胡志明市有幾個著名的濕地區域，其中一些包括：

1 **芹苴濕地**：位於胡志明市附近的芹苴市，是湄公河三角洲的重要濕地，擁有豐富的生物多樣性和獨特的生態系統。

2 **芹苴濕地保護區**：是為了保護當地的濕地生態系統而設立的，提供多種水鳥和其他野生動物的棲息地。

3 **芹苴濕地公園**：不僅是當地居民和遊客的休閒場所，更是教育和研究濕地生態的重要基地。

越南胡志明市是一座美麗的濕地城市（攝影：方偉達）

3「壯泰走廊」南遷，泰族一頁滄桑

原始的泰族自稱為Tai，漢字譯為臺、泰、傣、岱依，原意為人類。泰族語言上分類為侗臺語系。一般來說，泰族是指說壯侗語、侗臺語的民族。泰族生活在中海拔的河谷低地，是濕地民族，早期居住於干欄式建築。

原始的泰族在四千年前從中國大陸的雲南西雙版納，通過廣西西江流域，遷徙進入現在泰國、柬埔寨、寮國在內的中南半島，再到泰國中部平原，形成「壯泰走廊」，帶來稻作技術和青銅文明，這些文明混合農業水稻、狩獵、採集方式維生。三千年前，進入青銅器時代。

原始的泰族，逐漸分化，形成越南的泰族、泰國的泰族、寮國的寮族、柬埔寨高棉族、緬甸的撣族、孟族。這一支泰語民族，是現代泰國與寮國的主體，同時分布在中國

泰國每年4月13到15日的潑水節，是一年中最歡樂的傳統新年節日，水象徵祝福，更讓大家在最熱的季節清涼消暑。(攝影：洪敏智)

南方（廣西壯族自治區、貴州、雲南）以及中南半島至印度東北部的阿薩姆，包含中國大陸境內一千八百萬壯族、泰國境內超過六千萬泰族，以及在緬甸聚居於撣邦的撣族，總人口達到一億。

昭披耶河是現今曼谷主要河川，沿岸都是擺渡，風貌宛若東方與西方交錯。

泰國是宗教聚合型的城市，信仰上座部佛教，以及壯泰民族的民間信仰。圖為曼谷挽叻縣鄭皇橋畔象徵吉祥平安的龍船廟。（攝影：方偉達）

▲ 玉佛寺（攝影：方偉達） ▶ 馬里安曼印度廟（攝影：方偉達）
▼ 大皇宮（攝影：方偉達）

▲ 曼谷的昭披耶河，又稱為湄南河。(攝影：方偉達)

▼ 班嘉奇蒂公園，原為財政部公營的菸草工廠，共有72公頃。2016年為了慶祝詩麗吉王后84歲生日，開始進行改造，2022年8月12日正式開幕，也是詩麗吉王后90歲生日。她是現在泰王的母親。雖然是人工森林，但是主要由濕地所構成，種植了紅樹林，連接淡水沼澤區，另外還有與常葉闊葉林連結的開闊水域生態系以及濕地生態系，植被非常豐富，是曼谷地區重要的都市濕地公園。(攝影：方偉達)

4 仰韶文化：「太陽鳥」，水澤濕地的子民與象徵

七千年以前，居住在東亞大陸的子民，崇拜太陽鳥。「太陽鳥」是「太陽」加「鳥」，據稱是鳳凰的一種雛形。「太陽鳥」在古代有不同名稱，例如烏金、陽烏、鸞鳥、鳳鳥等。據《山海經》記載，是一種太陽和烏鴉的崇拜。之後演變成彩色的鳳凰，甚至形成鳥類奔向太陽以身相殉，化為悲壯的火紅色鳳凰的象徵。

三千年前的四川金沙遺址，時間約為商代晚期，出土了一件以太陽神鳥為主題的文物，就是著名的「太陽神鳥金箔飾」，和「金烏負日」的傳說有關。殷商時期成都平原高溫多雨，產生了祭日文化。（攝影：方偉達）

「龍」取代了「太陽鳥」

龍在中國文化象徵著強大和吉祥，特別是對水、降雨、颱風和洪水的控制。這種象徵意義在其他漢字文化圈國家如韓國、越南和日本也有類似的表現。龍的文化確實與自然崇拜有著深厚的聯繫，源自於古代人們對自然力量的敬畏，特別是在濕地環境中，龍被視為掌控降雨和颱風的神祇，也就是掌

管水和天氣，這種象徵意義在農業社會特別重要，因為降雨和水源直接影響農作物的生長和收成。

隨著時間推移，逐漸演變成一種象徵性的文化，代表行雲流水的自然力量。

六千年以前，漢人民族的龍形象徵，似乎都和墓葬有關。當時蛇狀的紅山文化玉龍，頭部類似野豬。《竹書紀年》記載「黃帝龍軒轅氏龍圖出河」、黃帝「龍顏，有聖德」。黃帝部落打敗了炎帝部落，以「龍形圖騰」自居[10]，驅趕了「太陽鳥圖騰」的炎帝部落[11]，此即史載炎黃民族相互征討。史記的記載比較晚，《史記．五帝本紀．正義》：「有蟜氏女登為少典妃，游華陽，有神龍首感生炎帝。」原來神農氏子民以太陽鳥為圖騰，後來也都改宗，變成龍的圖騰。商朝甲骨文已經可以看見「龍」字寫法。

▲ 西伯利亞考古學家阿爾金研究過紅山文化中的「豬龍」後，推論紅山文化「豬龍」形象，和豬沒有關係，而是源自古人對幼蟲的觀察。阿爾金教授與昆蟲學家合作，確認了這些「豬龍」實際上是模仿自蜻蜓的稚蟲水蠆。（攝影：方偉達）

▼ 以「龍形圖騰」自居的黃帝部落，戰勝炎帝部落。（攝影：方偉達）

10 樊寶敏、李智勇，〈夏商周時期的森林生態思想簡析〉，《林業科學》，第41期第5卷，2005年，頁144至148。

11 郭成磊、鄧林，〈人祖的神格化：炎帝、祝融與日神崇拜〉，《信陽師範學院學報》（哲學社會科學版），第38期第3卷，2018年，頁78至83。

太陽是古代人類崇拜的對象，鳥類是人類居住在水澤濕地經常看到的物種，太陽鳥的圖騰源自於新石器時代的仰韶文化。

仰韶文化與河姆渡文化都出現典型的濕地稻米農耕文化。農耕文化需要陽光和雨水滋潤，而濕地上常常有水禽出沒，於是陽光跟水禽結合，產生了一種太陽鳥的崇拜文化。當時農耕文明綻露曙光，先民在陶器、玉器或骨器上，將太陽與神鳥雕刻繪製融合為一，形成太陽神鳥紋。

為求風調雨順，從東北遼河流域到山東半島，延伸到四川盆地、浙江的河姆渡，甚至到南方的珠江流域，都崇拜太陽。《山海經・海外東經》：「有谷，曰溫源谷。湯谷上有扶木，一日方至，一日方出，皆載於烏。」就是一種太陽跟鳥的結合意象，甚至跟溫泉有關。

直至周代以後，「太陽鳥」的主體地位才逐漸為「龍紋」所取代。

「雙火鳥」紋雕刻的意象。河姆渡人崇拜的太陽鳥以「雙火鳥」紋雕刻最為知名。
（攝影：方偉達）

5 朝鮮半島的濕地文化

朝鮮半島位於東亞，三面環海，有東亞橋梁之稱。東北和俄羅斯相連，西北部經過鴨綠江、圖們江與中國為界，東南隔朝鮮海峽與日本相望。西、南、東方分別為黃海、朝鮮海峽、日本海。

朝鮮半島北部是接連大陸的陸地文化；南部則是接連海洋的濕地文化。

七千年前到四千年前的新石器時代，朝鮮半島從原始的畜牧、農耕，開始出現手工業。南部是一種濕地的海洋文化，原住民出海捕魚，呈現在骨器製作上，例如骨針、魚鉤、魚叉等。半島東南部蔚山廣域市的大谷川盤龜臺岩刻畫，可以追溯至新石器時代與青銅時代。此外，北部的考古遺跡中，出現了大型雙角犀牛和鹿。

朝鮮半島東南端，沿著南部的海岸線和洛東江河口，是韓國史前遺跡分布最廣的地區之一。例如東三洞、多大浦、金谷洞，發現了貝塚遺址，包括吃過扔掉的貝類、動物骨頭等遺物。顯示新石器時代的人類以捕魚為生。

韓國很晚才進行晒鹽。十九世紀在全羅南道，從日本引

大谷川盤龜臺岩刻畫包括人類、陸地與海洋動物。岩畫內容非常豐富，有巨大的海洋動物鯨類、陸地動物以及人類。這是海洋濕地中，人類對於捕獵豐收中最原始的願望，被指定為大韓民國國寶。（攝影：方偉達）

朝鮮半島歷史溯源

朝鮮半島的歷史可以追溯到數十萬年前的原始人類。一萬年前發展到新石器時代，三千五百年前則進入青銅時代，此期間朝鮮民族陸續從蒙古高原、中國東北地區東南部、南西伯利亞，遷徙到遼河流域至朝鮮半島，並且逐步形成了部落國家。

古朝鮮時期，朝鮮半島中南部形成一支和朝鮮半島北部的古朝鮮不同的政治勢力。西元四世紀之後到三國時期，產生新羅、百濟、高句麗，史稱「朝鮮三國時代」。西元六六八年，新羅聯合唐朝，滅亡百濟和高句麗，統一了朝鮮半島大同江以南。大同江以北的高句麗，也被唐朝和渤海國占據。

在韓國慶州、也就是古代新羅的佛國寺，有一座無說殿，供奉新羅王子金喬覺。金王子在唐朝時來到九華山，演出聖蹟，是傳說中的地藏王菩薩，目前在新羅成為古蹟。清冽的甘露湧出泉水。從中國大陸的九華山，到新羅古城，總了卻一方的聖賢布道心願。（攝影：方偉達）

河川帶來片麻岩為主的粘土和砂岩。由於河川流速較快，沉積物在順天灣內淤積形成了濕地。朝鮮三國時代就有記載，順天海岸在當時稱為別良面和海龍面，這一帶都是灘塗海岸。（攝影：方承舜）

進製鹽技術，新安郡與靈光郡建立了鹽田，以潮灘產鹽，將滷水轉至蒸發與結晶池，呈現一種現代濕地文化。

順天灣的拉姆薩濕地

在釜山裙岩中，海水潮起潮落。遊客總愛遠眺海雲臺的高樓，筆者卻還是喜歡這一份原始裙岩的趣味。從釜山的甘村、釜山松島、釜山二妓臺沿著海岸線行走，不忘登上釜山山巒，從梵魚寺到元曉庵，沿途都是石頭路。

釜山是丘陵地形，朝鮮時代中期李安訥（一五七一——一六三七）在《東岳先生全集》〈登海雲臺〉歌詠：

> 百臺千尺勢凌雲，下瞰扶桑絕點氛。
> 海色連天碧無際，白鷗飛去背斜曛。

釜山附近的順天灣濕地，擁有海天一色的風光。八千年前末次冰期結束後，順天灣濕地形成，

從順天灣國際濕地中心，步行前往順天灣濕地，經過2013年國際園林博覽會場址。當時吸引超過400萬名遊客前往參會。（攝影：方偉達）

和流經順天市的三條河川有關，分別是東川、伊沙川和海龍川。

順天灣濕地的形成，緣起於三十多年前，一段小學生在順天灣救治受傷的冠羽鶴的佳話。

當時在順天灣，一群小學生發現了一隻受傷的冠羽鶴，他們決定救治這隻鳥，並在當地社區的幫助下，成功地讓牠康復並重返自然。這個事件不僅展示了人類與自然之間的深厚聯繫，也激發當地對濕地保護的重視。順天灣濕地因此成為一個重要的生態保護區，吸引大量的候鳥，包括白頭鶴在內的多種稀有鳥類。

一九九〇年代，順天市民發起一項反對在東川下游開採骨料的運動，後來又成立了「東川河流生態界討論會」和「灘塗等濕地保護委員會」等團體，反對濕地傾倒垃圾。經過地方民眾的抗爭與爭取，已經恢復了自然生機。

二〇一六年初，順天灣已是拉姆薩東亞中心的基地，約有一五八種鳥，三十多種草本科植物。園區景觀優美，從濕地中心到順天灣，一路攀登龍山，在河的左翼，為風水的龍方；從龍山往下看，可以看到出海口，海天一色。順天灣最美的風景，是灣口綿延不斷的蘆葦叢、野燕麥、鹼蓬等。在沙質土壤主要種植腎葉打碗花、單葉蔓荊；在水道邊的水坑之中，則有石蓯蓉分布。目前的順天灣是韓國少數僅存的白頭鶴越冬地，並以此聞名。

6 島嶼中的海渡：日本

日本列島在冰河時期和歐亞大陸並未相連，在冰河期最寒冷時，津輕海峽、對馬海峽還隔絕了陸地和日本列島。

日本濕地文化豐富多樣，涵蓋了自然保護、旅遊和教育等多方面。著名的濕地和相關文化活動例如：

1 **釧路濕原**：位於北海道，是日本最大的濕地，面積約有二萬八千公頃。這裡是丹頂鶴等多種珍稀鳥類的棲息地，並且是日本第一個登錄《拉姆薩國際濕地公約》的濕地。此處提供了豐富的生態旅遊活動，如獨木舟體驗、觀光列車和步道漫行。

▲ 釧路濕原（攝影：陳世偉）
▼ 釧路濕原是丹頂鶴等多種珍稀鳥類的重要棲地（攝影：方國運）

▶ 日本沖繩島南部琉球王朝的皇宮，稱為「首里城」，自15世紀建造以來，見證了琉球王國的興衰。首里城的建築呈現濃厚的中國風格，2000年被聯合國教科文組織列為世界文化遺產。2019年10月31日，首里城發生大火，建築遭到燒毀。（攝影：方偉達）

◀ 日本的石地藏。在日本常可見到將地藏菩薩的石像安置在路旁，稱之為濡佛，是著名的地方標誌。（攝影：洪敏智）

大和民族

日本列島的大和民族是由繩文人、北亞蒙古人種形態組成。舊石器時代，這一支蒙古族群居住在西伯利亞南部，後來因為氣候嚴酷，通過歐亞大陸北部，並且經過白令海峽陸橋，遷移至美洲。

繩文人於三萬八千年至一萬八千年前，從亞洲大陸來到日本，以狩獵、捕魚與採集為生。由於北海道通過陸路與庫頁島和濱海邊疆區相連，繩文人進入本州島。繩文人的基因和現在的韓國人、臺灣的原住民等族群相近，適應高脂肪的飲食，同時具有較強的酒精耐受性。沖繩人、港川人、繩文人以及現今的愛奴人，都是古蒙古人種，相貌壯碩，膚色為棕色。

彌生人本來居住在長江三角洲，後來分成幾個部落分別向西和向北遷移，其中向北一支到達山東半島、朝鮮半島以及日本列島，並在三千年前，將水稻帶入日本。彌生文化從一開始就

金閣寺位於京都，以金箔舍利殿而聞名，寺院內的四季美景無限。
（攝影：洪敏智）

具有先進的農耕技術，通常認為它受到來自朝鮮、吳越與中原漢人移民的影響。

彌生人遷入日本列島之後，征服了繩文人。繩文人後來遷居蝦夷地（北海道）和西南諸島、琉球等地，產生了擦文文化和貝塚文化。

大和民族在二二七〇年前的古墳時代，才完全形成，當時盛行修築古墳，並在大和王權的領導下，征服、吸收了周邊其他民族和國家，如隼人、蝦夷等。

2 塘路湖：位於釧路濕原內的塘路湖，是另一個重要濕地區域，這裡有豐富的水生植物和野生動物。遊客可以在這裡露營、觀鳥，以及體驗獨木舟活動。

3 葛西臨海公園：位於東京，內有一座水族園，有來自世界各地的魚類和海洋生物，尤以企鵝館最受歡迎。此外，公園有多種原生植物，是都市濕地保護和教育的典範。

7 香港的濕地保護區

香港有兩個著名的濕地保護區：米埔自然保護區和香港濕地公園。

1米埔自然保護區

位於香港西北部，與深圳接壤，是《拉姆薩國際濕地公約》認定的國際重要濕地，占地約一五四〇公頃。這裡擁有多樣的濕地棲地，包括基圍（指在近海地區為防止水患而修築的堤圍，其中養殖魚蝦）、淡水池塘、潮間帶泥灘、紅樹林、蘆葦叢及魚塘。米埔濕地是候鳥的天堂，每年吸引數以萬計的遷徙水鳥，包括黑面琵鷺、琵嘴鷸、黑嘴鷗、卷羽鵜鶘等。

2香港濕地公園

位於新界天水圍，占地約六十一公頃。這裡展示了香港濕地生態系統的多樣性，並強調保護濕地的重要性。公園內設有觀鳥屋以及多條自然步道，遊客可以近距離觀察濕地生態系統。

香港米埔濕地（攝影：©by Wpcpey, via Wikimedia Commons.）

香港濕地公園訪客中心和前方的池塘，背後為天水圍新市鎮的屋苑。
（攝影：©by Matthias Süßen, via Wikimedia Commons.）

回顧新石器時代文化，濕地和人類命運休戚相關。當時的人類依賴濕地生存，從漁獵時代進入農耕時代，尤其是亞洲南部的農民，命運與水田息息相關。新石器時代出現了人類文明的曙光，如本章所述，包含了人類遷移的大歷史，這些文化或許並無後人繼承，然而先民的歷史，需要我們不斷的記錄與借鏡。

東亞濕地史乃至人類濕地史或許充滿世事滄桑，卻是亙古以來種族間既密切又衝突的事實。本篇筆者帶領讀者看盡這一片東亞濕地滄桑史，像是風華落盡，也像是濕地迎向發展的曙光。

若不見東亞人類和濕地的變遷史，我們無法看到濕地璀璨的未來；而通過這部浩瀚歷史，得以審慎思考臺灣在全世界的位置，不是邊陲，也不是中心，而是全世界文明網絡的一環。

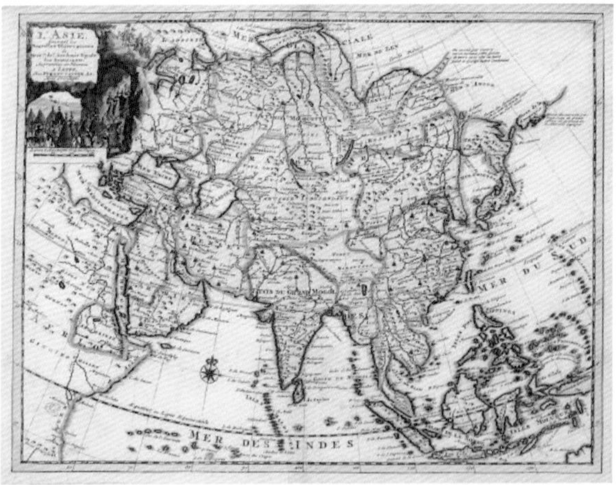

在17世紀的西方世界，日本和中國等亞洲國家是遙遠的存在。本圖作者彼得．凡．德爾(Pieter van der Aa)是一位荷蘭出版家，因善於編纂地圖與地圖集而著名。本圖是他於1728年所繪製的亞洲歷史地圖。

（資料來源：© by Pieter van der Aa - La Chine,1728, via Wikimedia Commons.）

參考文獻

1 吳新智、崔婭銘，〈過去十萬年裡的四種人及其間的關係〉，《科學通報》，第二十四期，二〇一六年，頁二六八七至二六八七。

2 陳光祖，〈試論臺灣各時代的哺乳動物群及其相關問題——臺灣地區動物考古學研究的基礎資料之一〉（下篇），《中央研究院歷史語言研究所集刊》，二〇〇〇年，頁三六七至頁四五七。

3 陳仲玉、邱鴻霖、游桂香、尹意智、林芳儀，《馬祖亮島島尾遺址群發掘及「亮島人」修復計畫》。連江縣政府文化局，二〇一三年。

4 陳有貝，〈大坌坑的生業模式探討——陶片矽酸體分析方法的嘗試〉，《國立臺灣大學考古人類學刊》，第六十六期，二〇〇四年，頁一二五至一五四。

5 陳有貝，《臺灣東海岸岩蔭與洞穴史前遺址的調查與研究（II）》，二〇〇三年。

6 黃秀政、張勝彥、吳文星，《臺灣史》。臺北：五南圖書出版股份有限公司，二〇〇二年。

7 邱鴻霖，〈臺灣史前時代拔齒習俗的社會意義研究：以鐵器時代石橋遺址蔦松文化爲例〉，《考古人類學刊》，第七十三期，二〇一〇年，頁一至五九。

8 郭立新、郭靜雲，〈從古環境與考古資料論夏禹治水地望〉，《廣西民族大學學報（哲學社會科學版）》，二〇二一年。

9 方偉達，〈臺北盆地地景文明歷史考證〉，《臺北文獻》，臺北直字第二一九期，二〇二二年，頁六三至一一八。

10 武忠定，〈雒越之雒義新考〉，《萍鄉高等專科學校學報》，第二十九期第二卷，二〇一二年，頁六六至六九。

11 樊寶敏、李智勇，夏商周時期的森林生態思想簡析，《林業科學》，第四十一期第五卷，二〇〇五年，頁一四四至一四八。

12 郭成磊、鄧林，〈人祖的神格化：炎帝、祝融與日神崇拜〉，《信陽師範學院學報》（哲學社會科學版），第三十八期第三卷，二〇一八年，頁七十八至八十三。

13 林怡妏，〈玉豬龍研究之比較分析〉，《新北大史學》，第二十八期，二〇二一年，頁一至十二。

PART 3

怒雷翻地軸

臺灣北部濕地

岩漿噴發，海進海退，岩石堆疊、侵蝕，斑斑駁駁。
淡水河切穿臺北盆地，奔流向北，形成河海交融的獨特濕地。
藻礁、沙丘、海岸濕地從桃園連綿至竹塹。招潮蟹繁盛，萍蓬草安在否？
雪山山脈雲霧繚繞，傳出泰雅古謠悠遠的吟唱：
「孩子啊！孩子！聽見水源純粹的聲音？看見山脈蒼鬱的顏色？
這裡就是我們的故鄉，我們的根。」
攝影：洪敏智

紗帽山麓，看見淡水蜿蜒如龍。
七星山頂，望穿冬日溫度，暮夜寒露夕冷。
夤夜如同潑墨，在烏紗帽上。橫陳關渡。

滾滾沙川西逝水！偏偏淡水北朝祥。
風兮雨泣雲飛揚！滴兮涓溪總成江！

——方偉達（二〇二四年）

臺灣北部濕地有高山林澤、有深潭、有窪地，也有濕原，特別是深山大澤。

多變的地形以山地、丘陵、臺地、盆地以及海岸為主。北部海岸屬於岩岸，起於西部的淡水河口，止於東部的三貂角。雪山山脈、中央山脈呈東北西南的震旦走向。行政區以臺北市、新北市、基隆市、宜蘭縣、桃園市、新竹縣市為範圍。濕地豐富多彩，囊括內陸濕地、城市濕地、海岸濕地等類型。

鴛鴦湖是北部重要濕地之一，自然生態原始，湖邊林木和苔蘚共生。（攝影：方偉達）

臺灣北部濕地夢幻湖是一個天然湖泊，海拔870 公尺，面積0.3公頃，深度不及1公尺，主要水源為雨水。（攝影：方偉達）

從明鄭到康熙年間，臺灣南部逐漸開發，但是北部還是以濕地為主，遍野林澤。郁永河來到時，尚處洪荒，草木幽深屏蔽，瘴癘處處。所謂的瘴癘，是指人類因為接觸到山林間濕熱蒸發的毒氣所產生的疾病。

一七〇八年（清康熙四十七年），孫元衡在臺南任海防同知。當時臺灣北部漢人罕入，林木陰森茂密，易生瘴癘。瘴氣、瘴水能使人生病，但是原住民較不受影響，能平安生存其間。

明清時期，臺灣北部濕地在地方誌中已有瘴氣之說，雍正至嘉慶年間經過墾荒，瘴氣之說漸漸消失，大規模人口湧入臺灣北部，林澤和沼澤不再神祕。此外，隨著醫學進步，一八八〇年後，科學家普遍認為這些都是蚊蟲所導致的瘧疾所產生。

到了日本統治時代，開始歌詠河川濕地。鹿港街長陳懷澄（一八七七—一九四〇年）在〈滬尾二首〉中說：

觀音山截海門高，拍岸潮喧估客艘。
倚遍江樓天卓午，披襟颯颯納風濤。

郁永河初入臺北盆地

清朝初葉，北投已經開始有硫磺的開採，漢人和原住民交易硫磺，原住民操著舟（艋舺）運出硫磺土，賣給漢人，交換花布、飾品、錢幣。漢人在雞籠、淡水收購，加油提煉之後，賣回福建。

北投社位於丘陵，蘊藏大量硫磺，並擁有大片的平原土地，耕作稻米，使得住民較其他地區富有。當時原住民有二十三社，包括八里分、小雞籠、大雞籠、金包里、南港等，都是由淡水總社管轄。

郁永河一六九七年經過臺灣海峽的驚濤駭浪，抵達臺灣，從臺南安平乘坐牛車顛簸北上，終於在淡水登陸。（詳本書三十四頁）當他從淡水港進入淡水河，看到前方有兩座山相夾，一座是五股的獅子頭巨岩，一座是關渡的象鼻頭，巴賽人稱為Kantaw，郁永河書寫為「甘答門」（關渡）。

船隻進入甘答門（關渡）後，水面突然寬廣，像一座大型的湖泊，看不到邊界。他問淡水通事張大臺北盆地的種種，張大娓娓道來：臺北盆地四周高山環繞，中間為平原。其中淡水河流在中間，有麻少翁（今臺北市士林區後港、葫蘆、社子、永平等各里及倫等里）等三社等，沿河居住。一六九四年農曆四月突然地震，餘震一個多月，過不久海嘯從淡水河口而入。被淹沒的麻少翁等三個原住民村落，還可以辨識。碧波萬頃，平埔族茅屋點綴湖畔，都是滄海桑田。

而今硫磺已無開採，留下郁永河故事鏤刻於方碑上。

龍鳳谷附近的遊客服務站郁永河採硫處紀念碑（攝影：方偉達）

西望迢迢白日過，紅毛城外有風波。
臨流欲唱公無渡，其奈船來鷺島多。

可以看出北臺灣濕地在一九〇九年的印象，包括關渡到淡水的「觀音山」、「海門」、「紅毛城」等淡水風景。這首詩是絕佳的濕地作品，刊登於一九〇九年《臺灣日日新報》八月六日的第三版。

《臺灣府輿圖纂要》載：「觀音山由龜崙西北分出。矗立雲霄，與北岸大遯山為關渡門最要門戶。別一支西迤獅頭山、八里坌山。」其中所談的龜崙就是龜山、大遯山是大屯山，八里坌山則為觀音山。獅頭山是獅頭巖，位於觀音山上，山形像是蹲踞的獅子。從清朝以來到日本時代，詩人墨客仰望這一片山川大地，寫出許多震撼人心的作品。

臺灣北部濕地到了近代，地形分區大致有四：

1 **山地**：以雪山山脈為主，迎風面（東北季風）多雨，為全臺降水量最多的地方。中央山脈北起宜蘭縣蘇澳鎮南方澳與東澳之間的烏岩角，氣勢雄偉。基隆火山群、大屯火山群在臺北盆

八里坌山即是觀音山，四時風貌各異。（攝影：方偉達）

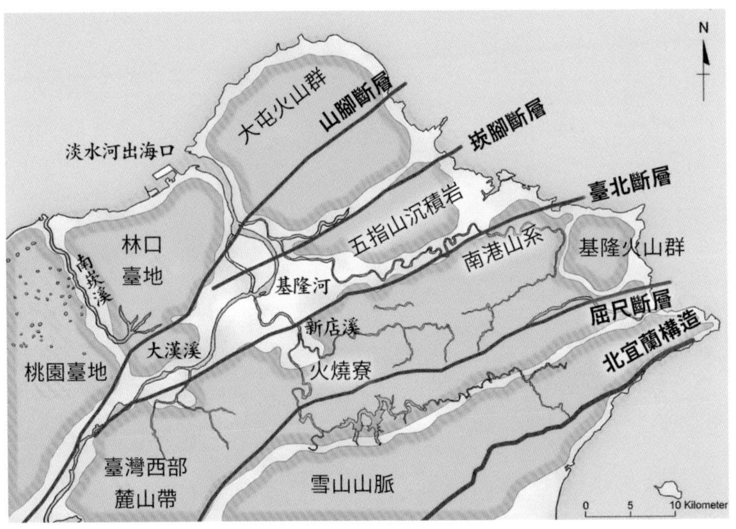

臺灣北部山脈、水系與斷層簡圖
（資料來源：臺灣地震模型2020網站，TEM2020，國科會。〈臺灣地質圖〉，經濟部地質調查及礦業管理中心網站。繪圖：江懿德）

大屯山系山巒起伏，屬於草坡地形。（攝影：洪敏智）

從觀音山可以遠眺淡水河口挖仔尾濕地（攝影：洪敏智）

地之北。此區擁有陽明山夢幻湖、雙連埤、鴛鴦湖等國家重要濕地。

2 宜蘭平原：臺灣北部最大的平原，為本區最重要的農業地帶。國家重要濕地主要沿著河口分布，分別為蘭陽溪口、五十二甲、無尾港、南澳等處。

3 臺北盆地：淡水河口濕地是臺灣最重要的濕地之一。淡水河主要支流有大漢溪、基隆河和新店溪，全年水量穩定，清朝時曾發揮重要運輸功能。目前兼具供給臺北都會區民生用水、農業灌溉、都市排水及防洪等功能。淡水河流域人口近八百萬，超過臺灣的三成。此區還有南港二〇二兵工廠及周圍重要濕地。

4 桃園臺地、竹苗丘陵：因為農業發展受地形限制，桃園臺地早期挖掘埤塘蓄水，以解決乾季用水問題。國家重要濕地主要沿著桃園、新竹、苗栗的海岸分布，由南到北分別為許厝港、新豐、香山、頭前溪生態公園等，多為埤圳濕地。

CHAPTER 7 雄霸大屯

大屯火山群在二百八十萬年前，就有火山活動，位於大磺嘴，但是規模不大。[1]之後岩漿流到磺溪下游的沉積岩上，成為火山的基礎。

根據地質學家研究，最早第一階段噴發約在二百八十萬年前，臺灣北部地質構造屬於擠壓環境。第二階段由八十萬年前開始。這時碰撞已經減緩，菲律賓海板塊向歐亞板塊下方隱沒，臺灣北部的區域地質構造環境，由碰撞擠壓轉變為張裂，產生許多似正斷層的裂縫，促使滯留的岩漿，沿著裂隙上升，形成大屯火山群現今的模樣。此階段噴發持續到約二十萬年前，所謂「怒雷翻地軸」，是形容大屯火山群第二階段火山噴發的景致。這時火山噴發的岩漿，凝結成了安山岩，主要分為二十幾個獨立的火山亞群。

大屯火山群由多個火山亞群構成，包括七星山、磺嘴山、丁火朽山等。丁火朽山最先爆發後，於萬里區形成兩層熔岩流，下層是大屯火山群最老的一層。八十萬年前噴發的是竹子山亞群熔岩流，分布極廣，包括竹子山、小觀音山、嵩山等三座較大型的火山體。七十萬年前，大屯火山群噴發活動最為猛烈，幾乎所有亞群均陸

1 宋聖榮，〈火山監測與應變體系建置模式之先期研究〉，內政部營建署陽明山公園管理處委託研究報告，2007年。

續噴發，將原始大屯山分離成現今的大屯主峰、大屯西峰和大屯南峰。

七星山是大屯火山群的第一高峰，高度一一二〇公尺，約在七十萬年前開始噴發。頂部原有一噴火口（為破火山口地形），但在火山噴發結束之後，被侵蝕成七個大小不一的山頭，如同北斗七星而得名。七星山的東南側與西北側有斷層切過，因此產生溫泉、噴氣孔等地形景觀。由於噴出的熔岩和碎屑岩層層堆疊，形成錐形山體，陡峭的獨立山頭，是複式火山最明顯的特徵。

位於七星山西南方不遠的紗帽山，為一圓形火山丘，狀似烏紗帽而得名，因形成時的岩漿比較黏稠，流動性小，慢慢形成圓滑優美的錐狀火山，是七星山的寄生火山。噴發持續到二十萬年前，岩漿形成火山泥流堆積物；到了十萬年前，還是有火山噴發的跡象。最近一次噴發時間點有研究推斷顯示可能是約於六千年前。

歷經多次火山噴發，現今地形多形成於六十至八十萬年前，熔岩流呈放射狀，覆蓋在大約一千至二千萬年前中新世的沉積岩上，有的熔岩流甚至直達海邊，如富貴角、麟山鼻。熔岩流之間各溪流終年流水不斷，兩百多年來吸引先民前來開墾梯田，這得歸功於北部的降水量以及大屯火山群含微量元素的土壤。[2]

大屯火山群不只地質、地形有特色，它的氣候、生態也別具一格，加上不同時期的人文發展史及其帶來的產業，綜合形成獨特的生活環境，由淡水往三芝沿著臺二線就能體會。高起的是熔岩流形成的山脊，低下或是過橋經過的是熔岩流之間的溪流及梯田。

2 從大屯山系流到北部海岸的河川支流，如果以順時鐘流向，自南向北依序是公司田溪、下圭柔溪、興化店溪、大屯溪、海尾溪、八連溪、陳厝坑溪、大溪墘溪、石門溪、阿里磅溪、阿里荖溪、西勢溪、磺溪。

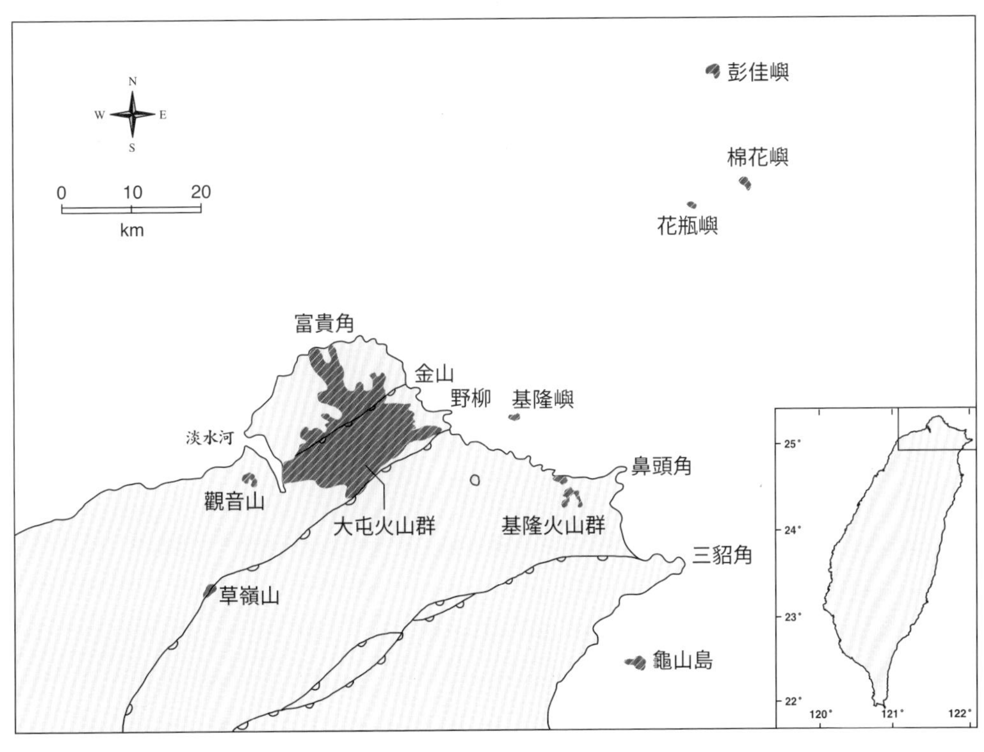

北部火山岩區與地理位置簡圖（資料來源：宋聖榮，《追火山：臺灣火山群連結起的地球與宇宙紀事》。臺北：野人文化，2023年）

東北角從福隆三貂角、龍洞灣、鼻頭角、南雅奇岩、深澳，一路往北八斗子、和平島、外木山、龜吼、野柳、金山、石門、老梅、富貴角、白沙灣，到淡海海尾仔、沙崙等，這些自然海岸地景以大寮層砂岩、野柳群砂岩為主，沿線都是海蝕平臺、海蝕崖、礫石、沙灘、藻礁以及珊瑚礁。從萊萊到石城，可以看到俗稱的火龍岩，就是單斜脊的火成岩。岩漿噴發之後，形成堅硬的岩石，隨著海進跟海退，硬砂岩跟頁岩逐漸累積。斑斑駁駁，常見碎裂。

1 大屯山上一夜雪花鋪如銀

形容北臺灣山嶽的詩詞很多，其中描寫得唯妙唯肖，且又談到北

▶ 此為三貂角，本島海岸最東端一處遍布岩石的岬角。從宜蘭縣石城到新北市萊萊地質區，經此處可抵達卯澳漁村。（攝影：方承舜）

◀ 貢寮是貢寮鮑（九孔鮑及黑盤鮑）生產地，馬崗漁港位於貢寮三貂角燈塔下，魚蝦貝類海菜特別豐富，且毗鄰海蝕平臺，人工開鑿成為九孔的養殖產區。（攝影：方承舜）

從萊萊、大澳、石城、大里、鼻子澳到蕃仔澳等海岸，可遠眺龜山島。海蝕平臺通常緩坡朝向海域，形成寬闊又有縱深的潮間帶，是海洋生物多樣性的熱點之一，也是漁民養殖之所。在東北角看到的海蝕平臺俗稱為洗衣板，因為當地屬於大桶山層，夾雜了薄層砂岩，形成砂岩和頁岩交互混雜的現象，容易被海水侵蝕產生海蝕平臺的地質現象。（攝影：方偉達）

潮溝沖刷產生潮池，潮池中擁有許多海洋動物及植物。（攝影：方偉達）

卯澳是個完整的集水區，由三條獨立的小水系滙集而成，形似「卯」字，故而得名。卯澳社區西、南、東三面環山（荖蘭山、隆隆山、萊萊山、瑪岡山），北邊面對口袋型海灣，社區以石頭屋著名，海岸多海蝕平臺。（攝影：方承舜）

▲ 老梅藻礁綠石槽，在初春顯現石蓴的翠綠。（攝影：方偉達）

▼ 富貴角為臺灣最北岬角，鄰近老梅藻礁綠石槽。（攝影：方承舜）

部地名的詩詞卻很少。日本時代文人李碩卿的《東臺吟草》〈八尺門舟上望八斗村〉，寫出當地的漁村風光。李碩卿在夕陽西下，舟行過基隆八斗子，忽然聽到雞犬的叫聲，看到夕陽西下的紅豔。

波光瀲灩夕陽紅。
隱約孤村在水中。
雞犬數聲舟近遠。
漁歌遙唱海門東。

彰化文人陳肇興（一八三一—一八六六）在清咸豐九年（一八五九年）秋季西渡大陸參加鄉試，順利科舉及第。他形容北部山勢是：忽然萬里川倒流，插天掉出雞籠頭。

這個形容相當有趣，河川突然掉出，也就是突然出現，形容從山中意外冒出的溪澗。雞籠頭，指的是臺灣北端的高山，應該是船隻航行靠近臺灣之時，可以遠眺的大屯火山群。陳肇興的詩句抑或描述出當船行突然加速之後，綿延不絕的河川飛奔而去，恨不能將所有的河水都倒灌出來。在遠遠的地軸上看到臺灣北端的山峰，也就是一股「朝看萬峰夕千嶺」的氣象。

郁永河在《裨海紀遊》中留下了對大屯火山群的描述。

造化鍾奇構，崇岡湧沸泉。怒雷翻地軸，毒霧撼崖巔。碧澗松長槁，丹山草欲燃。蓬瀛遙在望，煮石迓神仙。

——郁永河，《全臺詩》第壹冊〈硫穴〉

他看到了洪荒景致，用生動的詩篇，留下壯碩的奇景。現今，只要能見度不太差，從臺北盆地各種角度，都可以見到大屯火山群。冬天冷風蕭颯，植物群「北降現象」相當明顯。潮濕寒冷的季節，可發現岩壁上的垂直式濕地。

康熙二十二年（一六八三年）十一月，《臺陽聞見錄》提到了「是冬，北路降大雪，寒甚」；乾隆五十三年（一七八八年）二月，《淡水廳志》記載了「大雨雪，饑，斗米千錢」。大屯火山的下雪狀況在十六世紀到十九世紀非常明顯。

一八九三年馬偕在日記裡記載了當年一月十七日，大廳裡只有攝氏六度，連海拔六一六公尺的觀音山都下雪，他甚至還攀登上了觀音山，裝滿兩大桶的雪，帶回平地給孩子們看。

連橫（一八七八—一九三六）在《劍花室詩集》寫出海拔一〇七六公尺高的大屯

郁永河來到北臺灣時，大屯火山群仍是一片荒蕪之地，在凱達格蘭族北投社人的帶領下，他登上了礦區、噴氣孔等地，並留下非常生動的文字。曾用「丹山草欲燃」來形容陽明山的芒草美景。（攝影：洪敏智）

山積雪，他形容北臺灣是：「曉起開門望翠微，大屯山上雪霏霏。」福建詩人蘇鏡潭（一八八三—一九三九）也寫出一九一九年農曆元月三日：「大屯山上一夜雪花鋪如銀。」

閱讀日本時代的「臺北測候所」報告，有統計自一八九六年至一九一六年大屯山脈共有十二次降雪的情形，其中雪量最大是在一九〇一年二月十日。大屯火山冬天降雪、霧淞、冰霰、霧虹等，爭相吐霧，在山巒柳杉間冒煙，望見夢幻湖雲海，可說氣象萬千。

早在清朝時期淡水就有八景，其中「屯山積雪」列為其一。從新聞報導追溯一九五二年迄今，大屯火山系的竹子山、大屯山、七星山都有降雪紀錄。當降雪融化形成殘雪，和硫磺噴氣孔交錯並峙，硫磺噴氣孔噴發陣陣的熱氣和白煙，在冷冽的殘雪映照之下，形成「丹山草欲燃」的特殊景象。大屯火山群的積雪融化之後，就是重要的水源之一，融化的水通常會在重力作用下，沿著地形流向低處，形成地表逕流，在進一步匯集後，形成溪流和河流。溪澗傳來流水奔流之聲，巨巖周圍積雪即將融化，縫隙中涓涓滴滴，顯然下方的雪層已經消融流淌。

此外，冰磧地表上的水分入滲到了土壤之中，有益春耕莊稼的生長發育，因為積雪中含有很多氮化物，在融雪之時帶到土壤，成為最好的肥料。

2 夢幻湖的生態

沿著大屯主峰連峰步道一路前行，走在山稜脊線上，沿途景觀優美。從鞍部登山口一路向上，可見大屯山陡峭的尖峰狀山勢；若從二子坪仰望大屯山，則為平頂而綿長的橫嶺。

登上山頂，如果萬里無雲，可以俯瞰大臺北周圍群山山脈，整個盆地的市區街道、高樓大廈，

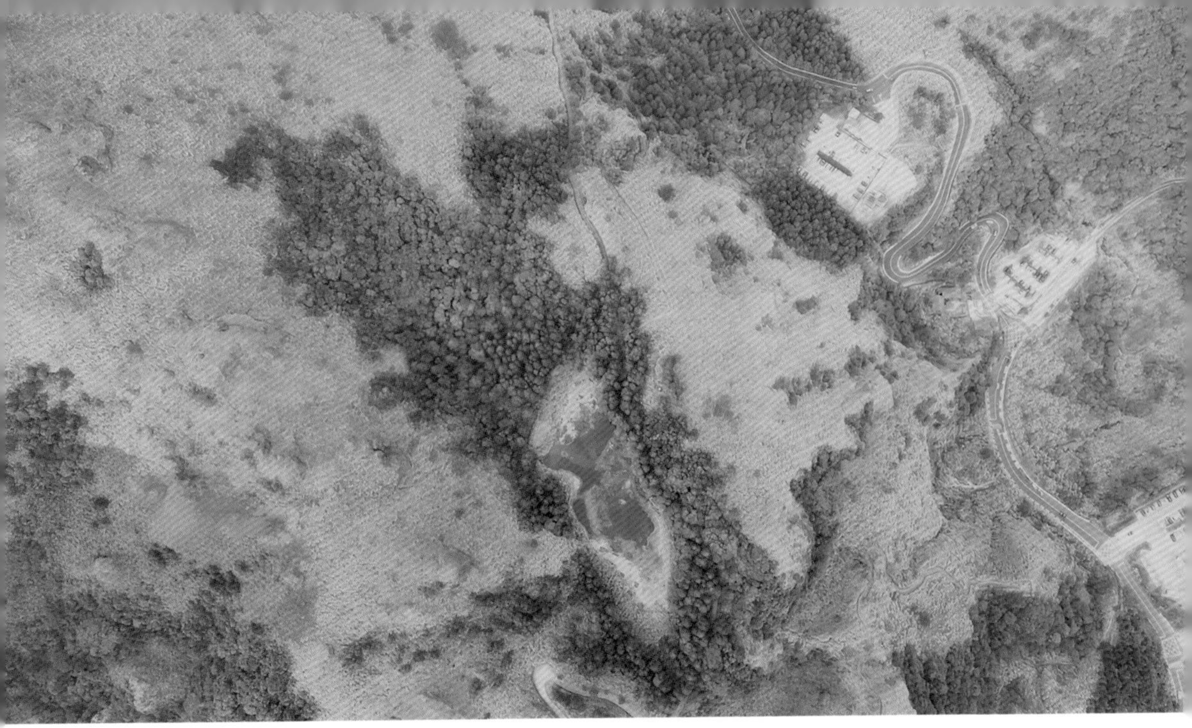

臺灣水韭由張惠珠與徐國士於1971年首度在此發現。根據荒野保護協會陳德鴻記載，2006年2月28日協會邀集志工在霧氣茫茫、低溫潮濕、寒冬刺骨的天氣之下，在每一樣區栽種了臺灣水韭，平均400餘株，約有30個樣區，共計復育了一萬餘株。經過5個月等待，臺灣水韭終於大量萌發。（攝影：方偉達）

◀ 夢幻湖通常雲霧縹緲，湖中生長著一種稀有的水生蕨類——臺灣水韭。（攝影：洪敏智）
▶ 臺灣水韭（圖片來源：© by Ianbu, via Wikimedia Commons）

盡入眼簾，淡水河主支流河域也一覽無遺，包括社子島。從東峰下坡經過夢幻湖，可轉赴冷水坑，返回菁山吊橋。

夢幻湖形成年代約距今六千二百年前。大屯火山最後一次噴發堆積，經過雨水不斷沖蝕，山地邊坡崩塌，產生一座小型的堰塞湖。夢幻湖海拔標高八七〇公尺，面積只有〇·三公頃，深度不及一公尺，主要的水源為雨水，湖水含有硫，水質為酸性。

在煙霧裊繞的仙境中，偶見波光瀲灩，少頃又蒙上薄紗。可以聽見面天樹蛙、腹斑蛙、貢德氏赤蛙、中國樹蟾的齊聲蛙鳴。聲景研究者范欽慧認為，在此可聆聽「腹斑蛙的叫聲，雨滴落湖面之音，花綻放之聲，甚至還有蝴蝶舞動的聲音」。

在夢幻湖沿途的步道，可以看見小彎嘴、灰頭鷦鶯、竹雞、繡眼畫眉。圖為竹雞。（攝影：方偉達）

3 冷水坑、鹿角坑溪濕地調查

冷水坑是七星山與七股山熔岩堰塞形成的湖泊。根據臺灣濕地復育協會劉正祥二〇一八年的紀錄，此處半世紀前曾為挖硫礦土暫置區，二十年前開始進行臺灣水韭復育，因為池水含有硫化鐵無法成功復育，但池中的萍蓬草、荸薺倒是生長良好。

美國復育專家錢理查（Richard Chinn）參照《美國陸軍工兵署手冊》，在鹿角坑溪教導濕地辨識及範圍劃定，利用濕地的水文、水生植物占比以及土壤等三大指標進行。常見土壤顏色主

鹿角坑溪生態保護區位於陽明山國家公園北邊，以鹿角坑溪原始闊葉林為主，區內擁有許多珍貴的天然資源。（攝影：王梵）

要來自幾個原因，包含母質、硫化亞鐵、燒過煤炭及有機質等。濕地深色土壤並不足以成為單一指標，需要尋找對應值。

一般來說，三價鐵讓土壤呈現橘紅色，亞鐵讓土壤呈現灰色，硫化亞鐵讓土壤呈現黑色。此處土壤pH 4，判斷其酸度由樹葉而來，因為樹葉的單寧酸加上二氧化碳及氫，形成碳酸。

維持濕地生態系統的健康循環：硫化物的還原過程

鐵在土壤中含量豐富，中性和鹼性土壤中以三價鐵（Fe^{3+}）的形式存在，這時土壤會呈現紅色；如果產生了氧化反應，形成腐植土的二價鐵的亞鐵離子（Fe^{2+}），則是黑色或青灰色。若還有硫的成分，研究其氧化還原電位(Redox potential)是負的150 mV，表示土壤具有還原性，能夠釋放電子，變成二價硫。二價硫通常指的是硫元素，在化合物中以氧化態存在的情況，例如硫化物（S^{2-}），如果還原了，就變成濕地的土壤了。

在濕地環境中，硫化物的還原過程，是一個重要的生物地球化學循環，對於維持濕地生態系統的健康和功能很重要。這個過程主要涉及微生物的活動，通過代謝過程將硫化物（如硫化氫 H_2S）轉化為其他形式的硫，例如元素硫或硫酸鹽。

在這個過程中，硫化物做為電子供體，受到微生物利用，產生能量。這種生物還原過程不僅影響硫的循環，亦與碳、氮、磷等其他元素的循環密切相關。此外，硫的氧化還原過程與重金屬元素，例如鐵（Fe）和錳（Mn）的耦合作用有關，這些過程對於濕地土壤中的營養物質和汙染物的動態，具有重要影響。

我們所在的鹿角坑溪岸不是濕地，近在咫尺的樹蔭下，那片黑色的腐植土，才是濕地。

▲ 美國復育專家錢理查（Richard Chinn）教導濕地辨識及範圍劃定，研究鹿角坑溪腐植土的重量，是一般土壤的六分之一。（攝影：方偉達）

▼ 科學家們檢視鹿角坑溪土壤的明度跟彩度（攝影：方偉達）

土壤訴說的芝山岩異想

芝山岩文化期間，土壤屬於黑褐色粉砂土；圓山文化也是黑褐色砂質壤土；到了植物園文化與清朝、日治時期，估計由於氣候濕潤，顏色偏深。芝山岩文化跟圓山文化年代的中間層，氣候似乎偏冷，而且雨量偏少，因此看到較淺的顏色。

芝山岩文化早期是凱達格蘭族居住的地方，以大蜆和鹿骨最多，用鹿角打磨而成的骨角器上面還有穿孔。[3]芝山岩一九九三年評定為國家二級史蹟公園，是國家首座文化史蹟。

下層芝山岩文化和上層圓山文化，土壤「界限」非常明顯，可參考中山大學陳鎮東在大鬼湖跟小鬼湖的「底泥」發掘研究。「歹年冬」雨下得少，土壤顏色就偏淺。（資料來源：芝山文化生態綠園博物館）

3 陳得次，〈芝山岩貝塚出土之史前時代原住民生活〉，《史聯雜誌》，第一期，1980年，頁47至51。

CHAPTER

8 臺北盆地與淡水河的歷史交纏

現今的臺北盆地由淡水河水系沖積，形成由東南向西北平緩傾斜的盆地地形。外形為三角形，關渡、三峽、南港是盆地的三個頂點。

臺北盆地水系向北流動，大漢溪是淡水河系的主要幹流，從盆地的西南角，流到江子翠與新店溪會合之後，稱為淡水河。新店溪、基隆河是淡水河系的兩大支流，新店溪從盆地的東南邊流入，在江子翠匯入淡水河。基隆河從盆地的東北角流入，經過內湖、南港、大直至社子島北端注入淡水河。

淡水河河源高度三五〇〇公尺，河長約一五八公里，流域面積二七二六平方公里，從江子翠以下，呈現弧狀，至關渡、淡水之後出盆地，注

淡水河流域簡圖（資料來源：臺大地理系地形研究室）

入臺灣海峽。河床分歧，水勢短促，河川灘地與沙洲所占面積甚廣，且時有氾濫，最高與最低水位高差六公尺，流域平均雨量三〇一〇公釐。

1 淡水河奔流向北

現在的淡水河流域在六萬年前歷經大屯山系的火山運動後，原本的丘陵地形被堆積得更高。古大漢溪和古新店溪是獨立入海的兩條河，早在臺北地區還是一片山地時，大漢溪自源地以降，河道多有曲折，在石門以上呈東西走向；在石門流出山區後，就直接由石門向西逕流入海。

三萬年前，地殼運動導致臺北盆地下陷；河川侵蝕作用使脆弱的火山崩塌堆積物開了口，積聚在古臺北湖中的水，也隨著河川的流動，流向大海。

淡水河切穿冷卻的熔岩，向北奔流，古臺北湖的湖水形成流水，逐漸沖刷臺北的沖積盆地。淡水河向北奔流的原因，是由於其上游支流古新

臺灣第三長河淡水河全長約158.7公里，流域面積廣達2,726平方公里，穿過臺北盆地。圖為發展中的淡海新市鎮。(攝影：洪敏智)

店溪加速了上游的向源侵蝕作用，源頭逐漸向南切割山谷，於是越來越靠近山谷另一邊的古大漢溪。古新店溪在三萬年前於石門發生河川襲奪，地勢較低的古新店溪將古大漢溪襲奪，古大漢溪於石門附近直角轉彎，下游改道北流，流入臺北盆地。

古新店溪上游為發源於雙溪區的北勢溪及新店區的南勢溪，兩溪匯流後始稱為新店溪，在景美附近匯入景美溪後，形成新北市、臺北市之天然邊界。原來古新店溪由林口方向出海，由於地勢升高，溪水流至新莊附近受阻，形成湖泊。由臺北盆地鑽井資料顯示，海水在一萬年到八千五百年前，進入臺北盆地，形成古臺北湖，距今六千年前，海水開始退出。

康熙時臺北有沒有湖？

古代的臺北盆地是濕地，到了康熙年間，臺北有沒有湖？有關康熙臺北湖的成因，眾說紛紜。其中一種假說是臺北湖的形成與一六九四年康熙大地震有關。當時地震規模高達芮氏規模七，發生地點在臺北的新店或金山斷層。該地震發生的確切時間為一六九四年四月二十四日，後來大小餘震不斷，將近一個月，臺北湖因此形成。

一場地震，足以讓盆地陷落嗎？有學者認為，是因為土地瞬間液化，並由此產生深達三至四公尺、面積超過三十平方公里的臺北大湖。地理學家陳正祥提出此假說，由地質學家林朝棨教授所命名，稱為臺北大湖。然而，這個假說並未得到所有學者的支持。

有學者認為，郁永河所看到的臺北湖，是因為豪雨成災、基隆河道堵塞，導致河水無法宣洩導致。當時郁永河從高聳的大屯火山群向下看到了臺北盆

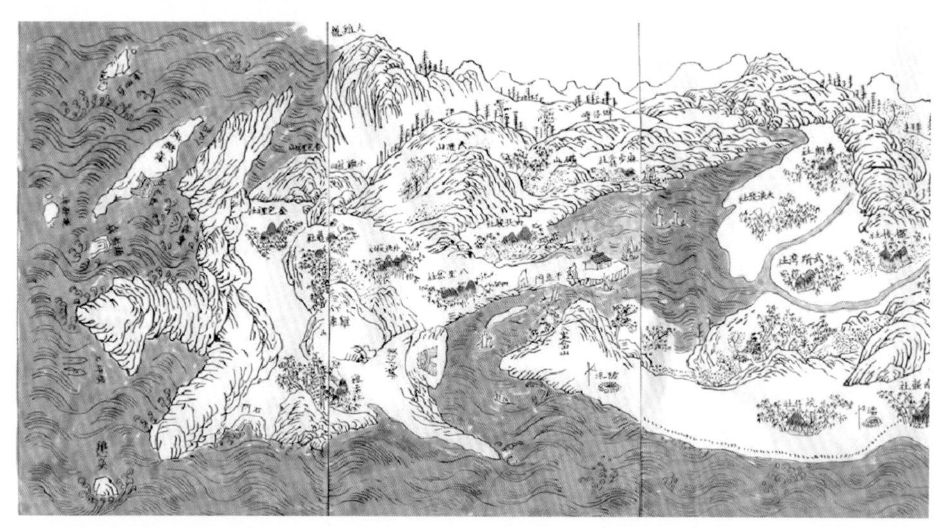

《山川總圖》是康熙56年(1717)《諸羅縣志》的附圖，《諸羅縣志》是臺灣第一本縣志，主要描繪臺灣西半部的山川地理形勢。本圖顯示出當時臺北有寬闊的水域，故被認為是康熙臺北湖可能的證據。(資料來源：©Public domain, via Wikimedia Commons.)

地，展望七星山、磺嘴山、大屯山、竹子山、小觀音山，也看到了一片大湖，並於《裨海紀遊》中描述該湖景色。

中央研究院地球科學研究所特聘研究員趙丰在〈康熙、臺北、湖〉一文中，提出了另外一種解答：「康熙五十六年（一七一七年）《諸羅縣志》山川總圖裡的臺北盆地，是個西廣東狹的海灣，繞過灣口的關渡與外海相連，與《裨海紀遊》的描述完全一致。之後出版的《雍正臺灣輿圖》，這一張圖清楚描繪臺北當時完全是個海灣湖。但是很快因為泥沙侵蝕還有堆積作用，不到五十年之間，就將斜陷數公尺的水域淤積了。」[4]

乾隆六年（一七四一年）《重修福建臺灣府志》地圖以及後來的地圖中，這一片湖泊已經不見了，僅剩下淡水河道。反倒是《康熙臺灣輿圖》有描繪出湖泊。

4　趙丰，〈康熙、台北、湖〉，《科學人雜誌》，117期，2011年，頁34至35。

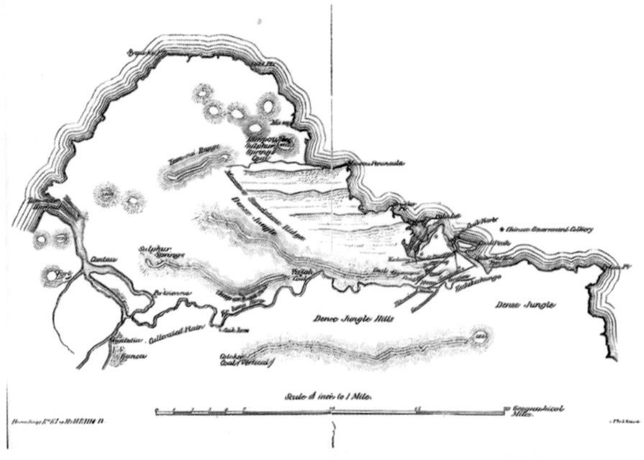

1882年福爾摩沙最北端的地圖。地圖記載北福爾摩沙海岸線的三角測量。流向淡水的支流皆一一標示，展現北部港口的天然優勢，沙洲、潟湖布滿海岸。主要城鎮和村莊位置標定。大屯火山系最高峰是七星山（Chowsoan，火山峰），由漢考克（Hancock, William）於1881年11月27日測量。硫磺蒸汽從火山口邊緣噴出。大屯火山有6處間歇泉，其中5處圍繞七星山。淡水附近海灘是一大片熔岩灘地。茂密的山脈生長珍貴樹木，例如樟木、鐵杉、楓香、油茶和其他品種樹木。

（資料來源：©Hancock, William. 'Tamsui trade report, for the year 1881.' Pp. 1-38 in Reports on trade at the treaty ports, for the year 1881. Shanghai: Statistical Department of the Inspectorate General of the Imperial Maritime Customs, 1882.）

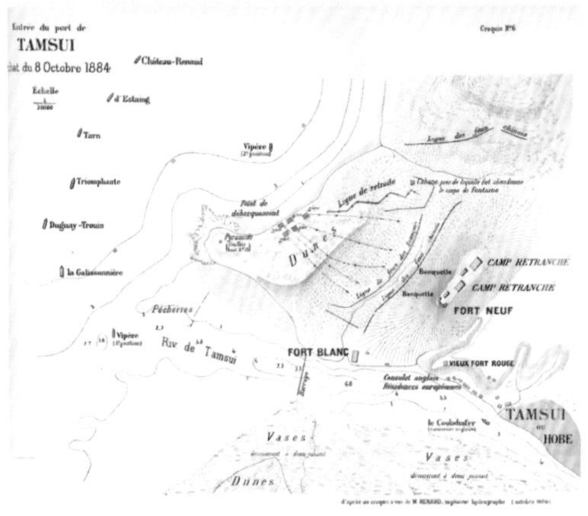

1894年淡水港或滬尾港平面圖，顯示港口設施、炮臺和周圍村莊的布局。

（資料來源：©Eugene Garnot, L'Expédition française de Formose, 1884-1885(Paris: Delagrave, 1894)）

臺北盆地與淡水河古地圖略覽

1884年中法戰爭期間，戰鬥場景呈現出當時淡水港的樣貌。前景中，四艘法國艦艇維佩雷號、凱旋號、德斯坦號和加利索尼埃號（從左到右）進入海灣，正在對準滬尾發射大炮。

（資料來源：©Maurice, Charles Dominique [pseudonym Rollet de i'Isle]. Au Tonkin et dans les mers de Chine, Souvenirs et croquis (1883-1885). Paris: E. Plon, Nourrit et Cie, 1886. P. 211.）

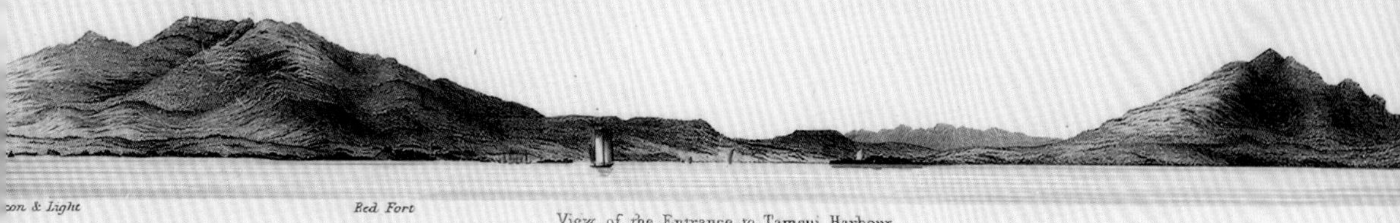

淡水港入口處的景色。這張「淡水港」是地圖的一部分，為入口處地形圖，展現了大屯山(圖左)和觀音山(圖右)的位置，水中有幾艘船。地圖上標示了燈塔、燈光和紅毛城。

(資料來源：©This map ("Tamsui harbour") is part of this map: British Admiralty Map No. 2376. China sea -- Harbours in Formosa. London. Published at the Admiralty, 5 June 1868, under the Superintendence of G.H. Richards, R.N.; F.R.S Hydrographer. This is an alternate version of "View of the entrance to Tamsui Harbour" 1886, via Wikimedia Commons.)

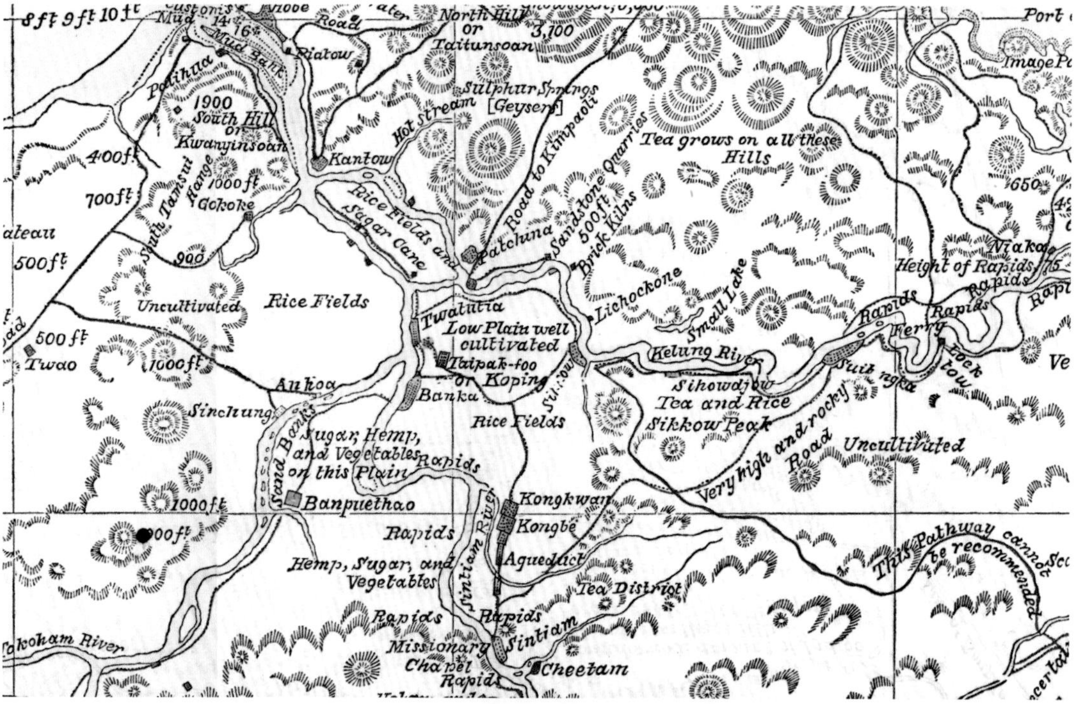

1885年福爾摩沙最北端的地圖，凸顯了山脈地質現象以及清領時代的縣治。標示出密林、硫磺泉、關渡、社子島位置。其中的地名，如基隆河和淡水河匯流處的干豆(今關渡)、基隆河沿岸的八芝蘭(今士林)、錫口(今松山)、淡水河沿岸的大稻埕、艋舺(今萬華)皆有標示。從大稻埕到松山屬於水田濕地，松山以東，全部屬於未開發的沼澤丘陵。基隆港周圍擁有煤礦開挖地。

(資料來源：©Tyzack, David. "Notes on the coal-fields and coal-mining operations in north Formosa (China)" [with discussion]. Transactions, North of England Institute of Mining and Mechanical Engineers 34 (1884-5): Plate XII.)

2 關渡分潮：河海交融的獨特濕地

清朝學海書院院長陳維英（一八一一年—一八六九年）生於淡水廳大龍峒港仔墘（今臺北大龍峒），他在〈淡北八景：關渡分潮〉一詩中說：

關渡分潮，第一關門鎖浪中，天然水色判西東。莫嫌黑白分明甚，清濁源流本不同。

關渡是淡水河進入臺北盆地的重要隘口，海水逆流而上，驟然形成河水與海水交融，景致特殊壯觀，因此用「西東」、「黑白」、「清濁」三個對比詞句，來凸顯關渡潮水的特殊之處。對照當地關渡宮古佛洞碑文更爲清晰，碑文：「南望白江爲鍊，淡水、基隆兩河與淡海相匯合，黃、白、藍三水相接，形成三潮奇觀，爲臺灣八大名勝之一。」

大稻埕公學校教師黃茂清在一九〇三年〈淡水舟中望關渡〉同樣說明當年「黑白」、「清濁」的景象：

稻江泛棹逐鳧漂，北望關津十里遙。
載酒攜魚今玉局，斜陽古渡舊河橋。

關渡的行舟（攝影：洪敏智）

微茫半辨屯峰樹，鹹淡中分碧水潮。
船怕落山風險惡，獅頭巖下不停橈。

從一六九七年郁永河〈裨海紀遊〉到一九〇三年黃茂清在《臺灣日日新報》寫出〈淡水舟中望關渡〉，可看出北方大屯山脈一路下到關渡宮附近的關渡，形成一道象鼻，以及西邊淡水河對岸的觀音山脈，延伸至獅子頭，又稱獅頭巖。黃茂清說的稻江，也就是淡水河，他寫出「關渡分潮」的景色。

清同治年間《淡水廳志》所附之關渡劃流圖（資料來源：國家圖書館）

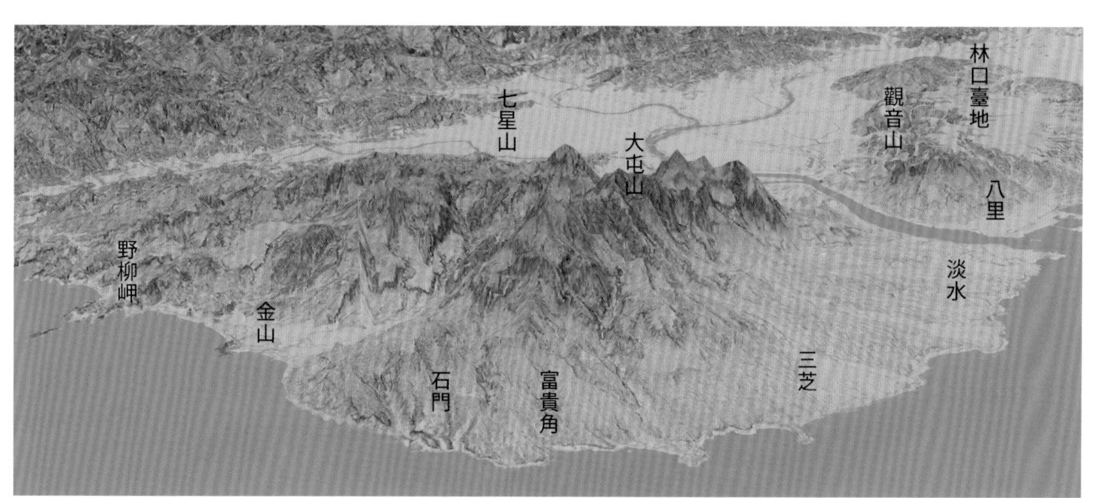

淡水河及大屯山群地勢分布簡圖（資料來源：經濟部地質調查及礦業管理中心，經由數值地形模型DSM構成）

清朝到日本時期，商船最怕遇見落山風，關渡口有落山風的危險，舟船常會翻覆，因此，船隻在獅頭巖下從不停船，也是獅頭巖下不停橈的意思。

此外，臺北盆地也有淹水風險。例如一九六三年葛樂禮颱風造成水患，社子島居民死亡二二四人。美國陸軍工兵署駐防臺灣的專家認為，關渡的隘口太窄，容易造成水患，建議炸開關渡的「獅象守口」。因此，一九六四年政府拆除民房五十九戶，並將對岸的獅子頭部挖除，炸毀河旁的「鳥踏石」，至此「獅象守口」殘缺不全。拓寬關渡的土方，填成了現在新北市知行路的住宅區。

然而，濕地的復育必須因地制宜，在錯誤的地點進行復育，濕地反而變成阻擋水流的障礙。關渡自然保留區的濕地原有植物是蘆葦和茳茳鹹草，不會阻擋水流，然而過去當地地層下陷造成土壤鹽化，加上關渡獅子頭隘口炸毀，導致漲潮時的潮水帶來海水倒灌問題。水筆仔大量生長之後，阻擋了水流，更不利於基隆河疏洪。

3 遠眺觀音山

觀音山位於淡水河出海口和臺灣海峽交界處，海拔六一二公尺，是八里坌地方的主要山巒，主要由火山質地構成。觀音山主峰西側有外型如臥牛的牛港稜山，又稱風櫃斗湖山；東側則有尖錐形的占山。

觀音山一側與昔稱八里坌的八里為界，另一側與舊稱興直的新莊、三重、五股接壤，故昔日稱為八里坌山、興直山。荷蘭統治時期，觀音山為漢人稱為「八里坌山」，景致特殊，很早就被文人所注意，成為歌詠對象。康熙六十一年（一七二二年）時任臺灣縣知縣周鍾瑄在《淡水廳志》寫從大漢溪和新店溪在華江江子翠匯流處來看，河幅增大，漲潮時受到潮汐的頂托，水流緩慢，由上游帶來的泥沙在此沉積之後，形成了北臺灣雁鴨渡冬的最重要濕地。

科學家研究華江橋地區因為興建了低水護岸，造成新店溪和大漢溪匯流所帶來大量的沖積泥沙，無法排出，懸浮固體大幅增加。因為淤積的關係，也形成浮覆的陸化沙洲。（攝影：方偉達）

華江雁鴨自然公園的低灘地，施作低水護岸，臺北市政府闢建自行車道與河濱公園，這些硬體護岸形成的設施，改變了華江雁鴨公園以及野雁保護區主要濕地原有的地形。之後濕地主體陸化、雁鴨棲息的濕地面積縮小，濕地所記錄到的雁鴨種數與族群數量逐年遞減，而陸域鳥類物種數及數量卻大幅增加。

筆者自一九八五年開始參與華江橋鳥類調查，發現鳥況轉變很大。過去常見的小水鴨盛況不再，城市的水流因為淤積，逐漸為沙洲所取代。分析鳥類組成，發現雁鴨科、鷸鴴等鳥類多樣性減少；但是陸鳥和鷺科多樣性增加。此外，由於懸浮固體升高，間接導致鴨科鳥類多樣性減少，陸鳥多樣性增加。這些改變不但造成棲地多樣性和物種多樣性結構改變，同時，沙洲內部陸化之後，形成大量陸生性先驅喬木植物雜生其中，也會增加洪水溢淹的機會。

〈登八里坌山遠眺〉：

褰裳直踞千峰上，萬里蒼茫一色同。遠目但餘天貼水，近聞惟覺浪號風。

乾隆三十年，八里坌山改名為觀音山。同治元年（一八六二年）七月，《東瀛紀事》的作者林豪來到臺灣淡水廳，在八里坌（今新北市八里區）上岸，寫出〈舟入八里坌口〉。

輕舟不繫便隨萍，八里坌前望杳冥。雪壓屯山千仞白，潮分官渡一條青。

林豪巧妙融入淡北八景中的三景：一、坌嶺吐霧，以詩中的「杳冥」來形容雲霧縹緲；二、屯山積雪，他想像冬天的大屯山頂，一片積雪像是山的白頭；三、關渡分潮，詩中稱爲「官渡」，水邊的沙洲順勢起伏，看到輕舟破浪而去。

「官渡」就是關渡，現今關渡自然公園和紅樹林自然保護區一帶，山水掩映之下，形成了特殊景觀。

4 臺北都市開拓史與濕地發展脈絡

北臺灣的發展源自航運，航運左右了城市的興衰。滬尾開港（一八五八年）之前，最早是在八里坌建邑，後來由於一場洪水，住民撤回現在的淡水。內陸航運最遠到三峽、大溪，主要是運

關渡心濕地是關渡自然公園為提供保育核心區更乾淨的水源而設計（攝影：方承舜）

關渡自然公園：三大濕地生態環境

關渡自然公園位於淡水河和基隆河的交會處，關渡平原西南隅的低窪地，面積五十七公頃，以淡水及半鹹水池塘、草澤、稻田與土丘等構成主要景觀。[5]生態環境多樣化，動、植物形態與種類非常豐富，除了是本土鳥類及夏候鳥等重要鳥類繁殖地，更是東亞大陸東緣眾多遷徙候鳥，特別是雁鴨科與鷸鴴科的主要度冬區。目前超過一百二十種鳥種累積紀錄，為國際鳥盟列屬重要鳥類棲息地（IBA）之一。此外，一九八三年政府公告設置「關渡水鳥生態保育區」，交通部觀光署列為重要觀光景點之一，更是中小學校進行戶外教學時的優質場域。

以濕地為主的環境，分為河口、紅樹

5 陳仕泓，〈臺北關渡自然公園〉，《人與生物圈》，第5期，2015年，頁114至117。

林、草澤三大類生態系。堤防外由基隆河與淡水河交匯成的水域，受感潮影響，加上上游沖刷下來的有機物質，構成**河口生態系**。堤防外「關渡自然保留區」主要是**紅樹林生態系**，由水筆仔紅樹林、泥灘地和潮間帶生物如招潮蟹、彈塗魚和水鳥等組成。

堤防內「關渡自然公園」是水塘、溪流、土丘、水生草本植物及水鳥所構成的**草澤生態系**。二〇〇一年十二月一日起，臺北市野鳥學會創臺灣先例，以非營利民間社團百分之百回饋的方式，接受市政府建設局委託經營管理，當年募集約四百名義工投入各項維護及服務工作，「臺北市關渡自然公園」成為臺灣第一個委託民間社團經營管理的政府公有財。

二〇二三年共記錄到約一二〇種鳥類，包括了水鳥涉禽五十三種、空禽五種、陸鳥六十二種。其中以小水鴨最具代表性，數量最高可達整體水鳥族群的九成以上。目前淡水河岸的紅樹林面積增長迅速，造成原有濕地陸域化，沙質地變泥質地，底棲生物的家漸漸消失。臺北市野鳥學會發現疏伐過後的濕地，適合底棲生物生存。

1979至2009年關渡自然公園南方紅樹林生長區域圖

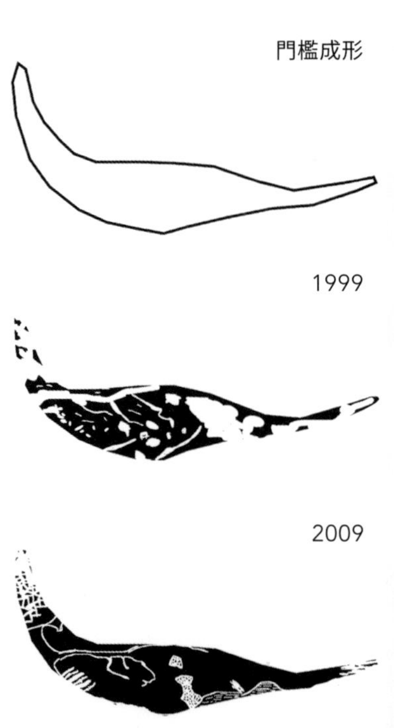

圖中黑色區塊顯示關渡自然公園南方的紅樹林面積越來越擴大，目前已經劃出關渡自然保留區範圍之外，以《濕地保育法》管理。（繪圖：方偉達）

輸茶葉，之後運輸樟腦和南北雜貨。

以建埠來說，興直堡新莊最早。早在雍正年間，客家墾民即沿著淡水河的氾濫濕地，越過海濱內側的大屯山，渡過淡水河，深入臺北盆地以西的新莊街落腳，舊稱淡水廳興直堡新莊街。粵籍客家人沿著臺北大湖岸邊，向淡水左岸遷移，直接耕耘頭重埔、二重埔等地，進行荒埔的修築水圳，並且在拓殖的新莊一帶定居。

當年自淡水河口向盆內遷移的汀州客家移民，在靠近水岸的新莊街落腳。清朝乾隆年間，墾拓新莊、泰山、五股等濕地環境。當時新莊地區所產的米，由苦力挑擔經米市巷到新莊港口，送到戎克船上裝船轉運到中國大陸。客家先民興建了新莊街的三山國王廟、關帝廟以及媽祖廟。

當時大臺北的開發以漳州人為主，但是漳州人、泉州人以及客家人相處並不友善。客家人因為和閩籍墾民不和，後來移居到桃竹苗地區。

新莊航運漸漸衰退，原因有二，一方面是閩南人跟客家人械鬥嚴重；另一方面，從海上載滿貨物和壓艙石往返的中國戎克船，為了避免沉船或其他緊急情況，需要減輕船身重量，因此拋

中國戎克船

（資料來源：Frederick Coyett（1615-1687），VERWAERLOOSDE FORMOSA, 1675. 揆一為臺灣於荷蘭統治時期第12任，也是最後一任長官，書名《被遺忘的福爾摩沙》作於1675年。此圖經重新描繪處理。）

棄部分貨物和壓艙石到大漢溪中，造成航道阻塞或改變水流，對航運路線造成影響。此後，人們向下游淡水河繼續建埠。最早興起的是三市街的艋舺，然而漳州人和泉州人繼續械鬥，三市街繼續往北移，移到現在的大稻埕。

臺北城的變遷歷程，如淡水河兩岸興衰史的復刻。過去是「江左為吉」，現在是「江右為吉」。日本入臺後，將「臺北城」全部拆除，促成了街屋的營造風格。二十世紀初葉的赤峰街區，充滿了閩南南洋風格的建築，酒肆聚落、特色餐廳、手工產業興盛，從迪化街到塔城街，沿著南京西路，都是這種洋樓特徵。

二〇〇〇年以後，臺北城發展以臺北火車站為第一核心，信義計畫區是第二核心，最新的南港重劃區是第三核心。城市從荒郊野外的稻禾綿延，進入工業開發，再進行都市更新，轉變至新型服務業的高樓大廈。這一切發展都受限於盆地地形、以坐落在指狀山脈中間的三角地帶為主。

城市濕地的發展，方興未艾，例如永春陂的重建以及二〇二兵工廠的濕地復育。永春陂位於信義區的濕地公園，原是國防部閒置營區，經過都市計畫變更，規劃成都會型濕地公園。二〇二兵工廠的濕地復育計畫，位於南港軍事區域，已轉變為具有生態、教育和休閒功能的綠地。透過濕地的建設和復育，城市創造出更多的綠色空間，以因應氣候變遷和都市熱島效應的挑戰。

臺北擁有許多國際城市的特徵。1860年以後閩式和西洋混合式的街屋建築，取代了亭仔腳建築。（攝影：方偉達）

CHAPTER

9 桃園地景與新竹濕地

臺北是群山環繞的「盆地」;宜蘭為「沖積平原」;桃園則是三面環山的「臺地地形」,具有藻礁、沙丘,一直延伸到北部海岸。桃園臺地北部以林口臺地和龜崙嶺為界,隔開了臺北盆地。

從地質演進來看,經由石門向西方出海的古大漢溪,因為桃園臺地的生成,不斷向北改道,直到遇到不斷抬升之後的林口臺地,才終止向西流動。古大漢溪在二萬五千年前流入盆地後,遭到新店溪河水向源襲奪,合併成為淡水河流域的主要支流。

過去大漢溪稱為大嵙崁,或是大姑崁,是原住民對於大漢溪Takoham的稱呼。大嵙崁溪從發源地塔克金溪、白石溪一路匯集玉峰溪,到了桃園復興下巴陵和三光溪會合,始稱為大嵙崁溪。大嵙崁原來是平埔族霄裡社及大姑崁南雅原住民居住

桃園埤塘(攝影:方偉達)

的地方，板橋林家在大嵙崁開圳引水，奠定了農業發展的基礎，後來因為舟楫之利，大嵙崁成為茶葉、樟腦、木材的集散地。

十九世紀末是大嵙崁溪河的黃金時期，船運可由大溪、新莊、艋舺、大稻埕，直抵淡水港。當時臺北的外國洋行在大嵙崁設有分行，當地人依靠大嵙崁溪做為貨物進出要道。

1 桃園埤塘開墾史

桃園臺地因土地貧瘠，原本居民就不多。[6]到了清朝康熙和雍正年間，臺北和新竹都已經開發，但是桃園臺地，還是荒煙蔓草。

淡水廳同知陳培桂同治八年（一八六九年）編纂的《淡水廳志》，記錄「霄裡大圳，在桃澗堡，距廳北六十餘里。乾隆六年，業戶薛奇龍同通事知母六集佃所置。」薛奇龍是客家人，康熙六十年（一七二一年）因協助清廷平定朱一貴之亂有功，清朝開放海禁後，他吸納了潮汕的粵籍墾民，進入臺灣開墾。

乾隆六年，凱達格蘭族霄裡社頭目兼通事知母六和薛奇龍共同開鑿霄裡大圳，後來又興建了「霄裡池」等陂塘大小四口。知母六寬大為懷，招攬漢人流民，薛奇龍則帶領客家墾戶進行開墾。大量移民進入臺灣之後發生土地分配的問題，衝突日益加劇，例如為了灌溉水權、爭取墾地、建屋蓋廟等，閩客之間發生種種衝突。一群從臺北盆地新莊被驅趕到桃園的客家移民，挖掘水圳、池塘，開墾「龍潭」、桃園

6 根據1650年（清順治7年，南明永曆4年）的調查，霄裡社戶口計有32戶、95人。霄裡社包括番仔寮臺地和龍潭臺地，大致是由桃園臺地的南端迤邐至龍潭臺地。

圖為桃園「埤塘」。清朝乾隆時期知母六和薛奇龍在霄裡開鑿了霄裡大圳，興建「霄裡池」。（攝影：方承舜）

「埤塘」，當時稱為靈潭陂。傳因客家先民老人夢見一條龍在龍潭升起，大家喜極而泣，因而得名。

數百年間，客家和福佬先民一鑿一斧，挖掘了七千座大大小小的埤塘，自乾隆年間開始，至今已有二百多年歷史。

從高空俯瞰桃園臺地，埤塘星羅棋布，始自十八世紀知母六和薛奇龍率眾屯田鑿池蓄水之作。硬頸的客家族群在桃園臺地邊坡鑿池，相較於中原客家人在珠江水系興建縱橫千里的「基塘」；臺灣的埤塘可說是無中生有，在沒有充足水源下，硬生生從桃園紅壤上，一鋤一鋤刨出來，這也是臺灣「埤塘」相較於「基塘」更為彌足珍貴的地方。

埤塘的消失自二十世紀中葉開始，從極盛時期到現在，埤塘數目已經減少了百分之八十五，埤塘密度從土地面積的百分之十三降到百分之三。桃園埤塘的消失，

7 方偉達，〈埤塘濕地歷史變遷管理數位模式之探討〉，《濕地學刊》，第4卷第1期，2015年，頁43至56。

桃園埤塘的鴨科鳥類。筆者曾於2003到2023年在桃園埤塘進行鳥類調查，以夜鷺最多，此外，在一般物種中，麻雀和白頭翁的數量居高不下，可見桃園埤塘的周圍環境，已經受到城市化的影響。[8]（攝影：方偉宏）

象徵臺灣發展史的一頁縮影。[7]

「敗也大圳，成也大圳。」中原大學陳其澎研究日治時代桃園大圳的興建，串聯了埤塘形成灌溉水路，避免乾旱乾涸。根據一九〇四年的《臺灣堡圖》以及歷年來臺灣地圖研判，埤塘消失有兩個峰度，第一個峰度是桃園大圳參與灌排，日本人興建桃園大圳，在石門建造攔水堰，引大嵙崁溪水灌溉桃園臺地田園，因而河水大減，嚴重影響水運，大嵙崁的商業地位也受打擊。第二個峰度是石門水庫興建。此二者改變了農田灌溉方式，造成埤塘地位降低，數目消失了一半。

一九六〇年代中葉臺灣經濟起飛，埤塘地位更是一落千丈，岌岌可危。直到休閒經濟農業興起，公私有埤塘成為農戶施肥撒種的養魚池，埤塘數目略微抬頭，但已風華不再。

---

8 方偉達、林憲文，〈生態廊道劃設先驅研究：桃園埤塘鳥類保護區之劃設〉，《野生動物保育彙報及通訊》，第10卷第3期，2006年，頁29至31。

2 臺灣萍蓬草的追憶

臺灣原生的水生植物有三百多種，包含臺灣萍蓬草、雙連埤的蓴菜、野菱，以及鴛鴦湖的東亞黑三稜及水毛花等。

臺灣萍蓬草（*Nuphar shimadai* Hayata）屬於睡蓮科、萍蓬草屬、多年生浮葉性草本植物。中山大學顏聖紘依據新潟大學教授志賀隆的論述，認為臺灣萍蓬草不像歐亞大陸常見的萍蓬草（*Nuphar pumila*），也不像分布於華南的中華萍蓬草（*Nuphar pumila* subsp. sinensis），較接近日本列島的尾瀨萍蓬草（*Nuphar pumila subsp. oguraensis*）。

萍蓬草屬於歐亞大陸溫帶的水生植物，主要分布在歐亞大陸北部，例如俄羅斯、歐洲、日本。歐亞大陸常見的萍蓬草（*Nuphar pumila*）是擁有黃色與紅色柱頭的變種、亞種；而臺灣萍蓬草

臺灣萍蓬草（攝影：方偉達）

(*Nuphar shimadai* Hayata)則是在臺灣分化的一種特有亞種。因為這屬植物的分布幾乎限於北半球,因此臺灣的分布,是全世界萍蓬草分布的南限,也就是說,臺灣萍蓬草是冰河期到現代,遺留在臺灣的孑遺植物。

在桃園龍潭和新竹新埔的池塘,是臺灣萍蓬草原生棲地,夏季到秋季開花,花單出,花梗粗長,挺出水面。花冠呈現杯形,但是花瓣退化,外形像花瓣的是黃色萼片四到六枚。最早由日籍園藝植物學者島田彌市一九一五年在新竹的新埔所採獲,送到東京大學,由日本植物學者早田文藏於一九一六年出版的《臺灣植物圖譜》中發表為新種,種名shimadai,紀念採集者島田彌市。目前的模式標本還保存於農業部林業試驗所植物標本館。

「風微微　風微微　孤單悶悶在池邊　水蓮花　滿滿是　靜靜等待露水滴」

這是一首歌詠少女傷懷的歌,其中的水蓮花就是臺灣萍蓬草。一九五二年音樂家周添旺和作詞者楊三郎合作譜寫了這首意境優美的「孤戀花」。當時的水蓮花,可說滿滿是。萍蓬草曾經分布於桃園、新竹、苗栗等客家地區,在地農民經常可以在邊坡的埤塘上發現。一九八六年輔仁大學生物系陳擎霞和林業試驗所楊遠波確認龍潭、楊梅、平鎮、關西到竹北,共發現大約二十五個有萍蓬草的池塘。

「午后碧藍的夏光　洗滌印象澎湃的屋宇　像是流暢的水彩線條
抖落出流線的暈染絕代　又是光華冠絕的歷史驕傲

但水流短促的微韻就只剩下那孤戀花了　一枝芬芳顫動
抖落星塵凡宇間數十年數十年的滄桑　雖說滿滿是
然而歷史的軌跡　造就了池邊風華顫巍巍的孤單與落寞
孤戀花，那日本人發現的早華　卻是當年滿滿塘塘
今日稀稀微微的水蓮　於是　凋零　成為孤戀花的名」

——方偉達（二〇〇四年）

臺灣萍蓬草的棲地危機

一九八五年，龍潭園區被列為工業用地，揚昇開發收購了魏家池塘的八百坪土地。二〇〇三年臺灣水泥公司將龍潭乳姑山山腳下的山坡地，轉售給新竹科學園區管理局，納入龍潭科技園區。吳家池塘跟魏家池塘原是臺灣萍蓬草、臺北赤蛙的原生棲地，亟需積極保育。[9] 筆者於二〇〇四年在八張犁設計了吳家池塘的太極池，是當時臺灣第一座太極池。[10]

9 方偉達，〈埤塘溼地歷史變遷管理數位模式之探討〉，《濕地學刊》，第4卷第1期，2015年，頁43至56。

10 筆者因臺灣萍蓬草的復育，於2005年獲福特環境保育獎。2013年和行政院環境保護署前綜計處處長黃光輝，在國外建築與規劃研究，發表了一篇太極池的風水理論：Developing concentric logical concepts of environmental impact assessment systems：Feng Shui concerns and beyond（*Journal of Architectural and Planning Research*）（SSCI），這是一篇風水在環境影響評估上的研究，刊登在當年全世界唯一SSCI建築期刊。

◀ 魏廷朝舊居，建於1935年日本時代臺灣新竹州桃園郡八塊莊，就是「八張犁」。（攝影：方偉達）

▶ 臺北赤蛙（攝影：方偉達）

二〇〇四年，科學園區與多家電子公司動土並陸續設廠，大量泥水進入八張犁山坡上的吳家和魏家池塘，臺灣萍蓬草的原生棲地受到侵擾。

二〇二二年，科學園區第三期擴建計畫，包括吳家和魏家原有的土地。二〇二三年七月二十六日，竹科管理局在龍潭區召開第一場徵收公聽會，當地住戶表達強烈不滿，並且組成「反龍科第三期擴建案自救會」，在九月十二日到總統府抗議。之後竹科管理局表示，修正徵收範圍，排除密集住宅區。

清華大學退休教授李翠玲是客家人，非常關心臺灣萍蓬草，邀請中原大學陳其澎以及筆者、荒野保護協會理事長李騏廷等人，共同加入臺灣萍蓬草和臺北赤蛙的救援行動。二〇二四年，吳家池塘已經荒廢，魏家池塘因為水源入水孔，被上端地主填土埋住，水源無法注入，禾本科植物漸向池中心入侵，產生萍蓬草與李氏禾等草本植物混生的情形。

臺灣萍蓬草伴生的特有水生金花蟲（*Donacia lungtanensis*）只出現在萍蓬草的原生環境，萍蓬草原生棲地消失後，水生金花蟲處境更為艱難。

吳家跟魏家在龍潭向來不和。二〇二三年十二月十三日，吳魏為了臺灣萍蓬草、臺北赤蛙、赤腹游蛇（*Sinonatrix*

▶ 臺灣萍蓬草復育棲地的風水生態池，由吳聲昱挖掘。（攝影：方偉達）

◀ 風水生態陰陽池的五行土法。在土中直接向下挖掘，儲水灌溉。在水中，以浮島向上建築。（攝影：方偉達）

annularis）而言和。然而吳家池塘的水源已經斷流，臺灣萍蓬草原生棲地已經乾枯。山脈長青，河水長淌，萍蓬安在？

如今龍潭科學園區三期徵收範圍囊括龍潭農地與近五十口埤塘，臺灣萍蓬草生死未卜。林保署表示已啟動龍潭物種保育計畫，除了短期緊急安置保育類動物，也針對龍科三期徵地範圍擴大生態調查，設法納入生態給付獎勵等政策，鼓勵保留與復育農地、濕地。

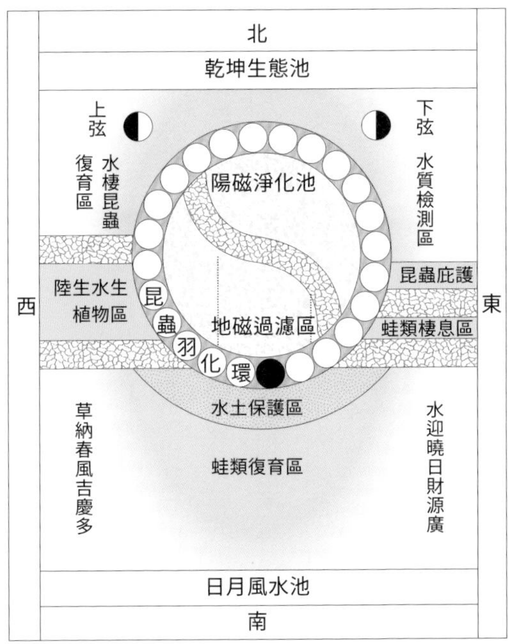

筆者設計之太極池圖

3 桃園、新竹海岸濕地

從桃園到新竹的海岸，循著臺六十一線，依序是桃園市蘆竹區、大園區、觀音區、新屋區，新竹縣新豐鄉、竹北市、新竹市香山區。這一帶的濕地，擁有綿長沙灘海岸以及平原、稻田，或是廣闊之平地。在海岸地帶，工業區連綿，日夜不斷工作。沿海空氣中瀰漫著奇異的感覺。

桃園臺地入海處，農地因為地勢較高，並處於圳路水源管線末端，灌溉相當不容易。為了改良土壤利於耕作，會在耕地表層挖除一層砂土，一來降低農地高度，便於引水灌溉；再則清除原本含沙、鹽成分高的土壤。經過數年養土引水，逐漸形成規模，主要農作物仍以稻米為主，有時種植花生、玉米、甘藷及西瓜等季節性農作物，以及養些雞、鴨、鵝及豬隻等牲畜增加收入。

一路由北而南有許厝港濕地、草漯沙丘、觀新藻礁、新豐紅樹林濕地、香山濕地，沙灘上可見定沙植物例如蔓荊、海馬齒莧、馬鞍藤、月見草。進入竹東，則見頭前溪生態公園。

1 許厝港濕地

許厝港濕地位於桃園市大園區老街溪、雙溪口溪兩河匯流處海岸，康熙年間福建人許鳳入臺，開

從古地名看臺灣北部濕地

桃園市大園區戶政事務所曾經建立地名檔案，充滿濕地趣味，也是臺灣濕地的縮影。

地名	地名意義
南港	港口南方的村落
許厝港	許姓聚居之地
灣潭	彎曲的深水潭
艋舺	泊船之地
田心仔	田中央的房子
照鏡	湖水平靜到可以當鏡子照
田寮仔	佃農搭建的簡陋房舍
溪洲寮	溪流沖積地上的房子

墾了二陂港（今內海墘）及港仔嘴（今老街溪口）一帶，並且經營港埠，所以取名為許厝港。

嘉慶年間，許厝港為臺閩商船往來的良港，船隻行於福州、廈門之間，墾民以此為據點，分赴桃園各地拓墾。

商港沒落之後，由於雙溪口溪、新街溪與老街溪的沖積，許厝港逐漸淤積形成濕地。二〇一五年，此區劃設九六二公頃濕地範圍，但是遭到地方人士反對，希望劃為濱海遊憩區。許厝港有小環頸鴴、蒙古鴴、彎嘴濱鷸、紅胸濱鷸、小青足鷸、鷹斑鷸等，退潮時海天一色，濕地景觀遼闊，是西海岸最壯觀的沙灘潮間帶之一。[11]

2 觀新藻礁

桃園藻礁從觀音一帶到草漯沙丘，不斷受到侵蝕和堆積，其中觀新藻礁具有相當的完整性，從大堀溪以南到永安漁港，魚類較多，顯示觀音到新屋海岸上的藻礁生命力最旺盛。[12]

二〇〇九年，根據當時環保署的調查，觀音工業區每日汙水總量三萬多公噸，化學工業和金屬工業比例高達百分之五十。此外，大潭火力發電廠導流堤的突堤效應，造成漂砂淤積。突堤效應，讓結構物南岸的觀新藻礁生態保護區積沙明顯，未來覆沙範圍仍可能擴大。

二〇一三年台灣濕地學會在當時理事長林幸助、常務監事陳章波長期投入

---

11 連思雅，《許厝港濕地棲地改善工程對鳥類群集的影響》，國立臺灣大學生態學與演化生物學研究所碩士論文，2023年。

12 林幸助、徐顯富、廖偉勝、李承錄、劉弼仁、林綉美，〈桃園藻礁的生物多樣性〉，《濕地學刊》，第2卷第2期，2013年，頁1至24。

調查之下，提出觀新藻礁應劃設為野生動物保護區的建議，並且指出汙水是藻礁當前最重要的危害因子，提出生活汙水及事業廢水管理策略、總量管制、調整稽查方式、成立社區藻礁巡守隊、加強教育宣導等方案。

由於此區生物多樣性最豐富，殼狀珊瑚藻發育最好，且以其為主體的環境具文化資產保存價值，同時能保護柴山多杯孔珊瑚，桃園市政府二〇一四年七月七日劃此區為「觀新藻礁生態系野生動物保護區」。林幸助認為，影響桃園藻礁生態最主要的驅動力是水流動力，水流動力強的地

藻礁是由藻類所構成的礁體，有許多孔洞隙讓小型魚類躲藏。在礁體碎片上，也有珊瑚所建構的珊瑚礁體，可以看到清晰的珊瑚結構。（攝影：方偉達）

方，藻礁露出，棲地複雜度高，底棲動物多，生物多樣性高。相對地，桃園其他地區藻礁則因地形地貌，水流動力弱，漂沙多，底棲動物少，生物多樣性低。

曾任新坡國民小學自然科教師的潘忠政出生於桃園楊梅富岡客家村，長期關心藻礁議題。「反對濕地的人，最好先去了解故鄉的美麗。」潘忠政表示必須從在地的觀點，學習生態空間。

為了保護生態環境，需要全面進行沿海藻礁生態調查、海岸模式分析、水文模擬、水質分析等，甚至檢視在地人文需求，強化基礎研究，了解影響珊瑚藻生殖與發育的主要因素，配合密集的生態監測，以提出迴避、縮小、減輕、補償等規劃。

3 新豐紅樹林濕地

新豐古稱「紅毛港」，因一六四六年荷蘭人在該地遭遇海難上岸而得名。清朝稱

新竹縣紅樹林位於新竹縣北邊紅毛河的出海口，因為紅樹林造成陸化。（攝影：方承舜）

紅毛港庄，一九二〇年改名紅毛庄，二次大戰結束後改稱紅毛鄉，一九五六年改為新豐鄉。

新豐紅樹林位於新竹縣北邊紅毛河（新豐溪）出海口，因為青埔溪、茄苳溪匯入新豐溪溪口，形成良港得名。後來港口土砂壅塞，航運價值消失。古港區在現在的池和宮一帶，聚落形成於今日新豐村紅毛、大莊，是新豐鄉最早的聚落，同時也是北臺灣地區唯一水筆仔、海茄苳混生的紅樹林。

紅樹林除了生長在海岸之外，還會堵塞河口。竹北市白地粉（白地里）早年是砂丘地，土質屬灰白砂質粉，後來在河道引進水筆仔，卻因紅樹林堵塞河道，造成淹水現象。

新竹海岸原是泥灘潮間帶，因紅樹林而造成陸化，使得這片泥灘地的植被逐漸改變。一旦泥灘地逐漸陸化，原先生長在此的清白招潮蟹、臺灣招潮蟹，就會被另外一批喜歡乾燥灘地的螃蟹種類取代。

4 香山濕地

新竹古稱竹塹，在十七世紀擁有草原、梅花鹿與山羌。由於梅花鹿喜歡住在有水的地方，因此這裡過去是梅花鹿的棲地。當地居住平埔族道卡斯語的竹塹社與眩眩社人，竹塹社人住在今天的香山到鹽水港一帶，眩眩社人則居住在頭前溪南岸的樹林頭、九甲埔一帶。荷蘭人當時有收購原住民所捕獵的鹿皮。漢人進入新竹之後，建築水圳、耕耘旱田，道卡斯人融入了漢人的血液，便逐漸消失了。原住民平埔族就像是梅花鹿，逐漸消失在西部平原。

香山濕地是北臺灣最大的沿海濕地，占地超過一千公頃。一八五五三月，史溫侯（Robert Swinhoe, 1836–1877）搭乘一艘葡萄牙籍改良歐式帆船，曾經來到紅毛港南邊靠海的「香山港」一

夏季一到，潮間帶滿滿都是挖貝類的居民和遊客，「香山濕地賞蟹步道」這條心型石滬步道延伸在濕地上，吸引了眾多遊客。（攝影：方承舜）

帶停留約兩週，進行樟腦調查及相關採集工作，文章題目為〈福爾摩沙海岸的香山之旅〉（A trip to Hongsan, on the Formosan coast）。[13]史溫侯抵達香山濕地南部[14]，隨後前往腦港見到樟腦專賣商人，商人警告他不要前往中港溪中上游山地與丘陵，因為那裡居住竹塹社人，非常兇猛。他描述了在旅行中觀察到的鳥類，包括畫眉、鷓鴣、林鶯、鵪鶉等。

香山濕地的地名由來有兩種說法，一是當地大坪頂一帶漫山遍野的花草盛開，香氣馥郁，故有此名。二是原住民曾盤據此地，被漢人稱為番山，後改為相似音的香山。

香山濕地是一個獨特的生態系統，吸引許多生物，包括臺灣僧蟹、士兵蟹以及招潮蟹。此外，還有臺灣最大的牡蠣養殖場。

一九七〇年代海埔新生地開發，掩埋場建設曾改變了海岸結構，使得濕地高潮線棲地泥化取代沙灘，貝類群聚改變。[15]二〇一三年有報告指出，曾有小鰭出沒。近年來因為

13 Swinhoe, R. A Trip to Hongsan, on the Formosan Coast, *Overland China Mail* (Hong Kong), September 13, 1856: No. 130.

14 紀錄北緯爲24度44分，位置約爲香山濕地的南側，距離南方的腦港（今中港溪口）19公里，距離北方的竹塹（今新竹市）21公里。

原有沙地變成了泥沼地，挖環文蛤的當地居民說：「越來越難挖了，太多人了。」目前香山濕地可能有泥濘旱化的風險。

香山濕地的候鳥，包含黑腹濱鷸、東方環頸鴴、灰斑鴴、赤足鷸、琵嘴鷸、豆雁、灰雁、鴻雁等。東方環頸鴴偏好在濱海的河溪活動，小環頸鴴則較喜歡在偏陸地的河濱活動。

二〇〇一年香山濕地公告為新竹市濱海野生動物保護區，是臺灣沿海招潮蟹族群最繁盛的泥灘濕地。

從濕地危機中尋回生命力量

二〇一三年八月十一日，《拉姆薩國際濕地公約》科學技術審查委員會主席加德納（Royal C. Gardner）[16]應筆者之邀來臺，當時曾特別到桃園觀察太極池的設計、臺灣萍蓬草的原生棲地，以及藻礁生態，他希望臺灣能夠將復育成功的經驗帶到國際。然而，臺灣萍蓬草的棲地以及臺北赤蛙的族群，已經減少。如果臺北赤蛙在我們這一代於野外滅絕，我們有什麼資格談保育？

筆者曾在龍潭復育太極池，如今已化為一片荒塚，從空中俯瞰，盡是荒煙蔓草。〈孤戀花〉歌詞中「水蓮花，滿滿是……」的臺灣萍蓬草，短短百年，竟已成為瀕臨絕種的水生植物。此外，「光電、埤塘、綠能與環

15 楊樹森、張登凱、李沛沂，〈新竹香山濕地紅樹林擴張歷程及其可能因素探討〉，《濕地學刊》，第3卷第1期，2014年，頁17至26。

16 加德納曾代表美國參加《拉姆薩國際濕地公約》締約會議，他的著作《法律、沼澤和經濟》（*Lawyers, Swamps, and Money*）具有權威性的影響力，旨在闡述美國濕地重要性和其所面臨的威脅，並逐一檢視聯邦法律中的《潔淨水法》（Clean Water Act），深受法律、環境及公共政策相關人士等廣泛的重視。

境生態，如何共榮？」在國內積極推動綠能的政策之下，再生能源不斷和自然搶地，生物棲地雪上加霜。

筆者針對桃園埤塘濕地受到開發影響破壞以及光電問題，提出若干看法：

1 科技園區收購私有土地，侵占臺灣萍蓬草、臺灣特有種臺北赤蛙的原生「埤塘」棲地，包括台積電、友達、采鈺等企業，應依據生物多樣性揭露，共商對策，避免傷害地方生態。

2 光電埤塘的設置與後續發展上，應了解原有埤塘養魚的情形，設置光電之後，不要再養魚；同時評估禁漁政策、漁民經濟補償發展的可行性。

目前地主賣地，風水生態池已經全數荒蕪。（攝影：方承舜）

光電埤塘（攝影：方承舜）

3. 光電埤塘所生產的淡水養殖魚類（如草魚），因薄膜太陽電池內銅、銦、鎵、硒以及可滲出之硒、鎵、銦、鉈等重金屬，經過颱風吹倒斷裂，有溶至埤塘內風險，其致癌物質恐存於魚體。進入魚市場前，需要進一步研究重金屬在魚類（肉體，非肝臟）之累積量，評估其公共衛生安全之風險因素，如重金屬累積量、食用頻率及致死率（小白鼠）之研究。
4. 每年六月桃園埤塘魚類飼養收成，大量食用魚類進入市場，應研究其公共衛生和食物安全之影響。
5. 環境訴訟之可行性評估。保護人民生命財產與健康安全，是政府與每個人的責任。

生物多樣性與碳權目前在全球成爲核心議題，隨著氣候變遷與碳交易，許多大型企業紛紛合作共創「生物多樣性」，強化企業永續報告書。臺灣若要跟上全球腳步，此刻正是挽救臺灣萍蓬草棲地的好時機。

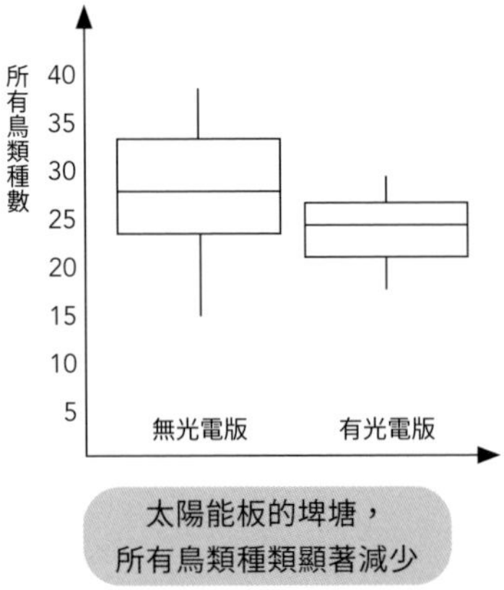

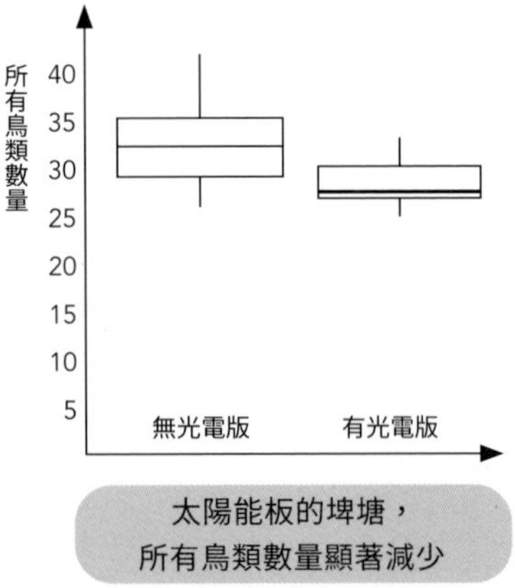

依據筆者國科會計畫調查發現，有埤塘光電的地方，鳥類的種數和數量明顯減少。（資料來源：桃園市野鳥學會調查）

CHAPTER

10 宜蘭的濕地

宜蘭舊稱噶瑪蘭，三面環山，北、西、南三面為雪山山脈和中央山脈，東臨太平洋，地形為朝海的畚箕，受到東北季風影響容易形成地形雨。由於蘭陽溪的沖積作用，形成沖積平原。

一萬四千年前，海水逐漸湧入宜蘭平原；到了新仙女木期（距離現在約一萬二千八百年前至一萬一千五百年前），全球氣溫降低，北極冰川南侵。直到一萬年前，地球開始暖化，海水淹沒面積達到最大，當時宜蘭平原只有現在一半。接著，海水漸漸後退，距今三千年前，退到距離目前海岸線西方二至三公里的地方。

三千年前，宜蘭平原的冬山鄉產生了新石器時代晚期的丸山文化系統，擁有農業文明。新石

宜蘭三面環山，蘭陽溪沖積平原是重要的農業地帶，平原濕地多沿著河口分布。（攝影：方承舜）

器時代發現的遺跡都在丘陵邊緣。二千年前，因為沿海淹水，不再有人類活動的紀錄，人類從海岸及平原地區遷往山地。連綿的豪雨，沖刷了河床，累積肥沃的土壤沖積平原。一千三百年前，宜蘭進入鐵器時代，發現的遺跡都在河谷和低地平原。

淇武蘭人住在蘭陽平原北側的礁溪鄉，距今約八百年前族人全體離去，留下了大量的文物。有學者認為是豪雨或地震所致，亦有認為是河流改道造成。他們擅長捕撈，紅樹蜆是居民經常食用的蜆。在房屋建材中，經常可以看到魚形雕版，做為房屋的壁板。最常見的獸骨是臺灣梅花鹿，說明族人的狩獵跟飲食習慣，以及蘭陽平原過去梅花鹿活躍的生態狀況。

如今的宜蘭，是臺灣北部最大的平原，重要的農業地帶。國家重要濕地主

宜蘭無尾港濕地。由於蘭陽平原東南方的河流在出海口河道淤塞，水流無法排洩，故名「無尾港」。這片沼澤擁有豐富的水生動植物資源，是臺灣知名的水鳥保護區。
（攝影：方承舜）

要沿著河口分布，分別為蘭陽溪口、五十二甲、無尾港、南澳等。此外，宜蘭人亦享有高品質的大地溫泉瑰寶。

1 雙連埤——豐枯之間的水圳生活

雙連埤位於蘭陽溪上游水源處，屬蘭陽溪北側支流粗坑溪流域。粗坑溪東西兩源匯流之後，到了粗坑出了谷口，最後在下粗坑切穿山麓丘陵，匯流進入蘭陽溪。

這處宜蘭淺山地區的天然湖泊，從湖泊沉積物花粉學研究可知，距今約五千年前形成。後因崩塌堰塞，形成了堰塞湖，目前進入濕地植物演替的中期。

枯水時期，埤塘中分為二；到了豐水時期，雙埤溢流聯合為一，因此而得名。薄霧籠罩的湖泊，陽光自柳杉林縫隙灑落。這裡的柳杉林是日治

雙連埤位於宜蘭縣員山鄉湖西村山谷之中（攝影：方承舜）

時代日本人大量栽種。

二十世紀初，桃園楊梅客家人鄒成生來到宜蘭員山鄉湖西村山區，並且招來客家高姓、吳姓、羅姓共創一方山村，開鑿古圳，引取蘭陽溪上游粗坑溪的水源。為了維持生活，客家山村居民會以特有的水圳運作——「出公工」的方式，維護水圳；而當時的農民們採用友善生態，不施用化學肥料與農藥。客家技藝自此代代相傳，編織成雙連埤人的日常織錦。

2 雲霧中的湖沼濕地——南澳、翠峰湖、加羅湖、松蘿湖

臺灣北部擁有相當豐富的森林型濕地，通常為堰塞湖所造成，亦有溪流注入以及流出，多樣的生物資源包含不少特有種或是保育類物種。

湖沼濕地常見板根以及熱帶雨林中盤

雙連埤生態豐富，已登錄為野生動物核心保護區。（攝影：方承舜）

一九九三年，來自臺北的王吉盛買下雙連埤，計畫開發成觀光休閒用地。二〇〇一年他將雙連埤改建為魚塭，在埤中放入二千隻草魚。草魚吞食水草，改變了生態系的營養循環，造成水中有機氮與氨氮增加。之後他因政府徵收問題持續興訟。

二〇〇三年十一月農委會登錄雙連埤為野生動物核心保護區，然而原有的水生植物包括水社柳、田蔥、野菱、絲葉狸藻、石龍尾、蓴菜等，卻一直在消失中。

環保團體長期關注雙連埤，在此舉辦環境教育和復育活動。若要長期推動永續發展，需要公私共營，包括政府、地主、社區、企業、民間團體與個人等。保護區的劃設，政府常以強力徵收私有土地行之；若遇地主抗拒，反而造成濕地生物多樣性喪失，失去保護的意義。

國際自然保育聯盟（IUCN）於二〇一八年提出「其他有效地區保育措施」（Other Effective area-based Conservation Measures, OECM）指認標準，OECM是一種不同的思考，指示「除了保護區之外的地理空間範圍，透過不同方式進行經營管理，強化生態系統功能，推動永續發展及生物多樣性」。擴大了保護範圍，包括文化習俗、公平和原民權利等。

OECM是「自然共生區域」的概念，對於雙連埤以及臺灣淺山社區，也就是所謂「里山地區」的保護，帶來的正面效益並不亞於保護區。

透過OECM，只要經過調查是屬於關鍵物種棲息的空間，即使是私有地、農業發展地、都市郊區等，政府和民間都可以透過由下而上的方式形成共識，達到保護生態的目的。

雪山山脈中部的神祕湖又稱為南澳重要濕地（攝影：方承舜）

根錯節的根系，這是為了避免由於樹冠太厚，樹體形成頭重腳輕的現象；同時樹根亦能強化並承受地上部分重力。渡過溪流，通過芒草和倒木區，才能到達雲霧中的中海拔湖沼濕地。

自然界以動態平衡為基礎，濕地最重要的是水文、土壤以及植被。如果沒有水源，就沒有濕地存在，因此，水文的平衡對濕地動態學非常重要。

雪山山脈中部的「神祕湖」，又稱為「南澳重要濕地」，位在南澳原鄉部落金洋村上方，另一稱呼為「鬼湖」。相傳泰雅族原住民進行狩獵，追捕獵物到此，動物陷入泥沼當中，只聽到動物的哀鳴，卻不見影子，所以有「死湖」之稱。神祕湖的湖水，由出水口向南流出濕地，注入澳花溪，屬於澳花瀑布的源頭。

宜蘭大學阮忠信認為，神祕湖的演替擁有二十年週期的循環消長，這種穩定現象，會讓湖水不至於完全乾涸。他以神祕湖自然保留區湖沼演替為例，進行植群初級演替推論，神祕湖應朝向演替後期前進，未來此湖將逐漸長滿挺水植物東亞黑三稜及水毛花，最終必全面淤積，而達湖泊的死亡期。未來四十年週期之後，會演替為水社柳－赤楊型的林澤，湖泊消失。然而，神祕湖也可能因為暴雨洪水，維持動態的穩定。[17]筆者認為，神祕湖原來的面積應該更大，可以連接到澳花瀑布上游，這是古代「神祕大湖」的遺跡。泰雅族八十一歲耆老說，神祕湖從來沒有乾涸過。

二〇二四年四月三日花蓮地震，神祕湖地層滑動陷落，下方地質錯動漏水乾涸。如今的乾涸情形，讓人望之興嘆，需要颱風帶來雨量的挹注。

濕地若無其他水源，是否會導致未來湖泊朝演替後期而消失？高山湖區的盆地位於山谷之中，沒有流出口，湖底地質不利於蓄水，水源的確只能靠谷地四周雨水補充。然而，隨著氣候暖化，熱帶擾動和東北季風效應常造成大量降雨，這使得濕地水源不虞匱乏，例如翠峰湖、加羅湖群等。

宜蘭縣大同鄉和南澳鄉的翠峰湖，屬於雪山山脈獨立的高山湖泊，春天為枯水期，可以明顯看出一大一小兩個湖面相連的葫蘆形水域，周邊露出不少草澤泥地。大同鄉的加羅湖群，又稱為「散落的珍珠」，海拔二二〇〇公尺，鄰近還有十座大小不等的池塘。

此外，位於雪山山脈北部的高山湖泊松蘿湖，屬於棲蘭野生動物重要棲息環境；新北市烏來區的信賢瀑布，過去叫娃娃谷，芬多精濃度非常高，空氣中有大量負離子，是極佳的森林浴步道。

以上森林濕地獨特性高，生態系面積小，相對較為脆弱，因此現有的濕地保育措施，應考慮地景尺度、生物多樣性和當地環境的水文地質結構進行評估。

---

17 阮忠信、陳子英、毛俊傑、邱孟韋、陳廷綱，〈南澳神秘湖自然保留區湖沼演替之脈衝穩定性理論探討〉，《宜蘭大學生物資源學刊》，第4卷第1期，2008年，頁91至98。

3 只羨鴛鴦不羨仙：霧林苔蘚共生的魔法森林

位於新竹縣尖石鄉的鴛鴦湖是泰雅族的聖湖，泰雅語Guru，原意為鴛鴦。這裡是臺灣首屈一指的霧林苔蘚共生林的生態系，堪稱世界級寶庫。

鴛鴦湖是塔克金溪的源頭湖泊，塔克金溪最後流入大漢溪，並匯入淡水河。如果淡水河是臺灣北部的母親河，鴛鴦湖就是北臺灣的母親湖，也是北臺灣的聖湖。

鴛鴦湖海拔一六七〇公尺，位於雪山山脈中北部，是新竹縣、桃園市、宜蘭縣分水嶺，受到東北季風影響，雲霧裊繞，寒冷多濕，一年三百天都起霧，但是冬天不會下雪，只會結霜。特殊植物包括東亞黑三稜、小葉四葉葎、白穗刺子莞、箭葉蓼、鴛鴦湖燈心草、鴛鴦湖細辛、棲蘭山杜鵑、鴛鴦湖龍膽、單穗薹等。[18] 一九七二年起，陸續有生態學者進行調查，一九八六年依《文化資產保存法》將鴛鴦湖及周圍山區劃設為「鴛鴦湖自然保留區」，規定嚴格，僅供學術研究及教育目的使用。

進入鴛鴦湖濕地，需要通過長滿青苔松蘿地衣的森林，彷如「阿凡達魔法森林世界」，或是「綠巨人浩克」的家園。這一段森林連結到線林道，全長約十八公里，海拔最高二三〇〇公尺。從司馬庫斯到鴛鴦湖，需要貫穿越嶺古道，這是過去泰雅族人和外界交換物資的要道。

鴛鴦湖堰塞成因推測是因為山體滑動，大量土石堵塞出水口所致；然仍待更多地理、地質和植物種子孢子庫的研究鑑定。

泰雅族人每年二月小米播種之後，即期待山區降雨。如果到了四月仍久旱不

18 劉冠廷、陳子英，〈臺灣產薹屬（莎草科）植物功能形質與土壤濕度梯度之間的關係：以鴛鴦湖爲例〉，《台灣生物多樣性研究》，第24卷第3期，2022年，頁77至95。

鴛鴦湖是泰雅族人的聖湖（攝影：方偉達）

宜蘭大學進入鴛鴦湖自然保留區調查（攝影：馮振隆）

鴛鴦湖擁有東亞黑三稜（攝影：馮振隆）

河流與濕地始終是滋養人類生存的力量泉源（攝影：方偉達）

雨，部落耆老會指派長者帶著孩子，赴往聖湖。司馬庫斯族人通常清晨出發，沿途經過檜木原始森林，大約下午抵達。長者在湖邊會先進行祈求儀式，告訴孩子「走到湖邊，輕輕碰觸湖水，將你的臉和耳朵洗乾淨」。他們認為當人類碰到鴛鴦湖的水，祖靈就會保佑。若足夠幸運，瞬間變天，儀式完成之後返回部落的路上，就會降下傾盆大雨。充沛的雨量，讓剛播種的小米，盈滿水分，當年部落必定豐收。

二〇二三年五月，泰雅族拉互依・倚岕和族人的孩子，來到聖地鴛鴦湖，記錄了泰雅族的環境觀，他回憶起一首泰雅古謠，大意是：

「孩子啊！孩子！聽見水源純粹的聲音？看見山脈蒼鬱的顏色？這裡就是我們的故鄉，我們的根。」

漫漫人類文明發展史，濕地不斷滋養人類旺盛的生命力。曾經依河流與濕地而生的繁華街市與繁茂生物，是否仍有機會聯繫共生，譜寫濕地未來？

參考文獻

1 宋聖榮，《火山監測與應變體系建置模式之先期研究》，內政部營建署陽明山公園管理處委託研究報告，二〇〇七年。

2 陳得次，〈芝山岩貝塚出土之史前時代原住民生活〉，《史聯雜誌》，第一期，一九八〇年，頁四七至五一。

3 劉益昌，〈台北縣土城鄉土地公山、斬龍山遺址試掘報告〉，《田野考古》，第三期，一九九二年，頁二一至五七。

4 郭素秋，〈臺灣北部圓山文化的內涵探討〉，《南島研究學報》，第五卷第二期，二〇一四，頁六九至一五二。

5 李政益、陳瑪玲、林立虹、Peter Ditchfield、王珮玲、林秀嫚、A. Mark Pollard、羅清華、蔡錫圭，〈從人骨和獸骨之骨膠原碳與氮穩定同位素組成看圓山文化人的攝食特徵〉，《考古人類學刊》，第八十五期，二〇一六年，頁一〇九至一三八。

6 阮忠信、陳子英、毛俊傑、邱孟韋、陳廷綱，〈南澳神秘湖自然保留區湖沼演替之脈衝穩定性理論探討〉，《宜蘭大學生物資源學刊》，第四卷第一期，二〇〇八年，頁九一至九八。

7 劉冠廷、陳子英，〈臺灣產薹屬（莎草科）植物功能形質與土壤濕度梯度之間的關係：以鴛鴦湖為例〉，《台灣生物多樣性研究》，第二十四卷第三期，二〇二二年，頁七七至九五。

8 鄧屬予，〈台北盆地之地質研究〉，《西太平洋地質科學》，第六期，二〇〇六年，頁一至二八。

9 趙丰，〈康熙、台北、湖〉，《科學人雜誌》，一一七期，二〇一一年，頁三四至三五。

10 陳仕泓，〈臺北關渡自然公園〉，《人與生物圈》，第五期，二〇一五年，頁一一四至一一七。

11 方偉達，〈埤塘溼地歷史變遷管理數位模式之探討〉，《濕地學刊》，第四卷第一期，二〇一五，頁四三至五六。

12 方偉達、林憲文，〈生態廊道劃設先驅研究：桃園埤塘鳥類保護區之劃設〉，《野生動物保育彙報及通訊》，第十卷第三期，二〇〇六年，頁二九至三一。

13 吳聲昱、周睿鈺、方偉達、羅世瑄，〈談特種復育－幫台北赤蛙找個家〉，《自然保育季刊》，第五十三期，二〇〇六年，頁五三至六一。

14 連思雅，《許厝港濕地棲地改善工程對鳥類群集的影響》，國立臺灣大學生態學與演化生物學研究所碩士論文，二〇二三年。

15 林幸助、徐顯富、廖偉勝、李承錄、劉弼仁、林綉美，〈桃園藻礁的生物多樣性〉，《濕地學刊》，第二卷第二期，二〇一三年，頁一至頁二四。

16 Swinhoe, R. A Trip to Hongsan, on the Formosan Coast, *Overland China Mail* (Hong Kong), September 13, 1856: No. 130.

17 楊樹森、張登凱、李沛沂，〈新竹香山濕地紅樹林擴張歷程及其可能因素探討〉，《濕地學刊》，第三卷第一期，二〇一四年，頁七至二六。

PART 4

雲霄兩分流

臺灣中部濕地

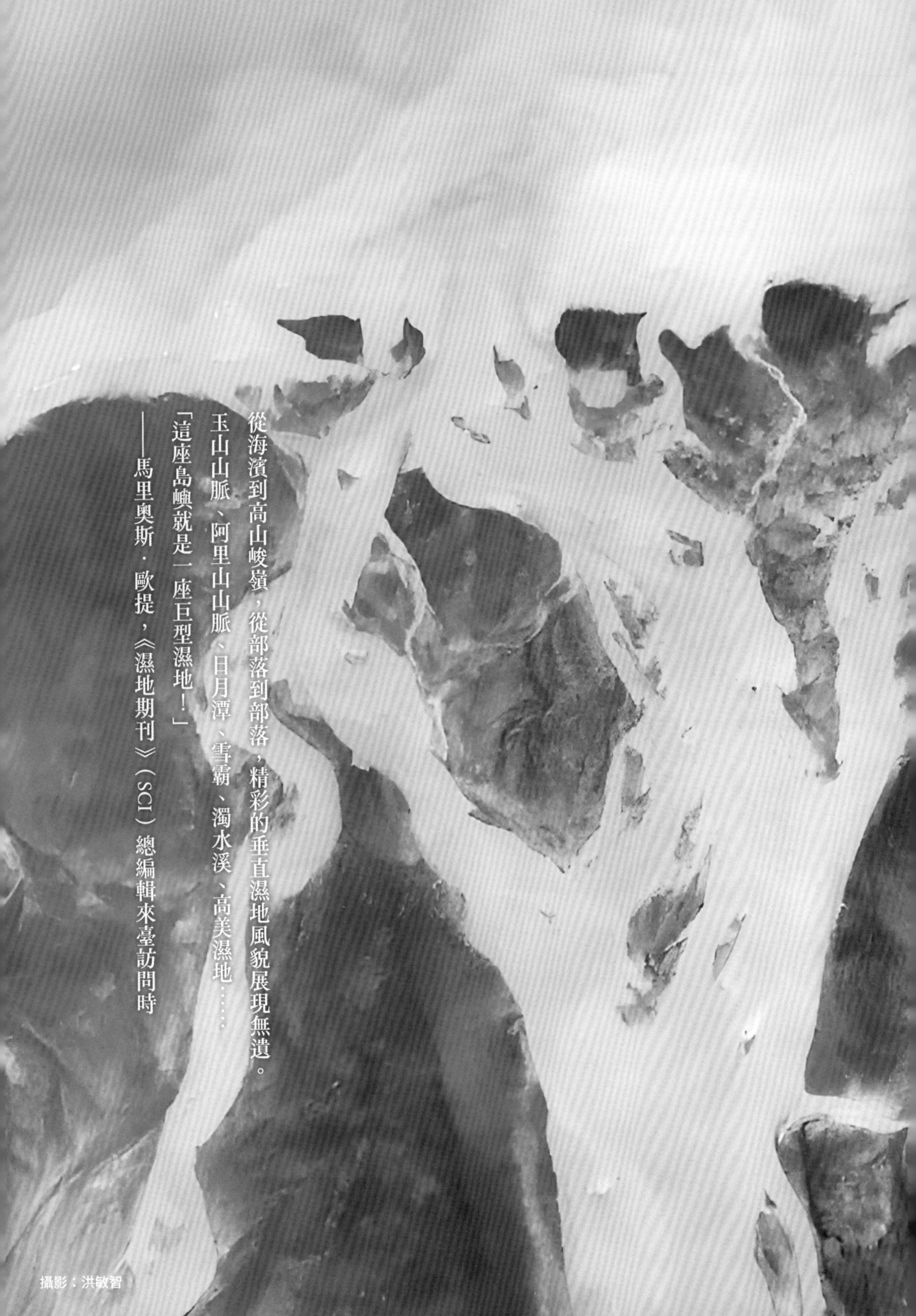
從海濱到高山峻嶺，從部落到部落，精彩的垂直濕地風貌展現無遺。
玉山山脈、阿里山山脈、日月潭、雪霸、濁水溪、高美濕地……
「這座島嶼就是一座巨型濕地！」
——馬里奧斯．歐提，《濕地期刊》（SCI）總編輯來臺訪問時
攝影：洪敏智

西濱下的中港溪
排列中的舢板舟
幾何如網
圍捕鰻苗

——方偉達（二〇二四年）

臺灣中部有高山、有深水、有平原。東西部河川，大都發源於臺灣中部五大山脈，也有一些發源於西部麓山帶，多為易風化破碎的板岩、泥岩、頁岩，地層結構鬆散。由發源區一路向下沖刷進入溪流後夾帶沙礫、陸源性沉積物及懸浮固體，流至大海所經距離短，河道坡度陡峭。

郁永河的《裨海紀遊》曾經形容臺灣中部玉山：

「在萬山中，其山獨高，無遠不見；巉巖峭削，白色如銀，遠望如太白積雪。四面攢峰環繞，可望不可即，皆言此山渾然美玉。」

日月潭有鄒族人住在山上：

「水沙廉雖在山中，實輸貢賦。其地四面高山，中為大湖；湖中復起一山，番人聚居山上，非舟莫即。」

從古至今，臺灣中部高山的地理與地貌，較少變化，城市聚落改變則相對劇烈。中臺灣包括苗栗縣、臺中市、彰化縣、南投縣、雲林縣。

玉山(攝影：洪敏智)

CHAPTER

II 玉峰巉巖，雁渡寒潭，江流天地外——玉山、日月潭、雪霸

臺灣中部河川多源於山巒，向東西分流，分別注入太平洋和臺灣海峽。從山巒往下看，中部丘陵分布在山地的外緣，有起伏較為平緩的山麓丘陵與臺地，其中丘陵受到河川侵蝕切割，海拔高度較低，地勢較緩，可以做為農業用地，通常開闢成茶園、果園等。包括苗栗丘陵、飛鳳山丘陵、豐原丘陵、南投丘陵、竹山丘陵、斗六丘陵等。

山麓臺地受到板塊擠壓讓地層抬升，造山後期的產物為頭嵙山層，當中夾有礫石層，礫石層包含后里臺地；大肚臺地、八卦臺地則屬於紅土堆積層、頭嵙山層。

山地丘陵若凹陷成為盆地，由於地勢平坦、河流侵蝕、土壤肥沃、水源充足，可發展成為大型聚落，包括臺中盆地和埔里盆地群。

溪流匯到河川後，從上游夾帶沖刷下來的泥沙，由於河口出海處流速減緩，沉積物大量沉降在海濱堆積，之後被帶入海域。西部海岸位於沿岸流力量相互平衡的地區，加上地形平緩及地表持續抬高，形成廣大的海岸沙洲，或是灘地。在此，河流的中上游係為強烈的侵蝕作用，而下游及海岸地帶則進行堆積作用。

▲ 中臺灣的山系，包括中央山脈、雪山山脈、加里山山脈、玉山山脈、阿里山山脈等。圖為雪山聖稜線北稜角和冰斗區。（攝影：洪敏智）

▼ 臺灣中部以山地、丘陵、盆地、臺地、平原為主體，圖為埔里盆地。（攝影：方承舜）

河川中下游的沖積和堆積作用，形成許多沖積平原，成為農業生產精華區，包含竹南平原、苗栗平原、苑裡平原、大甲扇狀平原、清水平原、彰化平原、濁水溪沖積平原等。平原地帶臨臺灣海峽，水深較淺，平均水深六十公尺。氣候以通過嘉義縣的北回歸線為界，將臺灣南北劃為兩個氣候區，北為副熱帶季風氣候，南為熱帶季風氣候。夏天吹西南風，冬天吹東北風。

中部臺灣冬季溫暖，山地溫度低於平地；夏季炎熱（山地除外，其餘皆在攝氏二十度以上。雨量山地多於平地），五、六月的梅雨季，以及六至九月的颱風季，帶來山區及平原豐沛的水源。

西部河川大都發源於中央山脈，中央山脈構造為易風化破碎的板岩或頁岩，地層結構鬆散。一路向下沖刷進入溪流後夾帶沙礫、陸源性沉積物及懸浮固體。（攝影：洪敏智）

四種型態的濕地包括：

- 高山濕地：垂直濕地（Vertical wetlands）。
- 天然湖泊：臺灣最大的天然湖泊是日月潭，面積約八平方公里。
- 內陸濕地：七家灣溪重要濕地、草坔重要濕地。
- 海岸濕地：西湖重要濕地、高美重要濕地、大肚溪口重要濕地、成龍重要濕地、楦梧重要濕地。

1 玉山高並兩峰寒

玉山主峰海拔三九五二公尺，是臺灣最高峰，東北亞第一高峰。距今約三百萬年前，由海中升起，有四千萬年前的淺海海底盆地沉積岩。主峰岩層由淺海砂岩、頁岩組成，山頂還發現貝類化石。目前大約以每年五公分速率上升，但同時臺灣山

玉山主峰和玉山北稜。玉山北稜為臺灣最長河川濁水溪的支流源頭。（攝影：洪敏智）

脈也往下侵蝕，因此玉山的構造處於動態平衡，高度無顯著變化。

玉山擁有亞熱帶、暖溫帶、冷溫帶以及高山寒原帶等不同氣候型態，動物群種及植物林相幻化多樣，生態資源豐富，同時也是原住民的聖山。在臺灣百岳中，玉山、雪山、秀姑巒山、南湖大山、北大武山合稱「五嶽」，為臺灣最具代表性的五座高山，其中玉山代表鄒族和布農族的聖山；雪山代表賽夏族和泰雅族的聖山；秀姑巒山代表布農族的聖山；南湖大山代表泰雅族的聖山；北大武山代表排灣族、魯凱族以及卑南族的聖山。

玉山群峰十餘座，十七世紀時，鄭經曾遣人探險玉山，卻未曾登頂。一八七四年沈葆楨奏調來臺，負責中路林圮埔（今南投縣竹山鎮）到璞石閣（今花蓮縣玉里鎮）開山撫番，臺灣鎮總兵吳光亮主持修築三條從西部通往後山道路的「中路」，進入玉山山區，也就是現在的八通關古道。[1]

玉山北稜為臺灣最長河川濁水溪的支流源頭，中部還有大甲溪、烏溪、大安溪、北港溪、八掌溪。由於最大分水嶺中央山脈分布位置偏東，主要河川大多分布在臺灣西半部。

臺灣山高陡峭，夏季颱風時節洪水滔滔，冬季則水量不足，剩下河床上礫石灘地。中部河川有舟楫之力者不多，多數為荒溪型河川。面對荒山峻嶺，先民喜歡居住在海岸及盆地地帶。仰望玉山雲峰高聳，不免對於大自然產生讚嘆之意。

《全臺詩選》中詠玉山的詩高達二十多首[2]，很多詩人都是遠望玉山，不見得親臨，更無攀登。玉山是一塊沒有經過雕鑿的美玉，天地間的祕寶，詩人暫且收藏玉山的餘光，隨手放入袖中，靈感來時寫成詩句，收入詩囊。《臺灣詩乘》收錄章甫的〈望玉山歌〉，談到臺灣山海的地理和地貌。「天蒼蒼，海茫茫。武巒後，沙連旁。」章甫寫到大武巒山，位於嘉義縣東北；沙連，也就是水沙連，在南投縣魚池鄉與埔里鄉。玉山在大武巒山的背後，水沙連的旁邊。

「玉山在天不在地，山半隤雲盡下墜。」清朝周長庚的〈玉山〉，渾然天成，寫出山峰縹緲的陰陽之勢。

李逢時的〈玉山限風字七言律〉，「玉山高插天外峰，崩崖斷壁無人蹤。」道出高山連綿不斷，而且山勢陡峭，容易崩塌。

---

1 吳福助、顧敏耀，〈張達修< 大坪頂記 > 考釋〉，《東海大學圖書館館刊》，第54期，2020年，頁59至68。

2 包含了〈玉山〉四首、〈望玉山〉三首、〈玉山歌〉、〈望玉山歌〉、〈玉山曙色〉、〈初旭時見玉山〉、〈玉山積雪〉二首、〈玉山高並兩峰寒〉、〈玉山限風字七言律〉、〈玉山山上望海〉、〈玉山觀日出〉、〈玉山春望，二首之一〉、〈玉山春望，二首之二〉、〈正月初二日望玉山〉、〈喜長子火曜颸母後歸自玉山頂上〉、〈晨興更登高嶺以望玉山萬有餘尺連峰十餘座羅列左右日甫出雲霞四起不能復見〉。題目短則二字，長則一串。

▲ 玉山杜鵑（*Rhododendron pseudochrysanthum*）原生於中央山脈、玉山山脈等海拔1,700公尺到3,800公尺間的山區。（攝影：洪敏智）

▼ 臺灣高山垂直濕地有許多原生種植物。臺灣一葉蘭（*Pleione formosana*）位於海拔700公尺到2,500公尺間的陡峭岩壁上。（攝影：馮振隆）

日治時代《臺灣日日新報》的編輯魏清德，擅長詩、散文、小說等各類文體，寫過玉山兩首詩歌。此外，他在《潤庵吟草》寫出〈喜長子火曜颶母後歸自玉山頂上〉。這首詩談到長子攀登玉山，剛開始還有消息，突然就音訊全無。八通關雲霧縹緲，陳友蘭溪路途異常艱險，遇到颱風來襲，父親心中忐忑，不知所措。父親的憂慮顯現於此詩當中。後來兒子幸從颱風中驚險脫困。

颶風挾雨戰群龍，汝正攀登第一峯。初日行程猶有信，連朝消息忽無蹤。
八通關隘雲千疊，陳有蘭溪路萬重。差喜歸來能出險，笑携岩竹等身筇。

汝正攀登第一峯：垂直濕地的跨國激盪

玉山主峰挺拔高峻，山勢陡峭，冬季時山頂白雪皚皚，玉色璀璨，晶瑩奪目。二〇一八年，國外學者紛紛來到臺灣研究垂直濕地，當他們登上玉山，風貌展現無遺。[3] 從海濱到高山峻嶺，從部落到部落，臺灣呈現精彩的垂直濕地。

垂直濕地最著名的例子是愛爾蘭和英國的氈狀蘚沼，濕地基質由泥炭地組成，遍布整座山脈，孕育著富饒的濕地植物。而臺灣的垂直濕地更為經典。垂直濕地的定義是「**傾斜三十度以上，長時間需要有水流過**」，從最高的山頂到溪谷之間都有可能出現。臺灣四面環海，又有高山地形，很容易形成垂直濕地。

3 2018年在美國國家地理學會贊助下，司馬庫斯調查研究匯聚了林幸助、郭瓊瑩、蔡慧敏、黃榮振、阮忠信、陳永松、許嘉軒、宋國用、拉帕契、歐提、劉正祥與筆者等學者專家和部落長老，進行高山濕地全調查。共完成了6個垂直濕地樣區採樣，包括水質、水溫、土壤濕度、植被種類、葉綠素、坡度、濕度、海拔高度等生物地質化學現象。此次調查計畫是由美國國家地理學會亞洲總監李在哲（Jay Lee）推薦贊助，大家見證了美麗珍貴的國寶原始檜木林。

研究全球垂直濕地的國際濕地科學家學會前會長班・拉帕契（Ben LePage）於二〇一八年登頂玉山。濕地期刊（SCI）總編輯馬里奧斯・歐提（Marinus Otte）說：「我認為當我們談論垂直濕地時，不應該採用發現一詞，因為它很久以前就被發現了，只是通常僅僅被視為溪流。我們打算讓它們被認為是『濕地』，我們可能確實是第一個認識到它們的人。」

「親愛的馬里奧斯和班，是的，我完全同意，因為我們只是檢測了它們，而不是發現了它們。我昨天和兩個孩子一起研究，到宜蘭縣泰雅族的澳花部落。我的孩子好奇地探測滲流（seepage）。我們如果通過對於垂直濕地定義的簡單歸納枚舉（inductive enumeration），可以從本質上深入的理解垂直濕地。」

——筆者寫給馬里奧斯・歐提和班・拉帕契的信，二〇一八年

水的移動方式不只經由河川，更包含沿著岩石表面穿越厚厚泥炭和植被而流動的薄層水流，這些地方生長的多為濕地植物，生態系符合濕地的定義。（攝影：洪敏智）

對於在SCI已經發表好幾百篇的濕地專家來說，他們關心的絕非作品能否刊登或發表，而是「科學」能不能更上層樓。（攝影：方偉達）

馬里奧斯・歐提（Marinus Otte）（右）說：「我們不可能發現垂直濕地，而是認識。」歐提的態度非常嚴謹。班・拉帕契（Ben LePage）說：「是的，被發現（discovered）是一個強有力的詞。我們可以使用像是識別（recognized and identified）的單詞。」在泉水豐沛和濕潤的季節，歐提看到司馬庫斯孕育出鮮嫩欲滴的火炭母草（*Persicaria chinense* L.）。（攝影：方偉達）

2018年，筆者與許嘉軒、拉帕契、歐提、陳永松等人到了司馬庫斯，進行垂直濕地採樣。（攝影：方偉達）

二〇一八年臺北舉行國際濕地大會，討論「里山濕地」(Satoyama and beyond, Wetlands from uplands to lowlands)。主要從垂直濕地的觀點，以橫向臺灣海峽的西部溪流類古地圖概念加以設計。

「濕地中的水不斷從山區進入沿海地帶，移動方式不只經由河川，更包含沿著岩石表面、穿越厚厚的泥炭和植被而流動的薄層水流。此區域生長的植物大多為濕地植物，也包含許多蕨類和蘚苔……」拉帕契、歐提和筆者共同建構垂直濕地的理解。

> 「水的循環、蒸散、落下、低流、入海；一切宛如國家地理學會電視頻道裡的縮時攝影，循環反覆而不息。這像極了禮拜儀典，上蒼的恩賜，莊嚴而極致。做為非濕地科學家的我，因緣際會偶入濕地大會學術潤澤裡，是興趣的跨界，卻收穫更多的驚豔與究竟。」——桃園市宋屋國小校長桂景星。

受到此次濕地大會召喚，桂景星針對「濕地方舟、里山、水」提出《水方舟》類濕地文本，成為一位國小校長在論述老樹故事的依託。「……樹，本身就是一座方舟，一個綠色類濕地的存有。」[4]

歐提在《愛爾蘭濕地》中對於桂景星的回應是[5]：

「……根據美國對於濕地範圍的定義，這座島嶼就是一座巨型濕地！」此種擴境視野是一種人文素樸。

---

4 Otte, M. L., Fang, W. T., & Jiang, M. 2021. A framework for identifying reference wetland conditions in highly altered landscapes. *Wetlands*, 41, 1-12.

5 Otte, M.L. 2019. *Wetlands of Ireland: Distribution, Ecology, Uses and Economic Value: Distribution, Ecology, Uses and Economic Value*. Univ College Dubli.

司馬庫斯在群山環繞之中（攝影：方偉達）

筆者司馬庫斯調查中的研究討論
（攝影：阮忠信）

建構濕地生態資訊

濕地生態資訊包含棲地體系、島嶼體系、森林體系、河域體系所傳達的訊息，甚至自然和人文交互作用下的結構功能體，都可以稱為生態系統資訊的一環。這涉及物種結構、功能之間的相互作用，以及時間序列資訊關係。

在大數據時代，環境資訊研究應重視研究尺度、功能、復育及價值澄清。生態資訊管理最重要的目的，是採用大數據資訊進行計算，以了解生態系統的服務功能。

我們應該依據生態資訊，進行彙整、分析、評估，並且進行生態管理，加強改善環境的物種、棲地及生態健康狀態。而考慮景觀與生態環境之間的交互作用，應強化生態資訊流通機制，建構環境正向循環回饋的功能。

此外，依據海洋和陸地分析水分、養分、土壤、有機質、繁殖體的進出與流動，使在進行生態資訊計算之計畫中，順應景觀過程，透過目標管理以完成策略。這就是科學家研究與學習垂直濕地所得來的經驗。

▶ 寶山水庫的上游上坪溪山系（攝影：方偉達）

◀ 從山徑到馬路，夜觀兩棲類，可聽到面天樹蛙和澤蛙的聲音。這是盤古蟾蜍。（攝影：方偉達）

探索垂直濕地

二〇一八年國際濕地科學家學會前會長拉帕契重訪臺灣，這次從上坪溪開始。在泉水豐沛和濕潤的季節，淺山濕地從垂直山壁滲出的微量元素，孕育出鮮嫩欲滴的秋海棠、火炭母草（*Persicaria chinense* L.）等植物，在苔蘚跟蕨類土壤中滲出的水，有碳、磷、氮化學物質的循環。

科學家們在司馬庫斯瀑布的上方，從一四〇〇公尺到一六五〇公尺，都發現了火炭母草。這破除了丘陵和平地植物的假象，重新建構垂直濕地的概念，李在哲居功厥偉。[6]

此外，需要正視的是，環境的汙染來源如何透過涓涓滴流，進入到上坪溪，並且流入寶山水庫。

此處是「護國神山」科學園區，然而涓涓水流才是臺灣的「護國聖母」。沒有水，就沒有臺灣豐富的生態。沒有垂直濕地，建立不了豐富的自然環境跟人文特色。

---

6 國家地理學會亞洲區總監李在哲（Jay Lee）2023年因心肌梗塞突然離世，享年55歲。他曾經在麻省理工學院的媒體實驗室工作，重新建構垂直濕地的概念；補助臺灣各界濕地研究，很多學者皆受惠於他。對於他的離世，筆者深感悲傷與惋惜。

工業革命之後，暖化效應浮現。人口成長、資源短缺、廢棄物汙染、文化規範和價值改變、食物水源與能源安全問題、永續議題等，充斥地球社會。二〇九九年，科學研究估計暖化效應會讓九十公尺高的格陵蘭和南極冰山溶解。拉帕契以舊金山灣為例，如果格陵蘭冰山溶解，海平面上升二公尺是可能的。

海平面上升，將造成淡水短缺，影響營養鹽和水文循環。拉帕契認為百分之七一的濕地將消失，影響生態系統。二〇六〇年全球若有九十七億人口，一天需二百兆加侖用水；而聯合國認為在二〇五〇年，全球約有五十億人無法取得充分的水資源。如果沒有基礎能源，如水、能源、食物，地球命運將會如何？

從全球能源的儲存量來看，拉帕契認為火力、風力、潮汐流、太陽能的技術，都有其限制。此外，因缺水和海平面上升，到了二〇五〇年可能有超過二億人口被迫離開原居地：「強化水資源規劃設計和管理，營造人工濕地、雨水花園、人工浮島、屋頂農園、垂直人工濕地等設計，運用濕地生產食物，改善地表微氣候，是時候了。」

近幾年，科學家不斷在國家公園探索垂直濕地的奧祕，國家公園之外的土地亦是研究重點。寶山水庫上游的上坪溪，夜間可聽到山羌的叫聲，像是小狗，不斷低鳴，同行者也聽到野狗圍獵山羌的聲音。這不禁令我想到，整個生態體系彷彿是一種「圍獵」，同溫層在封閉的世界中相互取暖，互通訊息。然而流浪犬不斷攻擊山羌，就像是寒冬中的狩獵者和被獵者。寒夜中驚恐的嘶喊聲，增加了冷夜嗜血的血腥味。

日月潭位於南投縣魚池鄉日月村，是臺灣本島面積第二大的湖泊，僅次於曾文水庫，同時是第一大的天然淡水湖泊。平均水面海拔約748公尺，面積約8平方公里，兼水力發電水庫和休閒遊憩的功能。（攝影：方偉達）

2 雁渡寒潭雲留影：美麗的日月潭

玉山山脈和阿里山山脈之間的山脊斷裂陷落，積水形成了日月潭這片美麗的湖。

山脊遭到擠壓陷落，不一定會造成湖泊，也有可能造成盆地。在臺灣中部濁水溪與北港溪之間的雪山山脈中，有五個在山間形成的盆地，分別是埔里盆地、魚池盆地、日月潭、頭社盆地和統櫃盆地。山脈隆起時，旁邊的地表相對被拉張開來，裂開之後向下沉陷，形成四周高、中央低的盆地地形。

玉山山脈斷層很多，北起南投縣濁水溪南岸，南抵高雄市的十八羅漢山附近，其東西兩側各有一條構造線，分別與中央山脈和阿里山山脈相鄰。玉山岩層地質年代涵蓋了從中新世到古生代晚期的不同地質岩層，主要由沉積岩組成。阿里山山脈位於玉山山脈的西方，兩者隔著楠梓仙溪遙相呼應。相對於玉山，阿里山山脈的岩層則大多是地質年代較年輕的砂岩、頁岩、砂頁岩所組成。

有地質學家根據地質年代連續的特性，以及

兩條山脈間多條大斷層的證據推論，認為阿里山山脈原本位於玉山山脈之上，後來因為板塊強烈擠壓，玉山山脈向上抬升，阿里山山脈遭到推擠，被拉張開來而斷裂。較年輕的岩層往西滑動，形成了阿里山山脈；較老的岩層則繼續向上抬升，形成了玉山山脈。這兩座山脈之間的地質運動和斷裂，共同塑造了臺灣的湖泊盆地地形，在斷裂凹陷之處，形成了日月潭。

過去的埔里盆地、魚池盆地、頭社盆地、統櫃盆地，也有可能會在積水之後，形成湖泊濕地，然而此四處盆地已經受到河川切割而使湖水宣洩，盆地地形逐漸因為淤積，形成陸化。

日月潭之名

日月潭之名最早出現於一八二一年臺灣府北路理番同知鄧傳安所著《蠡測彙抄》第二篇〈水沙連紀程〉一文：「過水裡社，望見日月潭中之珠仔山；藍鹿洲東徵集所紀之水沙連即此。」

為維持日月潭豐富資源，建造「浮嶼」(floating islands)，又叫草坡，上面竹筏載土，種植水生植物。其下繁殖魚類，提供魚蝦產卵繁殖，這是人工浮島的由來。現在潭面可以看到很多野薑花跟水生植物。(攝影：方偉達)

第十一篇〈遊水裡社記〉提到日月潭：「其水不知何來，瀦而為潭，長幾十里，闊三之一。水分丹、碧二色，故名日月潭。」邵族人自古稱珠仔山為拉魯(Lalu)，拉魯一詞有「心中聖山」之意。一八三六年定稿的《彰化縣志》卷一：「潭水兩邊，分為二色，故名日月潭。」

日月潭以湖中心的拉魯島為界，北半部較為寬大，形如日輪，稱為日潭；南半部狹長，狀似月鉤，稱為月潭。日月潭又稱為明潭，最早由兩座獨立的湖泊組成，後來因為水力發電的需要，在下游修築了水壩，當水位抬升之後湖泊就連為一體。面積約八平方公里，平均水深四十公尺，最深的水位可達七十公尺。湖光山色，暮鼓晨鐘，氣象萬千。

日月潭的水源來自濁水溪支流栗棲溪，經過水力發電之後，由武界壩引濁水溪的溪水，以及利用栗棲壩導引栗棲溪溪水，經過武界隧道與新武界隧道兩座引水隧道，注入日月潭。一九三二年日治時期利用日月潭興建水利發電，一九三四年完成。

這些盆地中亦有濕地環境形成，例如頭社盆地有一大片面積廣達五十公頃、深達數十公尺的泥炭土濕地，在泥炭地層中飽含水體，擁有「活盆地」的美名。頭社盆地特殊的泥炭土地質養活了許多生物，包括河蚌、高體鰟鮍、臺灣石魪、臺灣馬口魚、鯽魚、七星鱧、羅漢魚、青鱂魚、條紋二鬚鲃，以及螢火蟲、蜻蜓、豆娘、蛙類、甲蟲、竹節蟲、螳螂、鳥類等，還有許多珍貴的水社柳，自然生態資源非常豐富。

日月潭中，有「浮嶼」(floating islands)的建造，除了提供魚蝦繁殖，更有淨化水質功能；此外，還可以防止池岸土堤沖刷。日月潭水生植物有滿江紅、過長沙、水丁香、穗花山奈等。常見魚類有鰱魚、鯁魚、鯉魚、吳郭魚。早期日月潭還有曲腰魚和奇力魚，極具代表性。

日月潭的《行旅》與食物記憶

從朝霧碼頭遠眺水社大山，這裡的形式與景觀頗似堪輿學上的「九龍朝案」。日月潭有龍湖之名，周遭以龍為名的地名，包括崙龍嶺、青龍山、二龍等。由於是中潭公路進入日月潭的門戶，因此亦得名九龍口。

水社大山海拔二〇五九公尺，有人工杉木林和竹林，滿山杜鵑花開。青龍山、二龍山連脈而成，上有玄光寺、玄奘寺和慈恩塔，高度約海拔一千公尺，青山綠水，美景如畫。

向陽的《行旅》（二〇二三年）在日月潭文學步道上。[7] 詩人向陽關注本土，細細描摹雙足所踏之地。《行旅》以清新質樸的文字，刻劃土地與人文之美；更以地景入詩，不只以詩探觸空間，也發掘時間紋路與人間悲喜。是對自然最真誠的禮讚。

《行旅》寫出人間的尋找與遇見。在日月潭的步道上，或許可以給在這停佇休息的旅人一些希望——在不斷的尋找、左右交困的路口，終於遇見一輪明月。（攝影：方偉達）

7　向陽本名林淇瀁，南投縣鹿谷鄉廣興村人。2008年筆者以《生態瞬間》進入文化界，當時經過向陽評審通過，得到行政院新聞局金鼎獎。

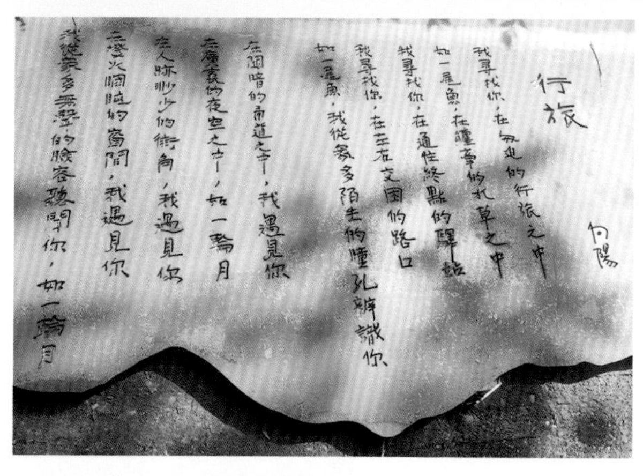

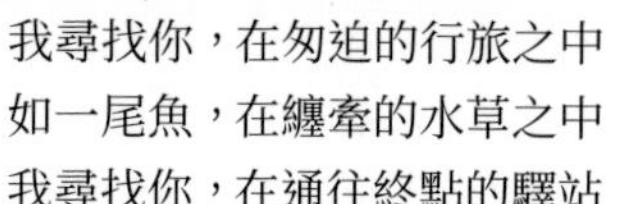

我尋找你，在匆迫的行旅之中
如一尾魚，在纏牽的水草之中
我尋找你，在通往終點的驛站
我尋找你，在左右交困的路口
如一尾魚，我從眾多陌生的瞳孔辨識你……

——向陽《行旅》

（攝影：方偉達）

日月潭的日月行館、涵碧樓、教師會館都是湖岸知名旅店，可以俯瞰人工浮島。（攝影：方承舜）

日月潭「涵碧半島」位於水社和北旦中間，網開形狀，又稱為「手網地」。上面有涵碧樓、梅荷園、耶穌堂、教師會館、日月行館。整個水社，一覽無遺。

食物總能引起人類味蕾的某種驚奇。邵族的「麓司岸」是五星級主廚的作品，可感受到地方的一股「韌性」。「作品」就是一種「任性」，或是說「韌性」。不論是寫作「作品」，或是烹調「作品」。「麓司岸」食材中的吳郭魚又名尼羅魚的創意、竹筒飯的擺盤看到蓮霧的裝飾、香蕉烹飪的包裹，以及蔥蛋擺盤，搭配刺蔥的湯品料理等，與五星級的作品不遑多讓。透出一種「年節」歲時祭儀的懷念滋味。

▲ 簡單的食物包裝，總能引起人類味蕾的某種驚喜。

（攝影：方偉達）

▼ 鄒族「麓司岸」食材中的吳郭魚，又名尼羅魚的創意。

（攝影：方偉達）

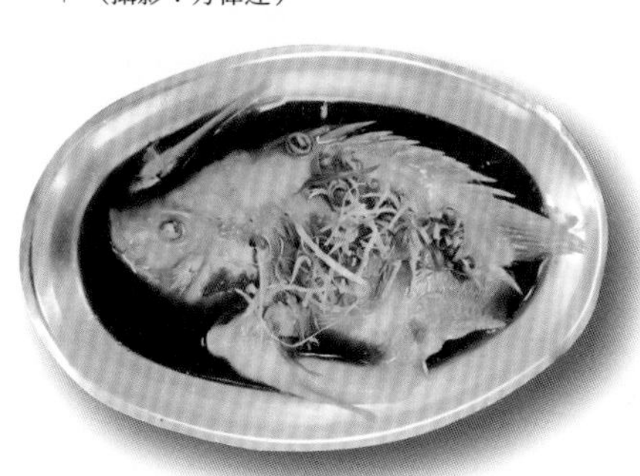

長髮精怪魚姬的傳說

世界各國都有美人魚的傳說，邵族人也不例外。邵族人是追逐山鹿的民族，過去曾住在阿里山西麓。邵族的美人魚稱為達克拉哈魚姬（Takrahaz），是居住在日月潭中的精靈，曾經為了守護日月潭而與邵族發生衝突。魚姬是人頭上身，但下半身如魚。名為達克拉哈的人魚，黑髮可以長至胸前或背後，類似美人魚。

達克拉哈無憂無慮住在日月潭，以潭中的生物為食。根據傳說，邵族人經常看到長髮精怪在潭水隆起的石頭上晒太陽、梳理頭髮。傳說邵族人在日月潭捕魚時，因為過度捕撈，激怒長髮魚姬，雙方激戰三天三夜，最後和平收場。

3 江流天地外：氣象萬千的雪霸

雪霸國家公園境內擁有七家灣溪重要濕地。七家灣溪位於大甲溪上游，海拔一千五百公尺，包括桃山西溪與北溪兩支流，面積約七二二一公頃，由於水質清澈，水溫維持在攝氏十六度，成為櫻花鉤吻鮭的棲息地。

櫻花鉤吻鮭

在中部內陸濕地之中，七家灣溪是最重要的溪流濕地。七家灣溪泰雅語為Qyawan，日語為キヤワン(Kiyawan)，聽起來像是七家灣。

國寶魚櫻花鉤吻鮭是冰河時期孑遺生物，屬於洄游性魚類，目前只有大甲溪支流七家灣溪才有，此處是全球鮭魚分布南限。[8]沿著大甲溪與七家灣溪，環繞志佳陽大山，東北側隔著七家灣溪支流可與雪山東峰稜線對望。

泰雅族在大甲溪上游谷地定居之後，環山部落以溪中盛產櫻花鉤吻鮭，而成為泰雅族最重要的聚落之一。環山部落舊名Sqoyaw，即志佳揚社，在日本統治時期稱為「新社」。Sqoyaw或譯為斯卡瑤，是泰雅族群的一支。這裡位在和平區的有勝溪、依卡灣溪、大甲溪的匯流處，過去是臺灣八景秀巒之一，上源七家灣溪就是櫻花鉤吻鮭的發源之地。

鄭守讓（一九二〇年—二〇一〇年）從一九七二年開始針對櫻花鉤吻鮭的生態進行長期調查，一九八五年展開復育。他剛開始由六尾進行復育，陸續累計野放兩千

▶ 目前只有大甲溪的支流七家灣溪才有臺灣的櫻花鉤吻鮭，此處是全球鮭魚分布南限。（攝影：方偉達）

▲ 櫻花鉤吻鮭（攝影：方偉達）

8 林幸助、徐崇斌、葉昭憲、官文惠、彭宗仁、高樹基、蔡尚悳、郭美華、楊正澤、葉文斌、吳聲海、曾晴賢、孫元勳、邵廣昭，〈武陵溪流生態系長期生態研究與生態模式建構〉，《國立臺灣博物館學刊》，第62卷第3期，2009年，頁61至74。

尾；之後亦有復育香魚。鄭守讓當時留學日本，日本明仁天皇是他的學弟。明仁天皇知道鄭守讓在臺灣復育香魚，先後兩次派人送了四百萬顆魚卵給他。

中村俊六是近代臺灣魚道建設的啟蒙教授，許多成功的魚道，例如大甲溪馬鞍壩、頭前溪隆恩堰、大漢溪中庄堰，都是他和魚類學者曾晴賢的代表之作。中村俊六認為，魚道不能落差過大，要考量魚的跳躍能力；流速也不能過於湍急，必須讓魚擁有休息的空間。此外，水鳥會在魚道中掠食魚隻，因此魚道水深至少三十五公分以上，魚類才會安全。

曾晴賢執行了三十年的溪流監測，認為要讓櫻花鉤吻鮭野生動物保護區的棲息空間更為完整，要

環山部落位在梨山大甲溪上游，四周受到南湖大山、雪山等高山環繞因而得名。部落附近擁有生態豐富的溪流小道——護魚步道，沿著大甲溪而下，沿途會經過三座吊橋，行走其間可發現豐富植物與昆蟲，溪裡則有高山鯝魚及苦花等高山溪魚。（攝影：方偉達）

進入Sqoyaw，在環山部落看到泰雅銀杏。
（攝影：方偉達）

將防砂壩拆除。賀伯颱風之後，七家灣溪河床被砂石淤高將近三公尺，整個族群減少超過三分之一。為了保育櫻花鉤吻鮭，林幸助倡議，二〇一一年拆除七家灣溪一號壩。

經過長期生態監測發現，七家灣溪一號壩下游生態系統結構與功能顯著提升，上下游溪流生態系統服務功能漸趨一致，原遭攔砂壩阻隔的生態廊道終於暢通，加上設置汙水處理設施，以及許多復育人員的努力，國家公園署記錄櫻花鉤吻鮭數量從一開始野外紀錄的二百餘尾成長到一萬八千多尾，達六十倍左右。[9]此顯著成效證實移除不合宜的攔砂壩對於復育溪流生態的重要。

公益信託的復育概念

生態復育需要經費以及土地的支援，才能夠進行。例如，政府補助環山部落封溪護魚巡守的經費，由環山部落協助「苦花」護魚。然而，由於無法長期仰賴政府挹注，仍需藉由民間組織小額捐款或是公益捐款方式持續。

9 內政部國家公園署雪霸國家公園管理處全球資訊網https://www.spnp.gov.tw/News_Content.aspx?n=14470&s=277896，上版日期112年3月16日。

一百多年前，英國開始實施國民信託，目前國民信託基金擁有大約五百三十七萬名會員、超過五萬名志工和一萬名工作人員，已成為歐洲最大的保護機構，復育了二十多萬公頃農田、超過七八〇英里的海岸線，以及超過五百處歷史遺產、花園和自然保護區。將近國土百分之三的農田土地，都交由民間組織國民信託基金（The National Trust）管理，相當於二座玉山國家公園納入民間來管理及經營。

英國、美國、加拿大、日本、巴拿馬等國，都發展出環保信託的理念，推動環境所有權或管理權的信託運動。在亞洲，日本於一九六五年開始了環保信託，首推生物多樣性保護。在臺灣，雖然信託法已經公布，環境部也公布了環境公益信託相關辦法，然而臺灣的公益信託效果不彰。

在全球ESG浪潮下，筆者鼓勵大企業團體成立公益信託基金，仿效先進國家經驗，以民間充沛力量推動環保[10]：

（一）建立生態廊道環保信託案例：拯救物種原生棲地。

（二）推動臺灣環保信託制度：讓地方自治團體，包含原住民部落，承租（借）民間荒野場地保護物種棲地，並委託保育團體來辦理環保信託的經營及管理。

（三）成立環保生態文化館：將當地中小學學校環保工作與國民信託結合，並延伸至成年人的終身學習，結合地方文化館，推動在地環保生態文化。

（四）成立信託生態交流模式：促進原生動物保育和原生棲地的復育，促進生態旅遊和有機耕作的休閒農業，補充外地遊客的環保心靈及智慧成長能量，並讓環保及生態教育有充裕的資金可以運用，有利環境永續的發展。

（五）營造地方生態旅遊意象：運用傳統生態工程，形塑及美化當地景觀，並且做為溪流生態工程典範。

10 方偉達、趙淑德，〈濕地公益信託及補償銀行機制之建立〉，《土地問題研究季刊》，第6卷第4期，2007年，頁2至12。

倫敦濕地中心（資料來源：©Wetland_Centre_Lagoon orginal uploader was Will Green via Wikimedia Commons）

訪客中心入口（資料來源：©by Diliff via Wikimedia Commons）

園區內的蓑羽鶴
（資料來源：©by Radek Ostojski via Wikimedia Commons）

英國倫敦的濕地中心（Wetland Center）是位於市中心西南方的一地荒野，原為泰晤士河自來水公司（Barn Elms）水庫，因時代變遷，該水庫失去功能，於是自來水公司釋出成為信託保育地，改為濕地，做為環境教育之用。2005年5月，改建為濕地中心，信託給1946年成立的「野禽與濕地信託」（Wildfowl & Wetlands Trust），此組織為目前世界上最大且活躍的濕地保護組織之一。

倫敦濕地中心有30個深淺大小不一的野生動物棲息地，以及14個模仿世界各地濕地的主題園區。孩子可以在這裡自由奔跑、在解說員的協助下認識親近動物、餵食鳥類、與昆蟲相處，是孩子最喜愛的遊樂園。

多數的濕地屬於自然荒野，但也有人工復育，倫敦濕地中心就是最好的典範，緊密將野生動物與人聚在一起，訴說人類如何倚賴濕地，努力找回古早的智慧和生態。

CHAPTER

I2 滄溟地欲浮——中部平原、溪流與海岸

臺灣中部地區地形，主要分為東側丘陵及高山地區、中間盆地平原區以及西側海岸區。

中部山脈形成的時間始於約四百萬年前，中臺灣有三個斷層，由老而年輕依序是雙冬斷層、車籠埔斷層、彰化斷層。雙冬斷層與車籠埔斷層之間的丘陵地，大部分屬於頭嵙山層（礫石和砂）。一百萬年前左右 臺中盆地東側的丘陵地，原本是河口沖積扇，約八十萬年前，地殼抬升（逆衝），形成丘陵，靠盆地一側出現的就是九二一大地震的車籠埔逆衝斷層。五十萬年前地殼再次逆衝（彰化斷層），出現八卦山臺地。臺地北邊的陷落盆地，就是現今的臺中盆地，而彰化逆衝斷層靠海一側，形成了彰化平原。

以海岸濕地來說，從北到南有中港溪、後龍溪、大安溪、大甲溪、烏溪（大肚溪）、濁水溪、北港溪等七條經濟部水利署經管的河川。依據流域水資源運用特性，可區分為「中港溪及後龍溪流域」、「大安溪及大甲溪流域」、「烏溪流域」以及「濁水溪流域」等四大流域分區。海岸濕地是河川的出口，也是當地居民營生的一方天地，承載著欣欣向榮的生態系統服務功能。

清朝統治年間，一六八四年（康熙二十三年）設立諸羅縣，隸屬於臺灣府，其管轄範圍東至

大龜佛山（今嘉義縣鹿草鄉），西至大海，南至新港溪（今鹽水溪）與臺灣縣交界，北至雞籠城（今臺灣北端的基隆市）。

諸羅得名於平埔原住民洪雅族的諸羅山社。一七二一年四月爆發朱一貴事件，之後清廷有感於諸羅地方遼闊，另設彰化縣，縣治為半線社，隸屬於福建布政使司。漢人移民沿著濁水溪和大肚溪下游，向上游方向開墾。施琅的兒子施世榜在二水附近興建水圳，灌溉二水和鹿港的農地，稱為施厝圳或八堡圳。

從北到南的溪流下游，都是沖積平原，容易淤塞。例如鹿港在一七八四年（清乾隆四十九年）由官方設為港口，到了一八三六年（道光十六年）就已經淤沙而堵塞。《彰化縣志》：「彰化港口，以鹿港為正口，然沙汕時常淤塞。」一八三六年，很多小船由北到南，只能停留在五汊港（今臺中市梧棲港，又稱為五汊；現在的臺中港）、大肚尾（今臺中市龍井區；塗葛堀港）、草港（今草港尾；彰化濱海工業區崙尾區，位於「線西水道」）等港澳。

海沙堆積，形成了海岸濕地；河川堆積泥沙則形成灘地海岸。

濁水溪的清晨（攝影：許震唐）

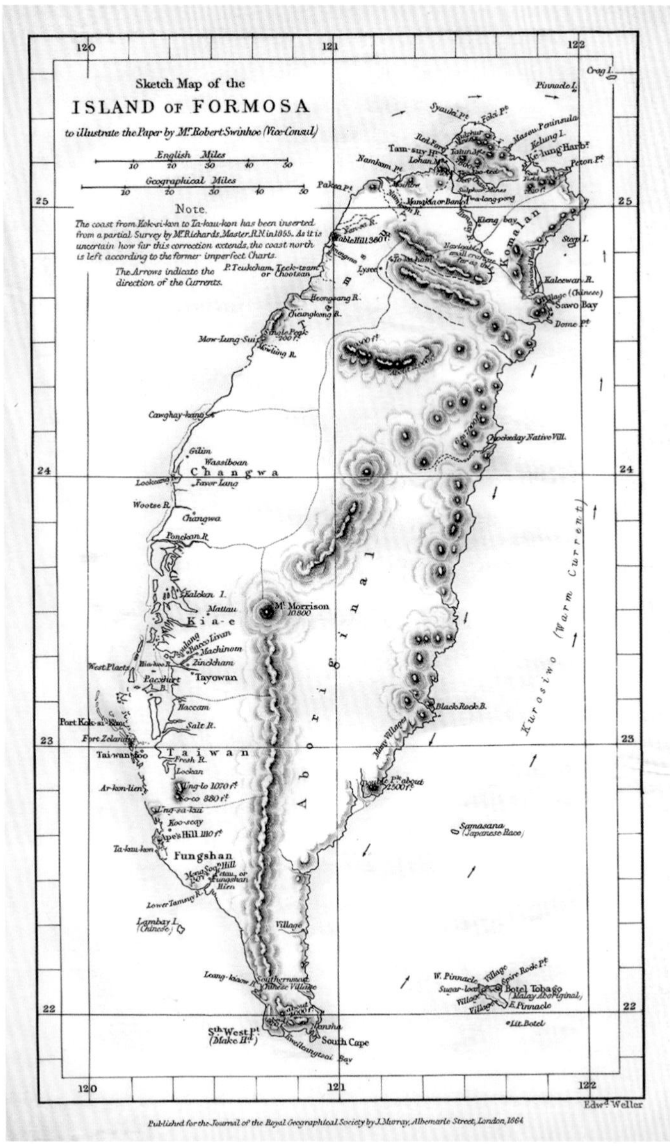

福爾摩沙臺灣島示意圖，1864年（清同治三年）。地圖上可以辨識，臺灣中部鹿港（Lokakang）已經開始淤塞，二林（Gilim）昔時靠近海邊；彰化（Changwa）設立縣治，取代了鹿港。笨港（北港；荷蘭人稱為Poonkan，英國人稱為Ponckan，閩南人發音為Pakan）也開始淤塞。

（資料來源：©Robert Swinhoe; London: Journal of the Royal Geographical Society by J. Murray, 1864. Notes: Map showing the Island of Taiwan. 國立臺灣歷史博物館）

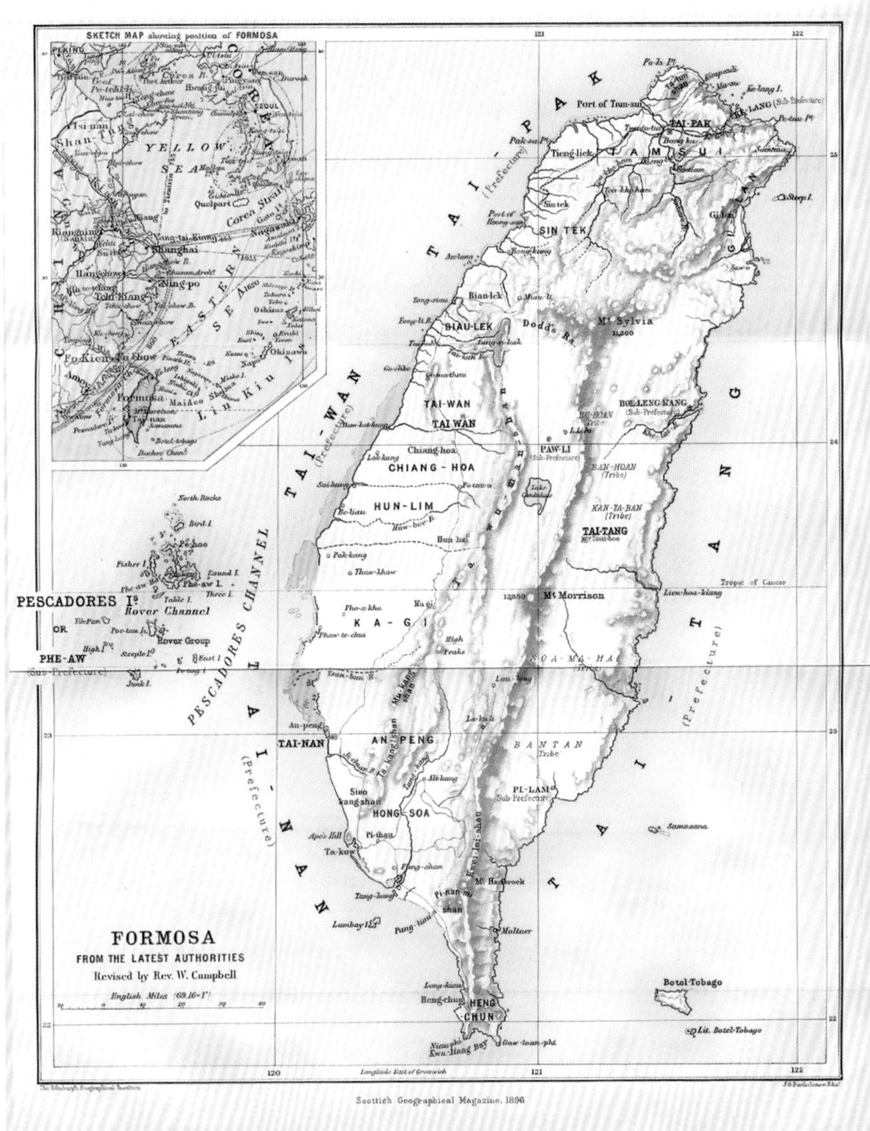

臺灣地圖，1896年。地圖上可以辨識，臺灣中部稱為臺灣府，鹿港（Lokakang）已經變成內陸城市，彰化（Chiang-Hoa）設立縣治，出現雲林（閩南人發音為Hun-Lim）。笨港（北港）已經變成內陸城市，中部沿海都是海岸沙洲。

（資料來源：©Map of Taiwan. Edited by James Geikie and published by The Royal Scottish Geographical Society in the year 1896.https://geikiehistory.blogspot.com/2008/11/map-of-taiwan-by-james-geikie.html, via Wikimedia Commons.）

1 中港溪口的「水中軟黃金」

苗栗縣竹南市曾是閩粵先民拓墾中港溪流域的登陸口，早期發展以中港社仔為基礎，後來發展為竹南市街。出海口的中港溪淤積日盛，因而逐漸轉移發展地區。

中港溪發源於南庄鄉東南端的鹿場大山，河長五十四公里，流域面積四四五平方公里，平均流量每秒十五立方公尺，因為流速較緩，擁有臺灣纓口鰍、臺灣間爬岩鰍、臺灣鏟頜魚、臺灣馬口魚等臺灣特有種魚類。

鱸鰻為保育類，苗栗縣政府在中港溪上游東河溪及南河溪，實施水產動植物資源保護措施，每年十一月到隔年二月才開放漁民到中港溪口捕捉鰻魚苗，以禁魚、護魚的方式恢復鰻苗生態豐富的風貌。鰻魚苗俗稱「水中軟黃金」[11]，苗栗沿岸中

漁民於中港溪口捕撈「水中軟黃金」——鰻魚苗（攝影：方偉達）

---

11 陸秉能，〈鰻鱺的資源保護〉，《野生動物》，21卷第5期，2000年，頁5。

港溪出海口，漁民會使用高架網或定置網，隨著海水漲退潮漂游，捕撈鰻魚苗。鰻苗細長全身透明，因此稱為「玻璃鰻」，或是「鰻線」。

臺灣的鰻苗主要來自本土生產的頭期苗，這些鰻苗生長快、不必越冬、養殖成本低，深得日本養鰻業者的青睞。養殖半年後，鱸鰻就可長到上市體型，正好趕上日本的鰻魚節。為了確保臺灣養鰻業永續發展，需要留住本土生產的頭期苗，並防止鰻苗非法走私出口。

2 後龍溪的陂圳

後龍溪位於苗栗縣中南部，河長約五十八公里，流域面積約五三六平方公里，平均流量每秒約二十八立方公尺。早期平埔族道卡斯社散居流域，稱為阿蘭，《裨海紀遊》〈番境補遺〉稱「阿蘭番近斗尾龍岸，狀貌亦相似」。清朝改稱後壠，到了日本時代，去掉土字旁，取同音後龍，沿用到現在。

後龍溪流經苗栗河谷平原，土壤肥沃，然而丘陵

漁民使用高架網或定置網，隨著海水漲退漂游，捕撈鰻魚苗。(攝影：馮振隆)

水源不足。一七五五年，苗栗、西山等六鄉農民投資興建龜山大陂圳，之後陸續興建穿龍圳及後龍圳等，進行農業灌溉。農業區包括現在的苗栗縣公館鄉、苗栗市、頭屋鄉、造橋鄉和後龍鎮稻米農產地區。

3 大安溪泰雅族的「斗尾龍岸」

大安溪發源於雪山山脈的雪山主峰，位於苗栗縣南部及臺中市北部，河長約九十五公里，流域面積約七五八平方公里，平均流量每秒約四十九立方公尺。大安溪是苗栗縣、臺中市之交界，為南北氣候的分水嶺，有「南邊太陽北邊雨」的稱呼。自古大安溪居住泰雅人，自稱為Liyung-Painux部落，意為「洶湧的溪流」。清朝政府命名為「北勢群」，有別於大甲溪之「南勢群」。

大安溪沿線共有十三處泰雅北勢群部落。後來漢人移居大安溪（Tarr-an），取名源自於明鄭時代的斗尾龍岸番（Tarranogan）領地，斗尾龍岸番以閩南語發音正名為「大安溪的男人」。

4 大甲溪口的美麗與哀愁

根據《諸羅縣志》記載，臺灣中部大安、大甲、大肚三條溪流，歷來皆以河川湍急的險灘著稱。大安溪面較狹，河速較快；大肚溪水勢較為平緩，溪面遼闊，流量最大。三條溪中，大甲溪同時擁有大肚溪溪面遼闊，大安溪水流湍急的特性。

大甲溪水中巨石磊磊，多青苔，難以涉溪而過。溪口離出海口很近，每到颱風季節，溪水暴漲，讓人望而卻步。一六九七年（康熙三十六年）郁永河過大甲溪，靠著原住民幫忙抬行李，推著牛車，才勉強渡過。

清朝阮蔡文擔任臺灣北路營參將（臺南以北最高軍事將領），他在一七一五年來到大甲溪，巡邏沿海崗哨，才任職一年就返回中國大陸。阮蔡文目睹大甲溪水流湍急，礫石遍布，想到溪中溺斃冤魂，當場寫下〈大甲溪〉一詩，收錄在《全臺詩》第壹冊。

崩山萬壑爭流瀹，溪石團團馬蹄縶。
大者如鼓小如拳，溪面誰填遮疏密。
水挾沙流石動移，大石小石盪摩澀。
海風橫刮入溪寒，故縱溪流作鬐鬣。
水方沒脛已難行，水至攔腰命呼吸。
夏秋之間勢益狂，瀰漫五里無舟楫。
往來溺此不知誰，征魂夜夜溪旁泣。
山崩巖壑深復深，此中定有蛟龍蟄。

大甲溪發源於南湖大山東峰，河長約一四〇公里，流域面積約一二三五平方公里，平均流量每秒約四十立方公尺，流經臺中市、南投縣、宜蘭縣。

下游名稱來自道卡斯族的閩南語音譯Taokas，泰雅族人居住上游，稱為Llyung Tmali，沿岸有Slamaw（斯拉茂，今梨山）、Tabok（松茂）、Kayo（佳陽）、Sqoyaw（志佳陽，今環山）、Qyawan（給拉萬，今七家灣）等部落。

泰雅族人的祖先原來住在Llyung Bnaqiy（今北港溪上游），後來向北翻越分水嶺Hakul（白狗、福骨；位於今臺中市和平區梨山里與南投縣仁愛鄉發祥村的交界），向外擴散。有一支泰雅族人進入大甲溪谷上游，翻越了蘭陽溪的分水嶺Quri Sqabu（今思源埡口），往北遷徙、翻越雪山山脈（途經羅葉尾山、桃山、新達、大霸尖山等地），散布到桃園、新竹、苗栗、臺北等地區，成為卡奧灣群；往東遷徙的一支翻越中央山脈南湖山群，擴散到南澳等地區，是為南澳群；往東北遷徙的一支，散布到蘭陽溪流域各部落，成為溪頭群。

根據考古記載，大甲溪上游的七家灣遺址，距今已經有四千三百年歷史，屬於繩紋紅陶文化；但是這一批原住民在二千多年前突然銷聲匿跡。到了一千二百年，又有另一批原住民族群在此定居，直至距今約四百年前，屬於金屬器文化。這一族群以農耕為主要的生活方式，使用石鋤耕作，採用矢箭打獵，也會用石製網墜捕魚，撈捕國寶魚「櫻花鉤吻鮭」食用。

原住民族狩獵的想像

臺灣的原住民族屬於南島民族，基於傳統狩獵生態知識與社會規範中的內涵，形塑出生態和諧平衡的樣貌，以學習在自然界中競爭與生存的規則。

原住民族過去曾是這座島嶼的主人，揆諸臺灣近代歷史，對於原住民來說，是一段傷痛的族群記憶；他們的身分由主人變成客人，從荷蘭時代（一六二四—一六六二）、明鄭時代（一六六一—一六八三）、清代（一六八三—一八九五）、日治

▶ 手工彩繪版畫之福爾摩沙人（資料來源：國立臺灣歷史博物館典藏）

◀ 原住民以狩獵鹿和耕田為生（資料來源：©清《番社采風圖》, via Wikimedia Commons.）

（一八九五—一九四五）到民國（一九四五—），新的社會制度與遊戲規則讓原住民措手不及，他們由自主變為弱勢，甚至不斷遷徙。[12]

再者，平地強勢的資本主義與市場經濟主流生活方式不斷入侵，導致部落人口急遽外流，原鄉價值系統崩解、母語消失，也使得傳統社會制度解體。隨著年老的獵人逐漸凋零，傳統生態知識和文化留下來的機會也將會越來越少。

原住民族狩獵行為的泛神靈信仰和禁忌中，具有傳統約束機制，能降低狩獵對於野生動物族群的壓力。由於過去他們多居住高山地區，農事生產在崎嶇的地形中較為困難，也沒有豢養家畜

---

12 Song, K. S., LePage, B. A., & Fang, W. T. 2023. The conflict between environmental justice and culture. *AlterNative: An International Journal of Indigenous Peoples*, 19(1), 197-203

的習慣，生活中攝取的肉類食物，舉凡像是山豬、飛鼠、山羌等，大多都靠狩獵而得來。因此，發展出一套族群特有而長久流傳下來的狩獵文化。

一九八〇年起，居住於山地部落的原住民耆老和學者開始合作，累積學術上的田野經驗，以保存、留下珍貴的原住民文化習俗。在學術界，許多生態知識和山林守護研究，常見原住民傳統獵場以及關於狩獵活動的泛靈信仰和禁忌等論述。原住民族有各自的傳統生活規範，包括生活中的知識、社會網絡、習慣、禁忌與神靈信仰等一切總和。[13]

筆者多次上山觀察，在狩獵中，原住民族使用求生技巧，進行環境變化判斷，承載著科學技術，係身為原民男子的榮譽與生存能力的展現。[14] 透過對山林知識的學習歷程，也讓族人了解自身在自然界中的位置。在獵人訓練中，沒有特定的教育形式，多是由生活過程累積戶外知識，再經由家族長輩傳授代代祖先的信仰與經驗，透過環境變動與操作過程，融合形成個體的新世界觀。近代原住民更將價值觀與科學融合累進，形成部落集體智慧。

值得探討的是，原住民社會維持與自然互動的平衡，究竟是因為受到傳統生態知識與規範的影響；還是因為過去部落的生活與狩獵模式對於生態環境壓力較小，而讓臺灣山林環境的生態長久保持完整的狀態？此外，原住民在山林採集與狩獵活動，是否破壞動植物的保育？或仍可保有生態系統的韌性平衡？

上述疑問需要更多分析，以及更多對於傳統原住民與環境之間關係的理解。國家公園開放原住民族狩獵之後，以上皆是重要議題。

13 Song, K. S., LePage, B., & Fang, W. T. 2021. Managing water and wetlands based on the Tayal' s interpretation of Utux and Gaga. *Wetlands*, 41, 1-20.

14 Fang, W. T., Hu, H. W., & Lee, C. S. 2016. Atayal' s identification of sustainability: traditional ecological knowledge and indigenous science of a hunting culture. *Sustainability Science*, 11, 33-43.

5 高美濕地

依據《彰化縣志》記載，高美原稱「篙密」，因為這一地區的海灘深度，能將撐船的竹竿整支吞沒，而在臺語發音上，「篙」與「竹竿」的「竿」發音相同，「密」則有淹沒的意思，故稱篙密。高美於清朝稱為「高密」，當時是一個小港，之後大甲溪出海口逐漸淤砂。日本時期設立高美海水浴場，興建學校，昭和巴士載著遊客在高美路來回馳騁。

一九六七年建造了「高美燈塔」，高美海水浴場的遊客量達到巔峰。一九七六年十月臺中港正式完工啟用，海水浴場泥沙日漸淤積，遊客稀少，終告關閉。海水浴場因為大甲溪出海口日積月累不斷淤沙，形成一片泥灘地，如今成為動植物

高美濕地擁有豐富的生態資源，包括雲林莞草、大安水蓑衣等稀有植物。靠岸邊顏色較淺，一叢一叢的植被，是外來種互花米草。（攝影：方偉達）

棲息的環境，國際鳥類聯盟（BirdLife International）列為全臺灣五十二處重要野鳥棲息地之一，二〇〇四年《野生動物保育法》公告為野生動物保護區，面積廣達七百公頃。

這片由大甲溪淡水注水，潮汐交替的海岸濕地保護區，分為核心區和緩衝區，核心區僅限當地漁民進入捕魚，緩衝區需申請才能進入。豐富的生態資源包括雲林莞草、大安水蓑衣等稀有植物，以及多種鳥類、蟹類、魚類等。高美濕地棲息的鳥類多達一二〇種，是非常重要的生態保育區。

高美濕地旁的風機（攝影：方偉達）

雲林莞草與互花米草的演替

每年十月，當雲林莞草（*Bolboschoenus planiculmis*）地上部慢慢枯萎，高美濕地前緣就彷彿變成光灘，似乎不見雲林莞草的蹤跡。互花米草（*Sporobolus alterniflorus*）屬於禾本科，與蘆葦一樣，都是一年生的植物，在冬季十月會枯萎，等到春季發芽重生。

互花米草是原生於北美洲的鹽沼濕地植物，其棲地空間強於原屬莎草科藨草屬的雲林莞草。高美濕地原屬雲林莞草的棲地，被互花米草入侵後，雲林莞草被迫往海的方向固灘造陸[15]，又衍生出新的棲地；因此，高美濕地演替成為前緣是雲林莞草、後

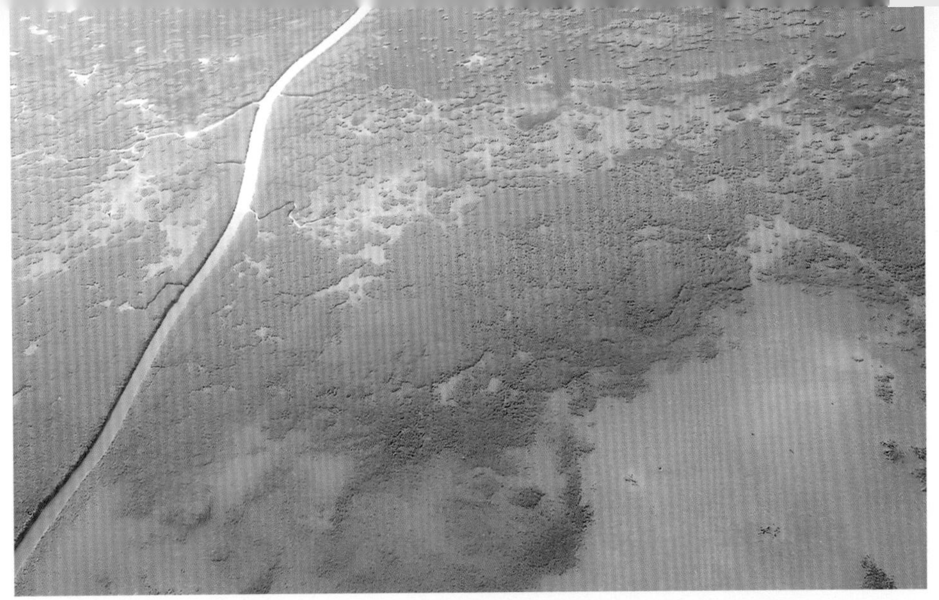

高美濕地的雲林莞草有促淤造陸的能力，使其棲地不斷向海岸線的前緣推進，與互花米草抗衡。（攝影：方偉達）

緣是互花米草，在這二種型態的鹽沼植物種後面，才是不耐鹽的蘆葦。

中山大學楊磊表示，這個現象和美國佛羅里達州的海岸類似，只是該區海岸濕地的前緣是互花米草，後面則是紅樹植物，兩種海岸濕地植物共存，形成特殊的生態系。

楊磊預測雲林莞草應不會消失，反而強化了特殊的海岸濕地生態多樣性，發揮更多的生態服務功能，例如增加碳匯能力。

中國大陸從長江口崇明島以南到廣西沿岸，為了保護原生紅樹林濕地生態系，希望根除互花米草。五十多年過去，互花米草發揮禾本科越砍越發的特性，仍與紅樹林共享這片棲地；而紅樹林也沒有消失，只是棲地面積縮小。當地有生態專家呼籲，讓互花米草成為馴化種，無須再花大錢進行根除。

楊磊說：「我主張雖無須根除互花米草，但可以進行類似於紅樹林疏伐的有效管

15 楊承諭，〈高美濕地雲林莞草生長範圍的影像監測及外移現象的研究〉，國立交通大學土木工程研究所碩士論文，2018年。

控，約束其生長範圍，增強本土鹽沼植物與其競爭能力，才是兼顧保存原鹽沼植物生態系、也讓新移入生態系發揮較高碳匯生態服務功能的做法，這是雙贏策略。」「到了十月，互花米草才開始變黃，尚未枯萎，與蘆葦類似。我想，這是互花米草強勢於屬於蘆草屬的雲林莞草之原因。不過這麼多年來，雲林莞草沒有被互花米草完全吃掉，可與互花米草抗衡。所以理論上，高美濕地面積應有擴大的跡象，這點還需精準量測。」

楊磊認為在治理互花米草上，需要因地制宜，若確認威脅到瀕危的本土弱勢海岸濕地植物，需嚴加管控，並復育該本土種植物。但是如果需要互花米草特殊的生態服務功能，例如促淤固砂、碳匯、提供稀有種生物棲息地，則僅需有效管控。

雲林莞草（圖片來源：©by Chen yi chun, via Wikimedia Commons.）

互花米草（圖片來源：© Wikimedia Commons.）

6 烏溪氾濫

烏溪（大肚溪）發源於南投縣仁愛鄉合歡山西麓，河長約一一九公里，流域面積約二〇二五平方公里，平均流量每秒約一一四立方公尺，主流上游名為北港溪，支流流速急，蜿蜒曲折，常氾濫成災。流經南投縣、臺中市、彰化縣，為臺中市與彰化縣之界河。

傳說中，還沒有開發的烏溪，原是烏鴉成群飛翔的天地，數目眾多，足以蔽日，以致溪水看起來漆黑一片，故名「黑溪」。荷蘭統治時期，荷蘭人因為拍瀑拉族（Papora）大肚社「太陽王」（Keizer van Middag）甘仔轄．阿拉米（Camachat Aslamie）之名，稱其為甘仔轄河（Camachat River; Kamachat River）。

自古彰化沿岸容易積水，烏溪上游基本上都是山地，集水區地勢自東北向西南傾斜，其支流北港溪河川一旦暴漲，山洪爆發倒灌彰化，會沖毀彰化的房屋和農田。

烏溪（大肚溪）是臺中市與彰化縣之界河（攝影：方承舜）

烏溪(大肚溪)出海口南岸有許多漁業養殖，北岸為填海造地的臺中火力發電廠。
(攝影：方偉達)

十七世紀荷蘭人統治之前，平埔族總人口數約有五萬，共分成八族，包括西拉雅族（Siraya）、洪雅族（Hoanya）、巴布薩族（Babuza，又稱貓霧捒族、貓霧族；分布於彰化平原和臺中盆地西緣）、拍宰族（Pazih，又稱巴則海族，今臺中市豐原區、神岡區、后里區）、拍瀑拉族（Papora，分布於今臺中市大肚區、大甲區、沙鹿區、龍井區、梧棲區、南屯區和清水區一帶的海岸平原）、道卡斯族（Taokas）、凱達格蘭族（Ketagalan）、噶瑪蘭族（Kavalan）。

大肚部落聯盟位於中部，傳說只要被大肚社「太陽王」的弓箭射中的土地，地上的農作就會無比富饒、終年莊稼豐收；而沒有射到的土地，則會遍地枯竭、田地荒廢。

大肚部落拍瀑拉族是一種「酋邦」（Chiefdom），統治範圍主要在大肚溪上中下游流域。一六四八年大肚社「太陽王」（Keizer van Middag）是甘仔轄．阿拉米，過世之後由甘仔轄．馬洛（Camacht Maloe）繼任。

一六六二年鄭成功占領臺灣之後得到瘧疾，得年三十八歲。他曾在〈復臺．開闢荊榛逐荷夷〉一詩中描述臺灣濕地滿山遍野叢生灌木的荒蕪情景。鄭成功過世後，全臺約有一五〇座寺廟主祀鄭成功，主要功能為水神，希望庇佑漢族人避開水難，除掉瘟疫。

鄭經接其衣缽治理臺灣。鄭經部將因屯田與大肚部落決戰。一路都是陰暗的沼澤和荊棘之地，以及湍急溪流。落葉堆積很厚，地面濕滑，土壤鬆軟。沼澤中的紅樹林長著水蛭（即螞蝗）。鄭軍通過時，水蛭吸了士兵的人血，士兵們痛苦異常。明鄭部隊強力進攻大肚王國，王國幾乎滅族。最終大肚王國於清雍正年間瓦解。

臺灣原住民族分布簡圖

圖例（依各族人口總數排序）

- 阿美族 Pangcah (Amis)
- 排灣族 Payuan (Paiwan)
- 泰雅族 Tayal (Atayal)
- 布農族 Bunun
- 卑南族 Pinuyumayan (Puyuma)
- 魯凱族 Drekay (Rukai)
- 賽德克族 Seediq
- 鄒族 Cou (Tsou)
- 賽夏族 SaiSiyat
- 雅美族 Yami，達悟族 Tao
- 噶瑪蘭族 Kebalan (Kavalan)
- 撒奇萊雅族 Sakizaya
- 邵族 Thao
- 拉阿魯哇族 Hla'alua (Saaroa)
- 卡那卡那富族 Kanakanavu
- 原住民村里界
- 原住民鄉鎮界
- 縣市界

（資料來源：總統府原住民族歷史正義與轉型正義委員會網站。重製：丸同連合）

臺灣平埔族群八分法地圖

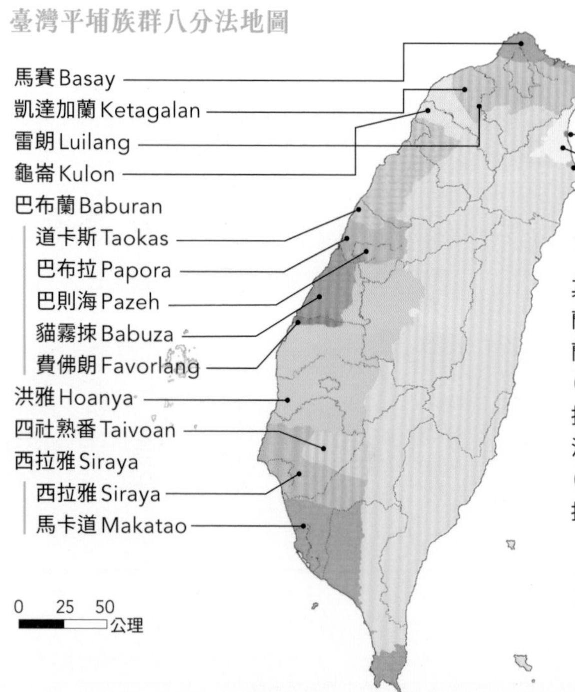

其後作者有更新分類為：噶瑪蘭（Kavalan）、巴賽（凱達格蘭）（Basay (Ketagalan)）、龜崙（Kulon）、道卡斯（Taokas）、巴布拉（Papora）、貓霧捒（Babuza）、洪雅（Hoanya）、巴宰（Pazih）、邵（Thao）、馬卡道（Makatao）、西拉雅（Siraya）、大武壠（Taivoan）。

（資料來源：李壬癸，〈臺灣平埔族的種類及其相互關係分類〉，《宜蘭縣南島民族與語言》，1996年，https://indigenous-justice.president.gov.tw/Page/29。重製：丸同連合）

7 蜿蜒濁水溪

濁水溪古稱螺溪（Lô-khe），發源於南投縣仁愛鄉合歡山的武嶺南坡，是臺灣最長的河流。河長約一八六公里，河口寬度約六公里，流域面積約三一五六平方公里，平均流量約每秒一二二立方公尺，上游為萬大溪、霧社溪，流速湍急，蜿蜒曲折，流經南投縣、彰化縣、雲林縣、嘉義縣；下游為彰化縣和雲林縣之界河，稱為西螺溪，布農族人稱 Danum Qalavang，鄒族人稱 Himeou ci Chumu。

濁水溪因含沙量大而聞名，最高含沙量紀錄是淡水河的十倍，高屏溪的十五倍。每年輸砂量高達三千到六千立方公尺，大量河砂在出海口淤積成廣大灘地。

濁水溪過去飄忽不定，由北往南分別為：

- 東螺溪：當時由北斗經二林，於現今福興鄉與芳苑鄉的界溪漢寶溪出海，是舊濁水溪。

濁水溪的西瓜田（攝影：許震唐）

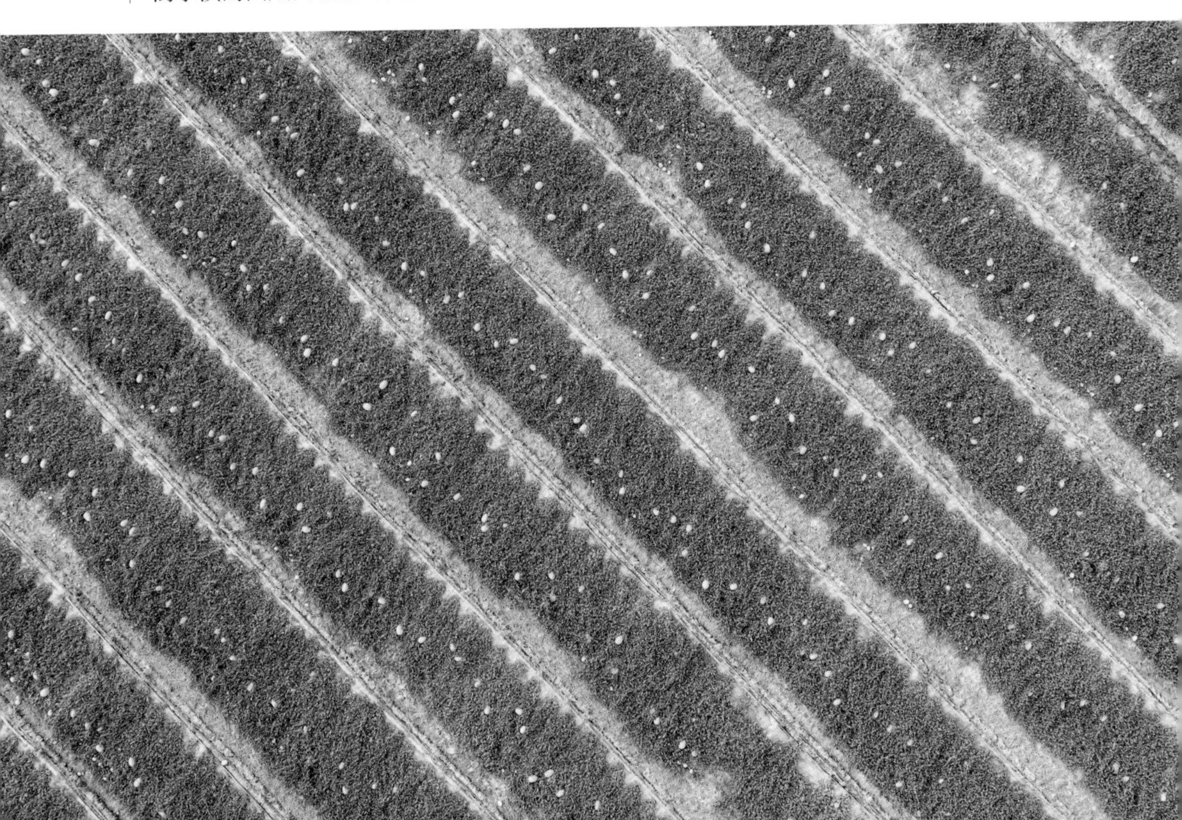

- 西螺溪（今濁水溪）：流經現今西螺鎮，由彰化縣大城鄉臺西村海湧厝莊、崁頭厝出海。
- 虎尾溪：經過雲林斗六市，於雲林海口厝莊臺西村出海。

郁永河在《裨海紀遊》中寫道：「至東螺溪，與西螺溪廣正等，而水深湍急過之。轅中牛懼溺臥而浮，番兒十餘，扶輪以濟，不溺者幾矣。」他曾經請原住民扶著行李，推著牛車，過了濁水溪中的東螺溪和西螺溪。[16]

過去彰化境內的東螺溪（舊濁水溪）是主流，到了嘉慶年間，主流往北移動，西螺溪（今濁水溪）成為主流。一八九八年八月六日因為颱風造成大量降雨，發生「戊戌大水災」，清水溪上游草嶺潭潰決，原有河流改道，洪水流入濁水溪舊道，濁水溪主流再度往北移動。東螺溪（舊濁水溪）和西螺溪，同為當時濁水溪下游的主流。一九一一年濁水溪平原發生大洪水，一九一二年和一九一八年日本政府修建舊濁水溪為排水渠道（今莿仔埤圳），東螺溪萎縮；一九二六年，濁水溪下游主流形成了今天濁水溪（西螺溪）的流路。

今天的濁水溪主流霧社溪，與塔羅灣溪匯合，經霧社後轉向南流，於萬大附近匯入萬大溪，隨後再匯入丹大溪及其支流郡大溪，並於水里匯入陳有蘭溪、水里溪，於集集納南清水溝溪、竹山附近納東埔蚋溪及清水溪等，流入彰雲平原。經二水、西螺，於彰化縣大城鄉與雲林縣麥寮鄉之間注入臺灣海峽。

在濁水溪上游，四千年前新石器時代即有人類活動。當時先民以焚墾方式進行山田農耕，在一千公尺高的曲冰，發掘新石器時代中晚期遺址。當時的原住民在濁

---

16 ［清］郁永河：《裨海紀遊》。郁永河的事蹟，已經被翻譯成英文，請參考 Keliher, D. M. 2004. *Small Sea Travel Diaries: Yu Yonghe's Records of Taiwan.*

濁水溪的西瓜田（攝影：許震唐）

水溪進行漁撈，同時也在原始森林內狩獵維生。

濁水溪自古為劃分臺灣南北的一道界線。早期臺灣透過港埠口岸交易，以濁水溪為界，以南的港口稱為「下港」。然而，濁水溪下游河道屢次改道。一九一一年開始整治，到了一九二〇年堤防築起之後，出現廣大的河川浮覆地，濁水溪沖積扇成為臺灣生產稻米、甘蔗、蔬菜、西瓜、花卉的農業精華區域。

8 成龍濕地

成龍濕地位於雲林縣口湖鄉成龍村，成龍村原名「牛尿港庄」，在北港溪支流牛挑灣溪畔，是重要的貨物集散地，很多牛隻都從這裡運送至牛尿港。一九四八年因「牛尿港」名稱不雅，且村民渴望後代子孫能夠爭氣，成為人中龍鳳，因此正式改名為「成龍村」。

這片耕地因位於牛挑灣溪北側，地勢偏低，長年超抽地下水，地層嚴重下陷，水患不斷；加上一九八六年八月的韋恩颱風、一九九六年七月的賀伯颱風強烈侵襲，颱風引發海水倒灌，成為廢耕的濕地，長期積水，演替成鹽分沼澤。後來濕地改為魚塭，轉型從事魚蝦養殖業。周邊魚塭養殖白鰻、臺灣鯛、文蛤、虱目魚、白蝦、草蝦、龍鬚菜、石斑、烏魚等。

成龍濕地主要由草澤、池塘、魚塭、溝渠以及休耕農田所組成，是國內唯一因為地層下陷及海水倒灌而形成的濕地。二〇〇五年，林務局與口湖鄉鄉公所開始在當地進行「成龍濕地生態園區經營管理示範計畫」，以「生態休耕」名義，採租用土地的方式，補助田地因淹沒而蒙受損失的居民。二〇〇九年起，林務局邀請觀樹教育基金會來到成龍村，希望他們以環境教育的方式來陪伴社區，並探索未來的可能性。

觀樹教育基金會進行濕地社區學習

成龍濕地位於雲林縣口湖鄉成龍村，因地勢偏低、長年超抽地下水，導致地層嚴重下陷。（攝影：方承舜）

參與計畫，執行長洪粹然表示，除了推動濕地保育，也在當地推動地方產業轉型，像是進行不抽地下水的海水文蛤養殖法試驗，與在地養殖戶進行技術改良和實驗，希望能以更永續的方式進行水產養殖。如果我們改變消費習慣，不再喜歡吃淡水和海水混養的草蝦，改以海水養殖的白蝦和文蛤，成龍濕地地層下陷的情形應該會趨於穩定。此外，更在市場上推出「鹽選文蛤」，希望從經濟面實際幫助成龍村民的生計環境。

成龍濕地的國際藝術節從二〇〇九年到二〇一九年邁入十年，臺灣師範大學環境教育研究所畢業的王昭湄說：「環境教育是透過教育的手段，解決社區問題與環境問題」，要解決的第

成龍濕地的海水養殖「白蝦」
（攝影：方偉達）

2009年起，觀樹教育基金會進行濕地社區學習參與計畫，辦理「國際環境藝術節」，作品以竹子、麻繩及蘆葦築成，彰顯成龍濕地對候鳥的重要性。（攝影：方偉達）

成龍濕地探索未來的可能性（攝影：許震唐）

一個問題是：「讓居民重新喜歡上自己的家。」二〇二三年《成龍濕地流動藝術饗宴》勇獲「日本Good design地方文化振興活動設計大獎」，二〇二四年口湖當地青年自行策劃的藝術活動「海風透」，融合地方文化、科技、聲響與舞蹈表演，充滿地方創生的力量。這一系列藝術行動，帶動大眾關注生態環境議題，讓成龍濕地從逆境中翻轉，創造地方產業經濟提升，成為國際永續藝術村。

如今成龍濕地已成為植物與水鳥的樂園，紅樹林生長蓬勃，強化生態復育與濕地意象。

人類的永續發展，不離環境經濟。濕地提供萬物生存所需，友善環境，「數罟不入洿池，斧斤以時入山林」，才是永續生活的環保實踐。

參考文獻

1 康培德，《環境，空間與區域：地理學觀點下十七世紀中葉「大肚王」統治的消長》，臺大文史哲學報編輯委員會，二〇〇三年。
2 蔡宜靜，〈荷據時期大龜文（Tjaquvuquvulj）王國發展之研究〉，《台灣原住民研究論叢》，第六期，二〇〇九年，頁一五七至一九二。

3 陳澤，《細說明鄭》，國史館臺灣文獻館，一九七八年。

4 陳靜寬，《從省城到臺中市－個城市的興起與發展（一八九五－一九四五）》，國立臺灣歷史博物館，二〇二二年。

5 林秋綿，〈臺灣各時期原住民土地政策演變及其影響之探討〉，《台灣土地研究》，第二期，二〇〇一年，頁二三至四〇。

6 楊護源，〈清代台中大甲溪南地區的聚落拓殖〉，《興大歷史學報》，第十七期，二〇〇六年，頁四五七至五〇八。

7 林津羽，〈離散，帝國與嗣王：論鄭經《東壁樓集》的文化意蘊〉，《淡江中文學報》，第三十七期，二〇一七年，頁三二一至三五四。

8 吳福助、顧敏耀，〈張達修〈大坪頂記〉考釋〉，《東海大學圖書館館刊》，第五十四期，二〇二〇年，頁五九至六八。

9 Otte, M.L. 2019. *Wetlands of Ireland: Distribution, Ecology, Uses and Economic Value*. Univ College Dubli.

10 Otte, M. L., Fang, W. T., & Jiang, M. 2021. A framework for identifying reference wetland conditions in highly altered landscapes. *Wetlands*, 41, 1-12.

11 王幼華，〈原鄉再現與認同歧異—清代臺灣民變論析〉，《興大人文學報》，第四十期，二〇〇八年，頁二四一至二七六。

12 顧敏耀，〈藍鼎元傳記資料考述—兼論其〔紀水沙連〕之內容與意涵〉，《成大中文學報》，第四十二期，二〇一三年，頁一三七至一八二。

13 林幸助、徐崇斌、葉昭憲、官文惠、彭宗仁、高樹基、蔡尚悳、郭美華、楊正澤、葉文斌、吳聲海、曾晴賢、孫元勳、邵廣昭，〈武陵溪流生態系長期生態研究與生態模式建構〉，《國立臺灣博物館學刊》，第六十二卷第三期，二〇〇九年，頁六十一至七十四。

14 方偉達、趙淑德，〈濕地公益信託及補償銀行機制之建立〉，《土地問題研究季刊》，第六卷第四期，二〇〇七年，頁二至十二。

15 陸秉能，〈鰻鱺的資源保護〉，《野生動物》，二十一卷第五期，二〇〇〇年，頁五。

16 Song, K. S., LePage, B. A., & Fang, W. T. 2023. The conflict between environmental justice and culture. *AlterNative: An International Journal of Indigenous Peoples*, 19(1), 197-203.

17 Song, K. S., LePage, B., & Fang, W. T. 2021. Managing water and wetlands based on the Tayal's interpretation of Utux and Gaga. *Wetlands*, 41, 1-20.

18 Fang, W. T., Hu, H. W., & Lee, C. S. 2016. Atayal's identification of sustainability: traditional ecological knowledge and indigenous science of a hunting culture. *Sustainability Science*, 11, 33-43.

19 楊承諭，《高美濕地雲林莞草生長範圍的影像監測及外移現象的研究》，國立交通大學土木工程研究所碩士論文，二〇一八年。

20 [清] 郁永河，《裨海紀遊》。郁永河的事蹟，已經被翻譯成英文，請參考Keliher, D. M. 2004. *Small Sea Travel Diaries: Yu Yonghe's Records of Taiwan.*

PART 5

上原下隰

臺灣西南部濕地

潟湖、沙灘、濕地、河口沙洲，
中央山脈、丘陵、平原、海岸礁岩，
蚵仔、草鴞、虱目魚、黑面琵鷺，
亙古以來的自然力量以及人為利用，施作於此。
西南部濕地變遷史，是臺灣歷史之鏡。

攝影：洪敏智

台江原來是一片浩瀚的大海（攝影：方偉達）

原，平坦寬廣的平原。隰，低溼的地方。對海島臺灣而言，海岸地帶除了是陸地與海洋交會處，同時也是海陸資源豐富的生態交錯地帶（ecotone）；因此，海岸地帶的經營管理對國土復育來説，更形重要。

臺灣西南沿海的濕地地形，受到氣候、海洋和陸地地殼隆起的營力，以及來自上游集水區帶來的泥沙影響，形成侵蝕與堆積地形。主要地理特徵為潟湖、沙灘、濕地及河口沙洲，是環境生態敏感區域。近年來由於外在營力交互作用影響，離島沙洲逐漸消失。

四百多年來，這片海岸變遷十分顯著，除了象徵地理變化，更意味人文生態隨之興衰。人類活動造成河流改道縮減，也使自然沙洲隨之消退變化。[1]

1 方偉達，〈海岸沙洲、濕地變遷〉，《臺灣學通訊》，132期，2023年，頁16至18。

CHAPTER

13

破屋荒畦趁水灣——始自濕地進入的族群

荷蘭時期，在臺灣興建的建築主要有兩座，一六二四年的熱蘭遮城（Zeelandia，海城，今安平古堡），以及一六五五年完工的普羅民遮城（Provintia，省城，今赤崁樓）。普羅民遮城原是沿著臺南大灣興建，隨沿海沙洲不斷淤積，目前已距離海邊七公里。

鄭氏三代經營臺灣，面臨的是一座遼闊的大灣。一六六一年鄭成功攻打臺灣時，南部海岸線稱為臺南大灣，面積約達三二三平方公里，北邊為倒風內海，南邊近海處有連串沙洲，圍成一片潟湖名台江內海。

到了清朝，漳州人、泉州人經常以南瀛自稱。臺南地區在清朝時稱南瀛，瀛為大海、大水的意思。漳州人認為自己是邊境的人，而且比泉州人還要晚來臺灣，居住到臺灣之後，也將南瀛這個詞，帶到臺灣。

臺南自安平區到安南區一帶的土地，清朝時稱「台江」，但面積已較荷蘭時期有所縮減。一七五二年王必昌（清朝乾隆十七年）編修《重修臺灣縣志》，載明：「台江在縣治西門外。汪洋浩瀚，可泊千艘。南至七鯤身（鯓），北至諸羅之蕭壠、茅港尾，內受各山溪之水，外連大海。」顯現台

17世紀荷蘭東印度公司位於福爾摩沙島的熱蘭遮城。水彩畫標示了政府建築、市場、社區等圖例。（資料來源：©Joan Blaeu - From the Eugenius-atlas, or nl:Atlas Blaeu - Van der Hem, commissioned by Laurens van der Hem, 1643, via Wikimedia Commons.）

江在二百多年前為海灣的規模。昔時台江不僅僅是灣澳，甚至係屬可舶船的港澳。

現在的台江面積，已經大不如前。台江內海與倒風內海，從原來的三二三平方公里，縮減到七股潟湖約一一一九公頃。

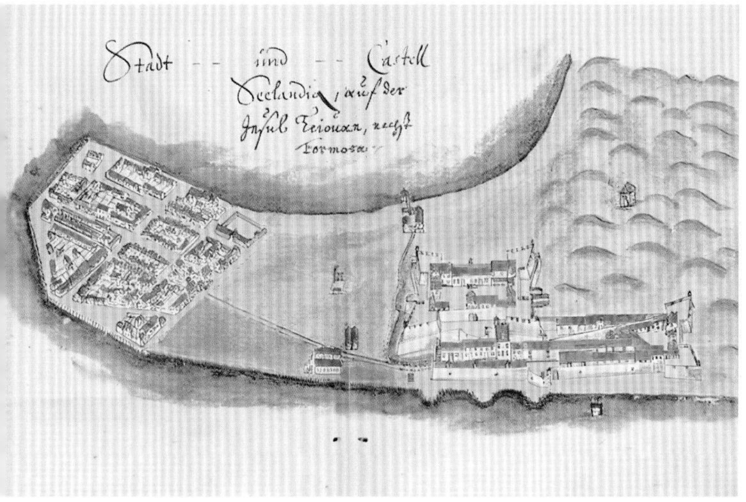

熱蘭遮城位於市中心，前方有倉庫和住宅區，都有厚實城牆保護。圖中右側有小型堡壘，用以狙擊。本圖由德國旅行家施馬爾卡爾登繪製。

（資料來源：© Forschungsbibliotek Gotha (finding aid: Chart B, fos. 282v-283), Caspar Schmalkalden,1652, via Wikimedia Commons.）

起於濕地、終於濕地——鄭成功（一六六一年）攻臺以及明鄭王朝的結束

一六六一年，對於住在臺灣的荷蘭人來說，非常不平靜。四月二十一日，鄭成功決定攻打臺灣。艦隊從金門料羅灣出發，四月二十二日抵達澎湖。四月三十日拂曉時分，四百艘戎克船、二萬五千兵員抵達鹿耳門口。鄭成功的座船是一艘小船，他先到臺灣外海的沙洲。早上七點，潮水還很淺。鄭成功為了要安定軍心，船隊設有從湄洲嶼媽祖廟中迎來的三尊正身媽祖神像，設下香案禱告天地，希望祈求神靈庇佑，讓潮水可以大漲，以利行舟。

先遣部隊成功渡過了鹿耳門，在北汕尾北岸登陸後，率先擊滅了駐紮在此的荷蘭軍隊。接著船艦沿著赤崁海岸向北駛入直家弄（今臺南市安定區）、新港溪（今鹽水溪），準備進攻普羅民遮城及熱蘭遮城。

東印度公司在台江內海留下四艘船以及二千多名荷軍，與鄭軍進行激烈的海陸戰爭。最終鄭成功登陸取下普羅民遮城。一年三個月後，卻因罹患瘧疾去世。

亞熱帶和熱帶地區流行的惡性瘧疾，發生在氣候熱濕的地理環境與夏秋季節。明鄭到清朝統治臺灣

1661年鄭成功和荷蘭東印度公司激戰於大員（資料來源：©Diego Ruschel, Public domain, via Wikimedia Commons）

時期，高雄以南、臺南地區、嘉義以北的茂林深山，都是惡性瘧疾發生的區域。[2]

一六六二年六月十五日，剛到瘴癘之地的臺灣才一年多的鄭成功，被蚊子叮咬，得到惡性瘧疾。六月二十三日即喪失意識死亡。年僅三十八。

大兒子鄭經在廈門，繼承延平王之位，稱為「世藩」，進入臺灣。一六八一年三月十七日意外墜馬，癱瘓而死，得年三十九歲。經過劇烈動盪，一六八三年九月五日，鄭克塽向清朝投降，鄭氏三代從一六六一年到一六八三年，二十二年的統治結束。

---

2 劉赫宇，〈對清代臺灣瘴氣的生態史考察—基於經濟開發和軍事史實〉，《愛知論叢》，第107期，2019年，頁103至117。

1 三波移民潮與原民遷徙

明清時期的移民潮主要有三波。臺灣西南沿海第一波移民潮緣起於鄭芝龍。福建省在一六二五年到一六二八年，發生了嚴重的乾旱，鄭芝龍建議福建巡撫熊文燦將數萬災民運送來臺[3]，並建立「九莊」，成為鄭的私有領地。「九莊」是西拉雅族蕭壠社北邊的獵場。

漢人是種田的民族，進入臺灣後，面對荒地和濕地，除了進行濕地排水，乾旱時則營造水圳，進行灌溉。漢人的農耕技術非常好，加上原住民大力支援，嘉南平原一年有二次稻米收割，以及一次雜糧的額外收益，不但在糧食生產達到自給自足，尚有餘糧出售給鄰近的原住民部落。原住民的交易是以物易物，所以漢人得到鹿皮、鹿脯。

鄭成功一六六一年開啟攻臺之役，將部隊分成南北兩路，派出屯田。一六六二年戰勝荷蘭軍隊，泉州人跨海投奔，是第二波移民潮。

第三波移民潮於一七八四年（清乾隆四十九年），泉州晉江的蚶江港（福建省泉州石獅市北部）開放與鹿港對渡。一七九二年，蚶江、福州五虎門（今福建省長樂市潭頭鎮閩江入海口，是五門匣的別稱，距離閩江河口濕地公園不遠）和淡水河口的八里坌對渡，這是人數最多的一波移民潮。

三波移民潮，都以泉州人為主。鄭成功祖籍是福建泉州，明鄭時

3　當時以「三金一牛」爲號召，發給每個人白銀3兩，每3個人耕牛1頭，第1年到第3年不課稅，第4年徵收田租給鄭芝龍。「九莊」是鄭芝龍的私有領地，主要分布在八掌溪兩岸，八掌溪以南包含汫水莊（今臺南市鹽水區汫水里）、大奎璧莊（今臺南市鹽水鎮上）、下茄苳莊（臺南市後壁區嘉苳村）；八掌溪以北的有大坵田莊（今嘉義縣布袋鎮內田里）、鹿仔草莊（今嘉義縣鹿草鄉鹿草村）、龜佛山莊（今嘉義縣鹿草鄉竹山村）、南勢竹莊（今嘉義縣朴子市南竹里）、龜仔港莊（今嘉義縣朴子市順安里）、大小槺榔莊（今嘉義縣朴子市大葛里）。資料來源：林仁川，〈明代大陸人民向臺灣遷移及對臺灣的開發〉，《中國社會經濟史研究》，第3期，1991年，頁34至46。

由於臺灣林澤濕地遍布，漢人罹患瘧疾的情形非常嚴重。依據當時的科技，無法想像這是由於蚊蟲叮咬造成的。

一八二九年，瘧疾在西方世界的英文名為malaria，這是從義大利文malaaria而來，也稱為「瘴氣」，在此之前有文獻稱瘧疾為「沼澤熱」(marsh fever)。不論東方和西方，瘧疾皆常發生於沼澤地區。

瘧疾曾經是歐洲、北美以及中國大陸最常見的疾病之一。一八八〇年，法國軍醫拉韋朗(Charles Louis Alphonse Laveran)在阿爾及利亞君士坦丁首次發現瘧疾感染者的紅血球裡面有寄生蟲，於是他提出這種寄生蟲是導致瘧疾的生物。一八九八年，蘇格蘭內科醫師羅斯(Ronald Ross)在印度加爾各答，證實蚊子是傳播鳥類瘧疾的病媒，提出瘧原蟲的完整生活史。羅斯在一九〇二年獲得諾貝爾生理醫學獎。

科學家用了幾種方法來治療瘧疾。第一種是用金雞納樹的樹皮，秘魯原住民將樹皮入酒來治療發燒，後來發現也能治療瘧疾。法國化學家佩爾蒂埃(Pierre Joseph Pelletier)和卡旺圖(Joseph Bienaimé Caventou)在一八二〇年分離樹皮中的有效成分奎寧，治療瘧疾。

一九四五年，全臺灣人口總計六百萬，竟有一百二十萬人罹患瘧疾，當時因為衛生條件不足，另有鼠疫(鼠疫桿菌)、霍亂(霍亂弧菌)、天花(天花病毒)侵擾。一九六五年臺灣瘧疾已經根絕。但是一九八〇年代，全世界蚊蟲又傳染了抗藥性的瘧疾，氯化奎寧或是奎寧，已經無效。中國科學家屠呦呦，從黃花蒿中成功提取青蒿素。青蒿素成為治療惡性瘧疾的推薦療法，屠呦呦因此獲得二〇一五年諾貝爾生理醫學獎。

現存水牛多為先民自中國大陸所引進。明朝末期與清朝初期，每人給銀3兩，牽牛過臺灣的牛便是水牛。(攝影：洪敏智)

期泉州裔是臺灣閩南裔族群的最大群體，漳州人則是第二大群體。客家人來臺時間較晚，分布在桃、竹、苗、高屏等丘陵臺地。清朝發生朱一貴事件之後，閩南人與客家人之間的仇殺對立，達到了高峰。[4]

十七世紀漢人移民之前，臺灣北部宜蘭、基隆一直到恆春的西部沿海平原地帶，居住不同文化、不同語言、不同部落認同的社會群體。一七二六年雍正年間，黃叔璥《臺海使槎錄》使用「平埔諸社」一詞稱呼這些群體，主要共計十一族。[5][6]臺灣西南沿海的原住民，包括了洪雅(Hoanya，阿立昆語族、羅亞語族)、馬卡道(Makatao)、西拉雅(Siraya)以及大武壠(Taivoan、Tevorang-Taivuan)族。[7]

洪雅族主要居住在臺中霧峰以南到臺南新營以北一帶，馬卡道分布在嘉南平原和屏東平原一帶，聚落為鳳山八社，包含大傑顛社等社。西拉雅族在嘉南平原，大武壠族則

4 林正慧，《臺灣客家的形塑歷程：清代至戰後的追索》。臺北：國立臺灣大學出版中心，2015年。

住在臺南玉井盆地（約為臺南市大內區、山上區），現主要分布在臺南、高雄的丘陵和河谷地帶。（可參考本書第第十二章臺灣原住民族分布簡圖）漢人勤奮耕作，屬於農耕民族，原住民在濕地進行漁獵，或是種植小米，個性樂天知命，二者的性格和生活方式完全不同。

2 自然環境變遷與濕地治理

嘉南平原在地形、溫度、日照方面，都非常適合作物生產，但有時雨量不均。荷蘭時期，十二月到三月梅雨季節雨量不足時稻作無法耕種，因此，水利開發在那時就已出現。當時荷蘭人以水利技術，興建所謂「荷蘭堰」，在水流平緩地區的河川中，設置竹椿、簀子（盛土的竹器，像今天常見的畚箕），再填以草土，蓄水興建埤塘，又稱為「草埤」。可以考證荷蘭時期蓋的陂塘有臺灣縣的參若陂（今臺南市仁德區）、荷蘭陂（臺南市關廟區）、鴛鴦潭，鳳山縣的王田陂。

一六四一年荷蘭人提供蕭壠社[8]一百二十頭役牛，協助他們在水田耕作。後來，麻豆社（今臺南市麻豆區）急水溪上游以南到曾文溪之間的西拉雅族，也學習水稻耕作，陸續有米穀收穫。這是臺

---

5 噶瑪蘭（Kavalan）、凱達格蘭（Ketagalan；巴賽語族、雷朗語族）、龜崙（Kulon）、拍瀑拉族（Papora）、巴布薩族（Babuza）、洪雅（Hoanya；阿立昆語族、羅亞語族）、巴宰（Pazih）、邵（Thao）、馬卡道（Makatao）、西拉雅（Siraya）、大武壠（Taivoan）。

6 杜正勝，〈平埔族群風俗圖像資料考〉，《中央研究院歷史語言研究所集刊》，1999年，頁39至361。

7 簡文敏，〈大武壠研究與〔大武壠族〕正名的省思〉，《民族學界》，第44期，2019年，頁139至168。

8 蕭壠社位於今臺南市佳里區、將軍區、七股區、北門區、學甲區，從八掌溪下游到曾文溪下游。

臺南、高雄區域與水系簡圖（資料來源：水利署河川分布圖網站。繪製：吳貞儒）

灣栽培水稻之開端。

鄭成功對於水利問題非常重視，不但注意保護原有的水利設施，更大力修築新設施，並進行埤塘濕地保護。一六六一年（永曆十五年）五月十八日頒布的諭令及墾殖八條款中，有兩個條款涉及水利問題，強調保護水利設施的重要性：

1 文武各官圈地之處，所有山林陂池，具圖來獻。本藩薄定賦稅，便屬其人掌管，須自照管愛惜，不可斧斤不時，竭澤而漁，庶後來永享無疆之利。

2 各鎮及大小將領派撥汛地，其處有山林陂池，具啟報聞，本藩即行給賞，須自照管愛惜，不可斧斤不時，竭澤而漁，庶後來永享無疆之利。

鄭氏的屯墾，目的在寓兵於

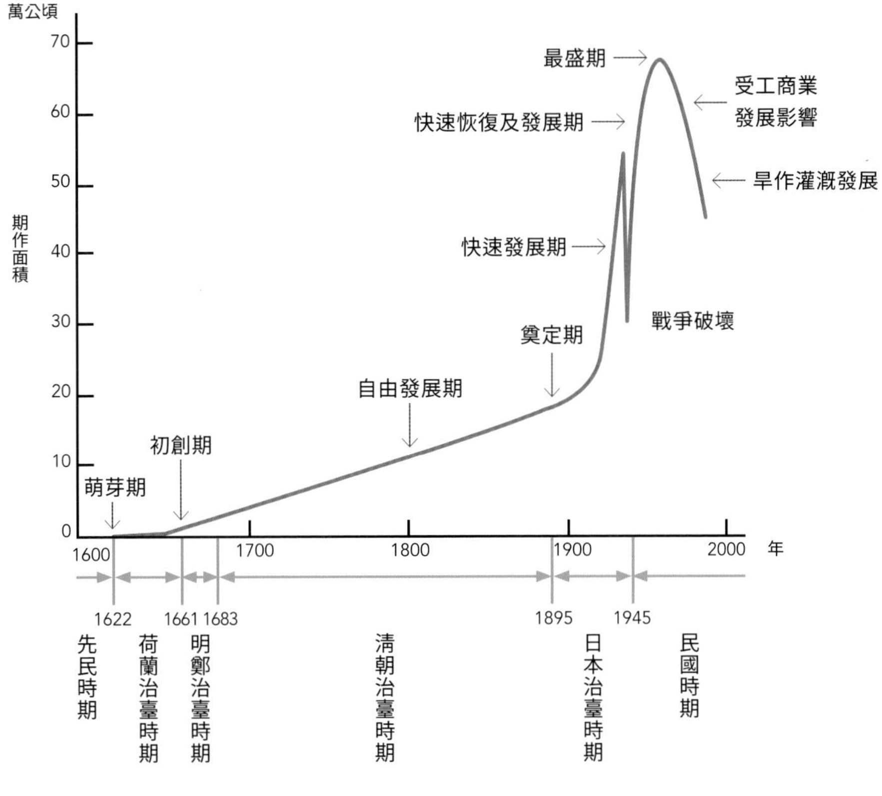

臺灣灌溉事業的演變（資料來源：〈臺灣灌溉事業之演進〉，農業部農田水利署，https：//www.ia.gov.tw/zh-TW/culture/articles？a=1943）

北門重要濕地，可看到倒風內海的古遺跡。（攝影：方偉達）

農，從臺南附近的曾文溪及二層行溪開始，建設大規模的公爺陂、王有潭、甘棠潭等水利灌溉系統。「陂」是埤塘，一種水利建設，凡築堤瀦（儲）備水灌田，謂之陂。不築堤，疏鑿河溪，引以灌田，稱為「圳」。「潭」為聚水之處。明鄭時期所鑿之陂、潭，遺留至清朝初年，仍有二十多處。一六六一到一六六六年，開墾有成，穀物大豐收。

台江內海和倒風內海，事實上都是濕地環境。從荷蘭人入臺到清朝期間，許多濕地植物在此生長，包括河川、水道、河畔、窪地、堤岸、排水溝等水域。經過漢人耕耘，已是沃野百里。原來在西拉雅族獵場的嘉南平原，也慢慢開發。

西南沿海的水田、鹽田、堤防等，是海埔新生地或填海造陸形成的濕地。圖為鹿耳門水道。（攝影：方偉達）

鹿耳門天后宮大門（攝影：方偉達）

CHAPTER

14

三三兩兩漁舟聚——台江灣澳的演進

臺南地區平原寬廣，西海岸更擁有廣大的潟湖區，沙洲散布於外海與潟湖之間。

海濱地形有幾種形式，當海水中的沙礫隨水漂積，使得沙堤堆高露出水面與岸平行，稱為「沙洲」。如果沙洲位在海濱之外，則稱為「濱外沙洲」（offshore sandbars）。當沙洲逐漸沉積伸延，沙洲與海岸隔成封閉的水域，即形成「潟湖」。此區潟湖及海岸濕地包括北門潟湖區、七股潟湖區及河口沼澤地。

由於濱外沙洲有向海岸逐漸靠近的特性，加上潟湖泥沙經年累月淤積，造

▶ 網仔寮汕
（攝影：許震唐）

▲ 網仔寮汕曾經是濱外沙洲。圖為網仔寮汕的木造橋，因為颱風已遭到摧毀。（攝影：方偉達）
▼ 網仔寮汕曾經是先民晒製風乾虱目魚的地方（攝影：方偉達）

成潟湖水域逐漸消失。當潟湖因淤積導致面積縮小，終至潮流口淤塞不通，會成為沿海沼澤濕地，最後陸化，而造成海岸線向海推移。

沙洲、潟湖的形成與消失

沙洲、潟湖形成的原因主要是河水溪流夾帶巨量泥沙、礫石，在海濱堆積而成。臺南地區沙源係經颳風與豪雨沖刷，以及西南季風吹拂，在近岸處形成線條似巨鯨狀平行海岸線的沙洲，當地人稱為「鯤鯓」（海牛、儒艮），又稱為「汕」。

在地表營力運作下，潟湖被淤積的泥沙填滿後，稱為「浮覆」，而浮覆地則稱為「海埔」。當沙洲陸連之後，改道後的溪流與河川持續向西面營造更多的沙洲與潟湖，也形成更多的陸地。

｜ 消失的國土——外傘頂洲（攝影：許震唐）

經過歷史分析，並非所有海岸皆能形成沙洲、潟湖等地形。臺灣西南海岸沙洲的沙源來自於散沙，散沙缺乏膠結性，極為脆弱，會隨著時間慢慢淤積或被侵蝕。

外傘頂洲，原來位於雲林縣臺西鄉外海，目前漂到嘉義縣東石鄉外海約十餘公里處，主要由濁水溪的泥沙沖積而成，面積約一千多公頃，漲潮時約二百公頃，南北長十餘公里，不斷縮小中。[9] 估計三十年後，外傘頂洲陸地將完全低於平均潮位，淪為潛沒沙洲。

外傘頂洲和嘉義縣中間的海域，稱為東石潟湖，因為外傘頂洲的屏障，形成穩定的淺水海域，目前是臺灣蚵仔（牡蠣）重要的養殖區之一。

9 江文山、蕭士俊，《外傘頂洲侵退防治技術開發與策略建構計畫-雲嘉海岸漂砂質點追蹤與地形變遷機制探討》。國立成功大學臺南水工試驗所，2022年。

地殼運動、波浪、海流、潮汐作用，加上沙洲形成後西南季風阻卻效應，沙無法隨之漂散至海，陸連之後導致臺南海岸平原不斷向海擴張，海岸線亦持續地向西推進。

此外，臺灣西部海岸由於長年強烈東北季風吹拂，泥沙在風浪的作用下，有向南移動的傾向，雖有河沙不斷供應，但也會形成局部侵蝕。過去臺灣西部海岸沙源充足，海岸沙洲不斷擴張；然而河川整治後沙源銳減，導致沙岸退縮及沙洲變遷。

沙洲變化主要原因係受內陸開採河沙、興建水庫及興建攔沙壩導致沙源減少所致。近年來本區輸沙量減少，隨著溫室效應，海平面上升，外海濱外沙洲有顯著侵蝕的現象。另由於海岸防波堤、漁港及遊艇港等人為設施興建，海岸沙洲的變化更難以掌握。

由於波浪能量會隨海流方向、暴潮強度及頻率而改變，所以本區形成動態性沙洲，而非穩定的沙丘地形。臺灣西南沿海受到風浪及海流影響，沙洲形狀及面積會有增加、減少，甚至會有消失的問題。此外，沙洲位置也常會改變。當濱外沙洲形成時，往往循著沿岸海流流動的方向，與海岸平行分布。

從嘉義到臺南海岸沙洲之間的缺口，形成潟湖的潮口。漲潮時，水流由外海向潮口進入；退潮時，水流由潮口向外海流出。隨著飄沙淤積面積增大，潮口日益窄化，以致完全封閉，使潟湖與外海隔絕。隨著泥沙淤積與海濱植物向外拓殖，潟湖將逐漸形成濱海沼澤，並將淤積為陸地。

從海進到海退

臺南極目望去，都是平原。過去也曾經歷造山運動。約二六〇萬年前，造山運動標誌了臺南

早坂島犀前名早坂中國犀，此為化石模型。（資料提供：臺南市政府文化局左鎮化石園區）

時階。在地質學中，「時階」是指地質年代中的一個階段，用來描述特定時間內的地質事件或地層形成。這些階段通常是根據地層中的化石或岩石特徵來劃分。當時，斷層運動頻繁，將原本沉於台江內海中的陸地挺起來，隆起形成古臺南島。本區的地質活動是由於板塊運動和造山運動的影響，導致原來的古臺南島逐漸隆起，最終形成了現在的臺南盆地。

距今九十九萬至四十六萬年前，當時的哺乳動物為了要避寒，透過冰河期暴露的陸棚，從不同區域來到臺灣西南沿海地帶，分布在臺南新化丘陵、左鎮區的菜寮溪、鹽水溪、三重溪流域等處，東方劍齒象、野豬、似劍齒虎，自北方遷移而來；巨貘、金絲猴、早坂島犀、豐玉姬鱷等大型動物自南方遷移而來，棲息於開放草原、河灣、沼澤的環境。[10]

氣候變暖，臺南盆地乾燥草原被松葉森林取代，氣候從乾燥變得濕潤，象群、犀牛棲息的草原雜林，大量減少。象群、野豬、似劍齒虎在北方的冰河逐漸消融之後，因為不習慣在森林居住，又逐漸北遷到中國大陸。巨貘、金絲猴、早坂島犀、豐玉姬鱷則在天氣寒冷的時候，繼續向東南方的中國大陸遷移。

一萬八千年前冰期鼎盛期，南北極冰原擴張，全球海水面下降一二〇公尺。臺灣海峽很大一部分露出水面形成陸地，臺灣與中國大陸之間有形成一個「臺灣陸橋」。大量的冰河時期哺乳動物為了避寒，湧向阿里山山脈西南側梅嶺下風處的臺南臺地，以避開寒冷的東北季風。在臺南市左鎮區菜寮溪附近，存在地層的露頭，颱風過後甚至可以直接在河床撿到被沖刷出來的化石。

此外，氣候暖化，降雨量增

台江的曾文溪口曾經是內海（攝影：方偉達）

10 魏國彥，〈臺灣第四紀哺乳動物化石研究的回顧與前瞻〉。《經濟部中央地質調查所特刊》，第18號，2007年，頁261至268。

高。降下的雨水，落入河川、沼澤、森林和濕地，經過河川上游不斷地沖積，臺南地區又逐漸形成林澤型的沖積平原，開始以松科為主。隨著氣候越來越暖化，殼斗科植物開始生長。造山運動形成中央山脈。恆春海脊露出海面，形成恆春半島。

珊瑚礁廣泛分布於臺灣南部，從高雄海岸到恆春海岸。在臺灣西南靠近山麓地帶，尤其是臺南市內門區、左鎮區，則是惡地地形，屬於二重溪層的泥岩、砂岩、頁岩，且有砂岩夾層。

到了今天，西南沿海因為河川沖積，形成紅土、礫石在河階上堆積，細顆粒土壤則不斷累積在出海口處。

從七千年到四千年前，臺灣海峽的深度，變得比較穩定。南島民族透過沿岸流來到臺灣，後來居住在河口、海岸的階地和臺地上，以狩獵和漁撈，或是採集野生植物種子、果實和以其纖維維生。開始種植芋頭、薯類等根莖類作物做為初級農業，後來種植小米和稻米。他們居住在臺北湖的外緣、臺南的河階。

臺南臺地水草豐美，地下水水量豐沛，常於較低處流出泉水，或形成湧泉。海退與淤積陸地浮現，六千年前形成灣區，現今所見的樣貌已經大致成形。自然環境變遷與時俱進，歷經多次的海進（沉降）與海退（隆起）地理成因，因此形成現在沿海許多潟湖、海岸濕地以及沙洲。

海岸變遷歷程

現今臺南地區海岸變遷研究，多著重於古代輿圖分析。根據現有的輿圖記載，臺南東半部為臺地地形，西半部向海岸傾斜，隔著台江與外圍的沙丘形成內海。十七世紀到十八世紀台江內海的位置，約在古曾文溪（今將軍溪）到二仁溪出海口間，被海濱外的沙洲，如北線尾（Baxemboy，今北汕尾媽祖宮鹿耳門天后宮）、一鯤鯓（舊名臺灣，今安平古堡）至七鯤鯓等所包圍而形成海灣。

「鯤鯓」是「海上浮現的沙洲或沙丘」。因為臺灣自古以來沿海多是吹東北季風，因此沙洲多呈現北高南低的現象，遠望看起來「像是一條大魚浮在海面，露出背脊」。一鯤鯓到七鯤鯓，就是七條海上傳說中浮出的大魚（鯤鯓是古代傳說中的大魚）。

一鯤鯓到七鯤鯓

一鯤鯓：舊名臺灣，熱蘭遮城（今安平古堡）與大員市鎮所在的地方都可算是一鯤鯓的範圍。

二鯤鯓：二鯤鯓砲臺（今億載金城，位於臺南市安平區）。

三鯤鯓：今漁光島。

四鯤鯓：今臺南市安平區、南區。

五鯤鯓：今臺南市喜樹社區。

六鯤鯓：今臺南市灣裡社區。

七鯤鯓：今高雄茄萣區白砂崙。

海洋營力作用相當複雜，主要有波浪、海流與潮汐。當波浪向陸地推進或回流時，反覆進行搬運作用和沉積作用。如果波浪向陸地呈現斜交角度向前推進時，則可能產生沿岸流。沿岸流是臺灣西部濱海地區沉積的主要力量，這些力量自亙古以來，堆積出沿岸沙洲。

事實上西海岸的沙洲營造力量越來越強，加上日復一日的潮汐作用，進行反覆流動，助長了沙洲形成。海岸沙洲還受到地質營力影響。由於歐亞板塊和菲律賓海板塊碰撞擠壓，臺灣的陸地與海峽的海床呈現上升狀態，海床每年上升約〇・五公分，形成陸地隆起。因為地殼快速抬升，使得臺灣地形的高低落差極大。[11]

十九世紀，許多海濱浮覆地已浮出。本區擁有垂直於台江海岸數條東西向的河流切割穿越，經連年暴雨攜帶泥沙隨河川沖積而下，台江內海逐漸淤塞成陸地，同時形成臺南地區海岸的魚塭及鹽田。台江從灣澳變化為陸地，歷經約二百年時間，各期海岸變化現象說明如下：

1 台江灣澳初期（十七世紀）

荷據到清康熙年間的十七世紀，台江為海灣形式，周圍係沙洲包圍。赤崁沿岸為沙丘地形，蕭壠海岸（現曾文溪以北）形成長約九公里，寬約五公里的沙嘴，在麻豆及蕭壠海岸有古漚汪溪，在內灣有古新港溪。台江內海周圍原是平埔族西拉雅人的生活區域，十七世紀初期，本區為移臺漢人和平埔族共同生活，以漁獵為生。

一六二八年（明朝崇禎元年）到一六三〇年（明崇禎三年），荷蘭人選擇台江內海西南邊一鯤身沙洲的大員（Tayouan 或 Taiwan，舊名臺灣，古安平鎮），興建熱蘭遮城，於是沿著台江灣沿岸出現人口聚集的市鎮。

台江灣水深六公尺左右，出入軍艦之吃水量約四到五公尺。到了明鄭時期，台江內海靠著海水漲潮，仍可停泊船艦。明鄭時期〈臺灣軍備圖〉說明台江內海：「可拋泊船千百隻，但北風時其船甚搖擺，至承天府前尚有一里淺地，若海水大潮則直至承天府（今赤崁樓）前。」

2 台江灣澳中期（十八世紀）

十七世紀末到十八世紀初，台江為彎曲海岸線形式，台江內海的位置約在古曾文

11 黃美傳，《一看就懂台灣地理（新裝珍藏版）》。遠足文化，2020年。

溪（今將軍溪）到二仁溪出海口間，被濱外的北線尾、一鯤鯓至七鯤鯓等一連串的沙洲所包圍而成，海岸線大致沿著五公尺等高線。之後赤崁街所在地的陸岸和一鯤身（臺灣）沙洲銜接，形成安平鎮。明鄭時期，海岸線有向西推移的情形，從赤崁、大井頭和將軍祠所構成的縱線，推向現在的臺南市西門路。本時期台江灣仍維持海岸的型態，但是已經日漸淤積。

十七世紀末到十八世紀初，清朝在臺南的開發迅速，尤其臺南為臺灣府城的所在地，可謂臺灣政治與經濟的重心。當時來臺者，於府城的西定坊登岸並拓殖發展，台江內海陸化情形加速。雍正以後，來臺先民利用海埔新生地從事墾殖及製鹽。當時海港大井頭（永福街）的南河港，因海退而成為陸地。

3 台江灣澳末期（十九世紀）

本時期台江內海環境受到自然與人為的影響，台江灣日漸淤積，舊河道消失，新河川出現。十九世紀，許多海埔新生地已浮出成為圍墾之地，並在連年暴雨的攜沙沖積下，台江內海終於淤塞成陸，留下今日臺南沿岸遍布的魚塭及鹽田。

鹽田和魚塭濕地是滄海桑田的象徵（攝影：方承舜）

一八二二年（清道光二年）漚汪溪因為山洪爆發而改道，形成現在的曾文溪。一八二三年（清道光三年）七月，西南地區發生颱風豪雨，曾文溪主流挾帶大量泥沙，由蘇厝附近沖入台江內海，造成迅速淤積，海岸線向西推移。十月以後，原來浩瀚海水堆積沙磧，形成海埔新生地。一八二七年（清道光七年）招墾台江內海浮覆海埔地，百姓陸續招佃來墾，搭蓋草寮，進而發展成村庄及魚市。

曾文溪以北的「倒風內海」，原來是由青鯤鯓、北門嶼、南鯤鯓、北鯤鯓、衝風隙（青峰闕）等沙洲包圍而形成的潟湖，經過一八二三年颱風豪雨事件，淤沙浮覆陸連，形成現在北門區、將軍區、七股區等沿海低地。之後，又在西方海上，自然累積形成海汕、王爺港汕、青山港汕、網

臺南沿岸遍布的魚塭、鹽田以及光電板覆蓋的地區。（攝影：方承舜）

仔寮汕、頂頭額汕、新浮崙汕等六座曾文海岸沙洲，以及散列於雙春、虎尾寮及布袋嘴一帶許多無名的沙洲。

至此，原本與北側「倒風內海」、南側「堯港內海」相連的水道，淤塞不通，港口鹿耳門遭到廢棄。一八四二年（清朝道光二十二年），台江內海又發生湧潮，潮退後形成沙洲，原本府城西門外海口的渡船頭，與對岸的安平鎮連為一片陸地。

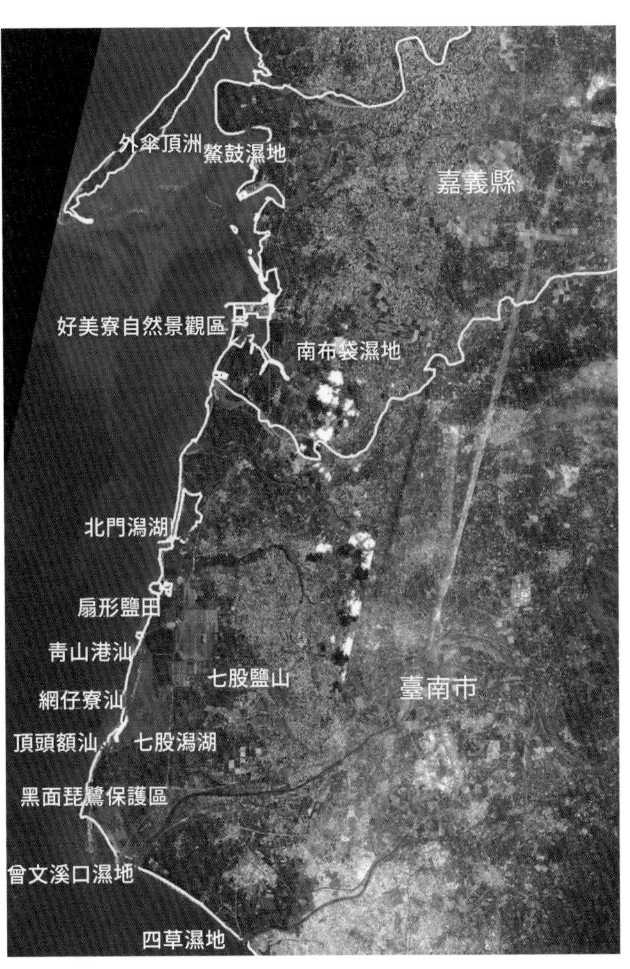

雲嘉南濱海沙洲分布簡圖
（資料來源：臺灣地質公園網絡網站）

4 台江陸連時期（二十世紀迄今）

十九世紀，台江內海終於淤塞成陸。經查一九〇四年《臺灣堡圖》，可以發現台江陸連之後，海岸線在二十世紀初大致定型為現今臺南地區樣貌；但是海岸線仍舊繼續變化，潟湖陸化後不斷地向西推移，並與濱外沙洲相連，尤其河口段海岸增長幅度更大。

一九四〇年代，安平新港完工，由臺南可經安平新港順利出海，不過外海漂沙嚴重。此外，臺南居民開始在海埔新生地上種植番薯、西瓜、玉米等耐旱作物，並且開闢養殖魚塭，形成臺南沿岸遍布的魚塭、鹽田，以及光電板覆蓋的地區。

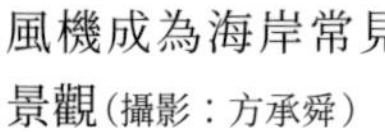

風機成為海岸常見景觀（攝影：方承舜）

臺南鹽水溪旁魚塭密集（攝影：方承舜）

CHAPTER

15 山有飛禽河有魚——西部重要濕地與保育

臺灣濕地變遷史，彷若一部國家經濟發展與社會保育運動史。過去在臺灣，濕地沒有主管機關，各級單位對於濕地的價值評估不同，每遇爭議，容易引發土地使用糾紛；而臺灣沿海濕地往往成為工業區的預訂場址。

回溯一九七〇年代，全球爆發石油危機，由於臺灣缺乏天然資源，易受國際經濟影響，於是在工業做為先行者的情形之下，從農業生產轉型進入工業經濟，經濟開發和環境保護的衝突開始發生。

於此同時，臺灣也開始推動國家公園與自然保育工作。一九七二年制定了《國家公園法》，並相繼成立九座國家公園，一座國家自然公園。一九八四年，內政部成立墾丁國家公園，開始了國家公園保護的先河。[12]

一九九〇年代，科技園區、科學園區等陸續動工。「鋼鐵廠」與「七輕石化煉油廠」在南臺灣掀起民間保育界的反對力量，開發案恐加速國土流失，使得七股潟湖多樣且豐富的生態及環境面臨無可回復的災害。北部亦引爆環境保護衝突。當時行

---

12 董天傑，《台灣國家公園政策之政經分析，1949—2006》，國立臺灣大學政治學研究所碩士論文，2007年。

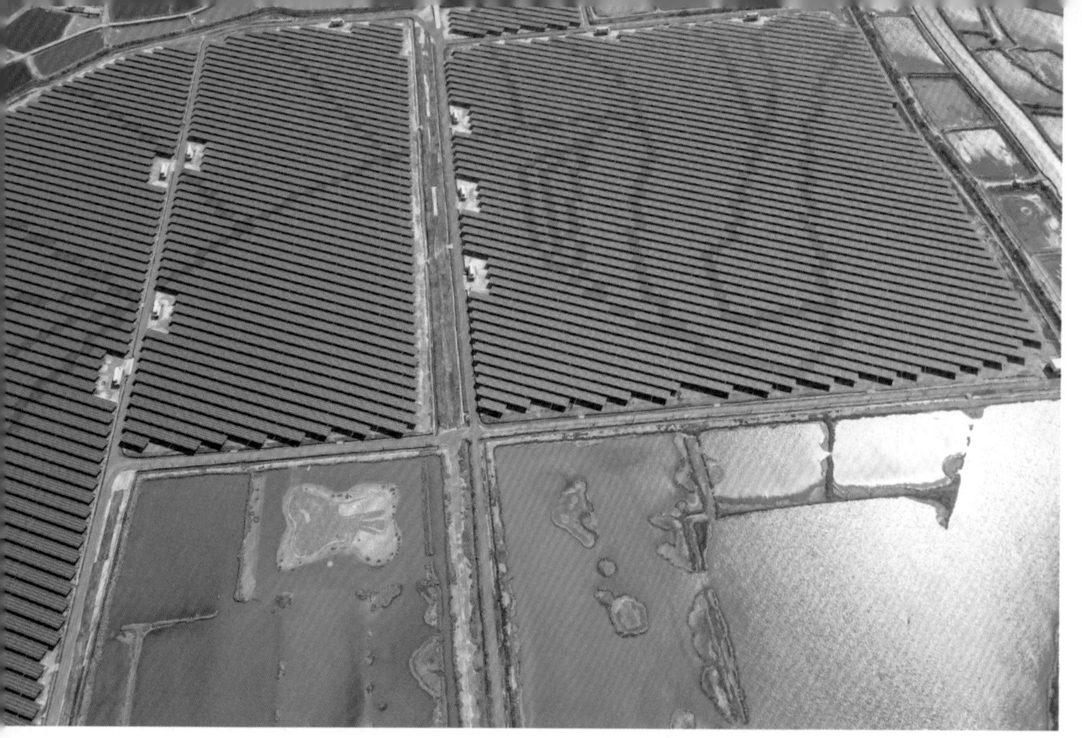

布袋鹽田濕地，周遭已經和光電板為伍。（攝影：方承舜）

政院環境保護署有三大環境影響評估案，都和濕地有關，除了濱南工業區，還有香山工業區開發案、關西精密機械園區開發案等，形成政府、廠商以及民間環保團體的攻防戰。

過去，島嶼上莽莽蒼原，「山有飛禽河有魚」，二十一世紀之後，環境危機四伏。

在政府和民間環保團體的努力之下，國家重要濕地開始推動。嘉南平原以西，從北到南依序為鰲鼓濕地、朴子溪河口重要濕地、好美寮重要濕地、布袋鹽田重要濕地、八掌溪口重要濕地、北門重要濕地、七股鹽田重要濕地、曾文溪口重要濕地、四草重要濕地、鹽水溪口重要濕地，另有嘉南埤圳重要濕地、官田重要濕地等。

嘉南平原是臺灣面積最大的平原之一，廣義的嘉南平原，除了包含臺灣中部的彰化縣、雲林縣，也包含嘉義縣、嘉義市、臺南市和高雄市等行政區。這片平原由濁水溪、北港溪、八掌溪、急水溪、曾文溪、鹽水溪、二仁溪等沖積而成，是臺灣最主要的農業產區。

曾文溪口重要濕地，鄰近台江國家公園管理處。（攝影：方偉達）

一九八〇年代，嘉南平原沿海地帶因為超抽地下水進行養殖，造成地層下陷。地層下陷和沿海泥沙淤積，紅樹林迅速成長，形成嘉南平原以西的特殊環境景觀。此區重要濕地，擁有廣大的牡蠣養殖區。

◀ 臺南官田水雉幼雛（攝影：方偉達）
▶ 公水雉會孵卵（攝影：方偉達）
▼ 公水雉帶幼雛（攝影：方偉達）

▲ 嘉南埤圳重要濕地（攝影：方承舜）
▼ 鰲鼓濕地（攝影：許震唐）

明鄭時期閩南移民在雲林笨港（今雲林縣北港鎮、嘉義縣新港鄉一帶）向南進行開墾，當時墾民聚資合股，並以「五股」（Gōo-kóo）為名領得荒地之墾照。一九六〇年代，政府推動開發海埔新生地，選在嘉義「五股」填海圍堤造陸，準備種植甘蔗，建立臺灣糖業公司東石鰲鼓農場。當時地層下陷，歷經了五年，耗資三億多元，終於完成約一千公頃的海埔新生地，並以十年時間將土地洗鹽淡化。

這片基地為北港溪的出海口。北港溪發源於樟湖山，上游為虎尾溪，為雲林縣與嘉義縣的界河。北港溪和朴子溪的出海口之間，形成鰲鼓濕地，擁有多樣化的棲地型態，包括蔗田、水稻田、防風林、沼澤地、淡水地、鹹水地、紅樹林、河口、潮間帶等，生態包括東方白鸛、黑鸛、黑面琵鷺、唐白鷺、雀鷹、赤腹鷹、灰面琵鷺、魚鷹、諾氏鷸、彩鷸、小燕鷗、紅尾伯勞等保育鳥類。

二〇一〇年臺灣糖業股份有限公司和行政院農業委員會林務局在結合濕地與平地造林區域設立為「鰲鼓濕地森林園區」，包含東石農場、鰲鼓農場及溪子下農場（又稱溪仔腳農場）土地，二〇一二年開園，提供民眾入內參訪遊學。[13][14]

13 由國立中山大學陸曉筠執行的鰲鼓濕地森林園區規劃案，榮獲2011年美國景觀建築協會「分析規劃領域專業組首獎」。

14 陳力豪、莊士賢、陳耀祥、方偉達，〈鰲鼓濕地設立保護區可行乎？鰲鼓濕地的機會與挑戰〉，《濕地學刊》，第10卷第1期，2021年，頁85至104。

嘉義東石、布袋盛產牡蠣，又以東石最多。（攝影：方承舜）

牡蠣養殖之「蚵學傳播」

牡蠣（*Crassostrea gigas*）俗稱蚵仔，又稱蠔，是臺灣最重要的淺海養殖經濟貝類之一，養殖歷史在臺灣超過三百年。地形和氣候因素，養蚵主要集中在西部沙岸地區，其中以雲、嘉、南等縣市養殖面積、產量和產值最高。

牡蠣養活西南沿海許多居民，尤其是嘉義縣東石鄉，養蚵聞名全臺，產量也居全臺之冠。

以往廢蚵殼是政府與地方頭痛的問題，如今產官學聯手，將廢蚵殼升級為工業用途，創造百倍的經濟效益，東石小鎮也因循環經濟而亮起來，牡蠣養殖的「蚵學傳播」在東石興起。透過蚵田巡禮、牡蠣生態解說，以及鑽蚵殼、串蚵殼、剖蚵、烤蚵等體驗課程，散播蚵知識。

陳長花、黃飛龍創立的「白水湖蚵學家」品牌，讓遊客認識蚵的養殖產業，也認識東石。他們的蚵架採低密度養殖，讓牡蠣有充足的食物可吃，且養殖的牡蠣是二至三年的「老蚵」，大小堪比生蠔。牡蠣養殖的經濟效益和環境可持續性，使得東石成為臺灣蚵產業的重要基地，也讓廢棄蚵殼的「鍍金」術成為臺灣循環經濟的成功案例之一。

由於環境變化和其他因素，牡蠣養殖面積有所減少。不過，這一產業仍然對臺灣的漁村經濟有相當助益，相關產業經濟影響力更是可觀。

牡蠣採集（攝影：方偉達）

▲ 廢蚵殼是政府與地方頭痛的問題（攝影：方承舜）
▼ 剝殼勞工處理的經濟活動（攝影：方偉達）

烤蚵體驗課程（攝影：方偉達）

嘉義沿海也是臺灣移民文化的發源地，屬於環境生態敏感區域，由於外在營力交互作用影響，造成離島沙洲；另因人為魚塭墾殖、鹽田開發，已經和陸地相連接，只留下雲嘉外海的外傘頂洲和臺南外海的網子寮汕，屬於離島沙洲。

嘉義地區海岸變遷十分顯著，人為圍塭、晒鹽、墾田、建地、築壩、建築港口等，造成海岸濕地變化。例如，鹽水第一條街道的橋南老街，在月津港淤積之後，逐漸沒落，剩下整排老街屋訴說著當年的故事。

鹽水第一條街道的橋南老街，在月津港淤積之後，逐漸沒落。老街屋訴說當年的故事。（攝影：方偉達）

從嘉義東石到布袋，共有朴子溪河口、好美寮、布袋鹽田等重要濕地。最盛期間，沿海都是鹽田。布袋鹽場橫跨東石、布袋及義竹三個鄉鎮，總面積廣達二百公頃，由北至南分設立掌潭、壽島、新厝、中區、北港、新塭等六個場務所，管理轄下十個生產區。東石鄉網寮村東南邊，日本統治時期稱為「掌潭北部鹽田」，先由「掌潭北部組合」管理，後與「掌潭南部組合」合併為「掌潭製鹽株式會社」。一九四一年「掌潭製鹽株式會社」遭到「臺灣製鹽株式會社」強制收購。國民政府入臺之後，劃分為布袋鹽場第二生產區，一九八四年因為暴潮，堤防潰決，布袋鹽場關閉。

從北門鹽田到七股鹽田濕地

- **北門鹽田**：北門舊名北門嶼，原是倒風內海外的濱外沙洲，係青峰闕北方出入口。因北門嶼在倒風港門戶處，所以稱為北門。清嘉慶年間，倒風內海淤填陸化，與陸地相連，現今演變成為魚塭與鹽田，其間擁有雙春紅樹林濕地。
- **七股鹽田濕地**：七股鹽場過去是臺灣最大的晒鹽場，和南側的七股溪出海口範圍，共同被劃入七股鹽田濕地，但是鹽場並不在台江國家公園的範圍內。其中的青鯤鯓扇形鹽田，位於臺南市將軍區聚落，古代像是一尾青色鯤魚之身，閃閃發出藍光，得名「青鯤鯓」。青鯤鯓北方有扇形鹽田，一九七七年由臺灣鹽業股份有限公司填平青鯤鯓沙洲與內海，開闢而成新鹽灘，二〇〇二年五月，七股鹽場和青鯤鯓扇形鹽田結束晒鹽，從空中俯瞰，可見鹽田形成巨大的扇形，西側則有青山漁港西南航道，通往臺灣海峽。

臺灣的鹽業史

時期	內容
荷蘭統治之前（一六二四年以前）	• 臺灣沿海地帶的居民直接用火煮海水取鹽，或是以鹿皮和中國大陸的商人貿易食鹽。住在內陸的原住民如阿美、布農、泰雅、排灣族，則攀登到中海拔山區，採取羅氏鹽膚木，或是設法熬煮含有鹽分的鹽泉水，來取得食鹽。
荷蘭時期（一六二四年—一六六二年）	• 荷蘭東印度公司闢建鹽田，稱爲「鹽埕格」，興建臺灣第一座鹽田「鹽埕庄」瀨口鹽田（今臺南市南區的鹽埕里），採「淋鹵式」，但品質不佳。
明鄭時期（一六六一年—一六八三年）	• 參軍陳永華推動「三曝九晒」製鹽法的「天日晒鹽」。此後，一直是臺灣產鹽的主要方式。陳永華重建了瀨口鹽田，以「濃縮」、「結晶」、「收鹽」三步驟開啟了臺灣三百多年的鹽業史。
清朝時期（一六八三年—一八九五年）	• 一七二六年實施專賣制度，統轄官辦，共有四座鹽場，設置「鹽館」，禁止晒鹽私晒私賣。 • 一七九八年（嘉慶三年）晒鹽方式改爲「晒鹵式」。 • 一八二四年，臺南鹽商吳尚新將鹽田結構改良爲「水埕」（大蒸發池）、「土埕」（小蒸發池）、「鹵缸」（儲鹵）與「磚瓦埕」（結晶池，瓦盤），產能大幅提升。

日本時期（一八九五年—一九四五年）	• 廢除鹽專賣制度，允許自由產銷。 • 一九一九年，臺灣製鹽株式會社在臺南安平（今臺南市安平區）成立，和後來成立的南日本鹽業株式會社、鐘淵曹達株式會社共同壟斷了臺灣的鹽業市場。
國民政府時期（一九四五年迄今）	• 一九四六年臺灣省行政長官公署專賣局成立「臺南鹽業公司」 • 一九四八年稱爲「中國鹽業股份有限公司臺灣分公司」 • 一九五二年臺灣製鹽總廠成立。一九八〇年是臺灣鹽田面積與產量的歷史顛峰，後來從原本的「淺鹵薄晒」改爲「深鹵厚晒」以配合鹽田機械化。
一九九五年	• 臺鹽實業股份有限公司（臺鹽）成立。但是晒鹽的成本過高。
二〇〇二年五月	• 臺灣最後一個晒鹽場七股鹽場停止晒鹽。臺灣濕地產鹽走入歷史。

淋鹵式瓦盤鹽田遺跡（攝影：方偉達）

青鯤鯓北方有扇形鹽田濕地（攝影：方偉達）

七股早年不見於輿圖，是曾文溪以北的「倒風內海」與「台江內海」陸連後的地區，潟湖為青山港汕、網子寮汕、頂頭額汕與新浮崙汕等濱外沙洲與陸地之間的內海水域。

七股位於曾文溪下游入海口北方，原稱七股寮。清道光年間，洪理、黃軍等十六位股首招佃開墾此地，後來經過七十二份分配，七位股首等招佃來墾，七股寮就是當時七位股首招來的佃戶所構築茅寮之處，後來發展為村莊，因此得名。

另傳本地形成海埔新生地後，有福建省來臺開墾的七名移民，他們開闢經營一處名為「七股塭」的魚塭，之後本地沿稱「七股」。十七世紀時，尚為台江內海潟湖一部分，到了一八二六年（清朝道光六年），因為鹿耳門港道淤塞，原內海陸化為陸地。

七股潟湖為台江內海最後一片潟湖，臺灣第一大潟湖，由曾文溪四次改道而造成今日景觀，當地人稱為「內海仔」或「海仔」，是目前臺灣西南沿海最具有生產力與多樣性的生態環境。然而，目前也歷經面積銳減的危機。二〇〇九年台江國家公園成立，成為其一部分。

七股潟湖南北端都有缺口，潮水可以進出，稱為南北潮口，目前北潮口逐漸被泥沙所填塞，西以離島沙洲網仔寮汕與臺灣海峽相隔，共計三個沙洲、二個出海口。這些離岸沙洲是七股海岸的特色，其形成係由於海底地形較靠近岸邊，且是外海碎浪帶的位置，該地波浪在碎浪區內，無法繼續前移至岸邊，搬運泥沙的能力降低，只能將泥沙留置於碎浪區，因此沙洲具有阻絕波浪入侵的功能，形成海岸防禦屏障。

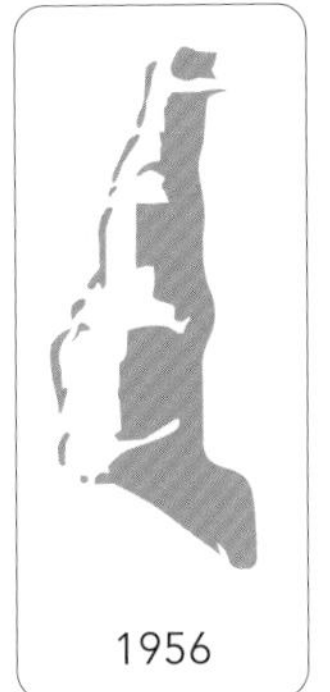

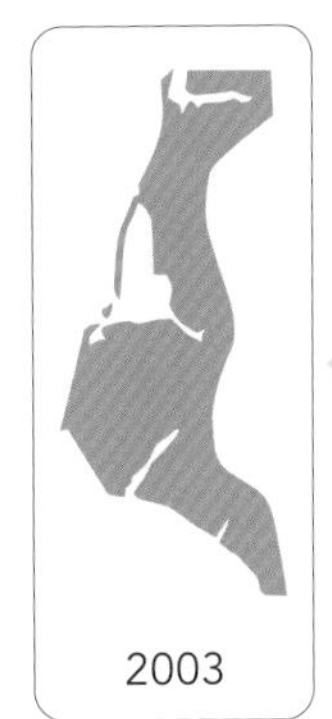

2003
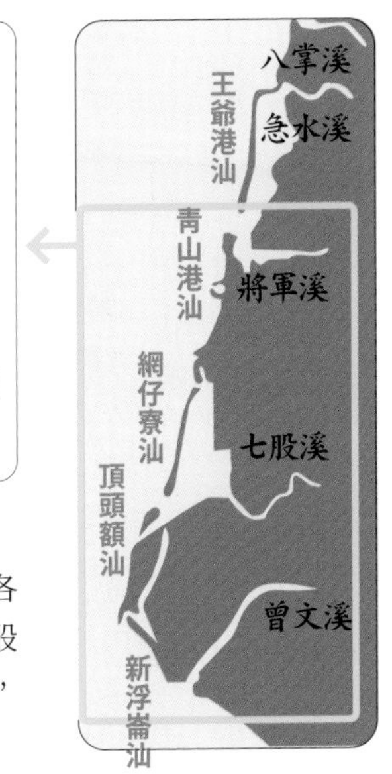

七股潟湖及沙洲面積逐年遞減。如以1926年為基準點，則各年期面積依序為100%、78%、48%、19%。20世紀初，七股潟湖面積可達5,889公頃，但是一百年間，已減少至81%，現只剩下1,119公頃。（繪製：方偉達）

七股鹽田是重要濕地(攝影:許震唐)

七股潟湖與沿海社區居民的生活息息相關。潟湖提供七股漁民插蚵、養殖文蛤並設定置網捕魚,以利當地生計;且提供臨近的魚塭海水來源,並且洗滌魚塭排放出來的有機池水,成為臺灣海水魚類繁殖重鎮。近來隨著生態旅遊興起,搭乘膠筏暢遊潟湖,成為生態旅遊重要景點。

曾文溪口濕地

曾文溪口濕地是保育鳥類黑面琵鷺的重要度冬區。濕地北起頂頭額汕七股燈塔,南至曾文溪南岸青草崙堤防,東以省道臺十七號公路(國聖大橋)為界,西側海域延伸至等深線六公尺處,總面積約一七三三公頃。

曾文溪口濕地原是台江內海的一部分,由於曾文溪上游帶來豐富的營養鹽,出海口的廣大泥灘孕育了底棲和浮游生物,成為生物棲息的重要場域。每年秋冬季節,候鳥族

四草是著名的紅樹林濕地（攝影：方偉達）

群都會在這裡過境或度冬。

四草濕地

最早見於一六四〇年間荷蘭人繪製的《安平圖》，一七五二年（清朝乾隆十七年）屬於北汕尾嶼（Boxemboy，或稱北線尾）的一個小島 Rediut Zeeburgh，稱為四草嶼。相傳有人發現嶼上有四株奇異的樹，這些樹的樹幹中，生長著可以帶來福氣的草，因而稱為四草。另一說法，四草係「草海桐」的別稱，因當時四邊都長滿了這種「楚」（草），所以叫做四草。

根據清朝姚瑩所撰《東槎紀略》：「道光三年七月，臺灣大風雨，鹿耳門內，海沙驟長，變為陸地。」一八二三年（清朝道光三年），颱風造成台江淤塞，北汕尾島的四草嶼與鄰近的沙汕形成陸地和湖泊，稱為「四草湖」，當地又名「泗草」。

臺灣西南沿海的魚蝦養殖

臺灣的水產養殖歷史悠久，可追溯至三百多年前。這段漫長的歷史涵蓋了淡水養殖、鹹水養殖、陸地魚塭養殖，以及海水養殖。

1 **虱目魚**：臺灣西南部濕地的重要魚種之一，超過三百年養殖史，對當地經濟有重要貢獻。濕地提供了虱目魚理想的生長環境，而虱目魚的養殖也有助於保持水質和生態健康，能維持濕地生態系統的平衡。

2 **石斑魚**：世界性的高經濟魚種之一，臺灣自一九七二年在澎湖開始蓄養，成就石斑王國的美名。目前主要養殖區在南臺灣。

3 **尖吻鱸**：俗稱金目鱸，是臺灣與東南亞重要的養殖魚類。因其成長快、抗病力強、肉質嫩而受到青睞。養殖區主要在臺灣南部。

4 **海鱺**：箱網養殖業的主要魚種之一，澎湖海域是箱網養殖的先驅。近年來，結合休閒漁業，提供參觀體驗等活動。

5 **鮪魚**：臺灣的鮪魚漁業在世界占有領先地位。

6 **斑節蝦**：外銷量已經超過日本斑節蝦的養殖產量。

這些養殖魚種不僅豐富了臺灣的漁業資源，也對當地經濟發展提供貢獻。

虱目魚幼仔魚
（攝影：方偉達）

▲ 虱目魚湯和魚丸
（攝影：方偉達）
▼ 淺坪養殖虱目魚，是對於黑面琵鷺的友善產品。（攝影：方偉達）

CHAPTER

16

國境之南——南部重要濕地與保育

臺灣南部，主要由珊瑚造礁、沖積平原，以及沉積岩的山麓地形組成。除了高山、深谷、丘陵、臺階地，還有崎嶇難行的海岸礁岩，以及平緩的沖積平原。多數河川發源於阿里山山脈、玉山山脈、中央山脈以及南湖大山環繞著的臺灣南部集水區。

在國境之南，主要由脊梁山脈的中央山脈延伸到臺灣最南端的鵝鑾鼻，山脈屬於粘板岩的山地，形成山塊和丘陵。南部山塊有關山山塊、大武地壘等，延伸到恆春半島之後，形成了恆春半島的粘板岩山地、東臺片岩山地，另有東南山塊、恆春東方丘陵。

高山經過侵蝕之後，從湖泊群主脊陷落區，形成平緩坡面的臺階地形。臺灣南部的山麓內陸濕地以大鬼湖、小鬼湖最為有名。

高雄海岸有茄萣濕地、永安、援中港、林園等重要濕地；高雄市西北部山區有楠梓仙溪重要濕地；高雄平原則有半屏湖重要濕地、洲仔重要濕地、鳥松重要濕地、大樹人工重要濕地、鱗洛人工重要濕地。恆春半島有東源重要濕地、四格林山重要濕地、南仁湖重要濕地、龍鑾潭重要濕地等。

大鬼湖、小鬼湖

季風被中央山脈阻擋，此區多雨、多霧。大鬼湖與小鬼湖被魯凱族奉為聖湖，傳說是百步蛇神共享給魯凱族祖先的水源聖地，以及祖先靈魂居住的地方。

大鬼湖位於高雄市茂林區與臺東縣延平鄉的交界，海拔二一五一公尺；小鬼湖位於臺東縣卑南鄉西部，臨近屏東縣霧臺鄉的交界線，海拔二〇四〇公尺。湖泊位於中央山脈稜線西部山麓，屬於森林型態，林相原始茂密，包括闊葉林、混生林及針葉林。

陸域動物調查中，哺乳類包括臺灣黑熊、黃喉貂、棕簑貓等保育類動物，可以看到臺灣水鹿，鳥類有熊鷹及林鵰。小鬼湖形狀呈現長條形，面積五公頃，為高屏溪支流隘寮北溪的源頭。臺灣杉純林的林區面積有一三〇〇公頃。

大鬼湖是重要森林濕地（攝影：游旨价）

魯凱族的巴冷公主

魯凱族稱Baiyu為湖泊，大鬼湖為「他馬羅林池」(Dalupalringi)，小鬼湖為「答活巴陵」(Taidrengere)。多雨、多霧的小鬼湖有一個巴冷公主的傳說故事，非常浪漫迷離。[15]

傳說在古代小鬼湖畔住著一群百步蛇，由蛇王阿達里歐(Adalio)統治。有一天，百步蛇王想娶妻，看上了魯凱族的巴冷公主(Balenge)。阿達里歐英俊，但是寡言，曾經協助過迷路的村民，找到回家的路，喜歡吹著短笛。後來，他化身為英俊瀟灑的王子，出現在小米田。

百合花之帽是純潔的象徵
（攝影：方偉達）

有一天巴冷公主在田中播種小米，聽到美妙音樂，在小鬼湖畔的森林迷路，巧遇阿達里歐，兩人一見鍾情。阿達里歐經常來到山田和巴冷公主約會，不久他們的戀情被魯凱族人發現了，族人竊竊私語。公主心中不安，就和阿達里歐說，如果他真心愛他，希望可以跟她回家認識家人及族人，阿達里歐也答應了。

巴冷公主的父母和族人，發現阿達里歐的真實身分其實是巨大的百步蛇，人蛇怎麼可以相戀呢？阿達里歐只好黯然離去。有天晚上阿達里歐托夢給巴冷的父親，希望能娶巴冷為妻，巴冷的父親開出了條件：

「只要誰先找到深海中的琉璃珠，加上許

15 江俊銓，〈日本赤十字社臺灣支部初期之研究(1895-1906)〉，《史匯》，第10期，2006年，頁65至113。

多鐵鍋、山刀、陶壺、熊、山豬和山羊，做為聘禮，就答應將小女嫁給他。」

這個條件非常困難。帕立奇－莫利莫利達安是一種琉璃珠，相傳在大海中，住著人類之母帕立奇，她的眼淚變成了一串串的七彩琉璃珠。

阿達里歐帶著部下出海，費盡千辛萬苦，用三年的時間找到了七彩琉璃珠，並成功迎娶巴冷公主為妻，由阿達里歐帶她回到小鬼湖。

蛇王揹起了巴冷公主，緩緩沒入森林中的鬼湖，並且答應世世代代守護魯凱族人。送行的親友看著巴冷公主，戴著百合花帽面帶微笑，漸漸和阿達里歐沉入湖水中央。在魯凱族頭目夫婦的祝福中，蛇王保護魯凱族世世代代可以進入鬼湖森林打獵，以及摘取草藥，因此魯凱族世代都很尊敬大鬼湖和小鬼湖。

馬卡道之原到高雄平原

原為淺海沼澤的高雄平原，於新石器時代早期（大坌坑文化）始有人類居住，當時從嘉南平原到高雄沿海沼澤，有許多湍急的河流；經過流域沖積之後，形成高雄平原。新石器時代中期，以牛稠子文化為主，晚期為大湖文化，到了金屬時代，出現蔦松文化。

八百年前，這片淺水沼澤地是馬卡道族的居住地，散布在大傑巔社、阿猴社、放索社、打狗社等部落。

高雄過去稱為Ta-káu，是高雄古地名「打狗」的由來。陳第在一六〇三年所著《東番記》中描述的「打狗嶼」（今高雄市旗津區，或是壽山一帶），即是打狗最早的漢名。

十七世紀荷蘭人進入臺灣構築防禦工事時稱為Tancoia的植物，即為馬卡道族指的刺竹林。當時種植用以防禦海盜的刺竹林，稱為Tá-káu。刺竹是一種分布於亞洲熱帶地區的竹子，高大、竹桿密集叢生，竹桿基部的小枝條會變成刺，因此得名。刺竹耐貧瘠、乾旱、水浸與強風，尤其是乾旱期越長，鞭條狀的刺越多而密集。相傳馬卡道族的部落周圍都種植刺竹，可構成類似鐵絲網的防衛功能，以抵抗盜賊與猛獸的侵擾；且種植後可用來固定河堤，防止土壤被沖刷流失。

明鄭時期，馬卡道族大傑顛社（今高雄市路竹區）向兩路南遷屯墾，一路通過高屏溪，進入屏東。有一部分退往大岡山後的尖山，設置援剿右庄（今燕巢區安招里），援剿中庄（今燕巢區公所）以及角宿庄（今燕巢區義守大學醫學院區）。後來，馬卡道族繼續遷往羅漢門（今內門區）和旗山區的丘陵。

早期的「打狗嶼」在平原之中凸起。十七世紀末，高雄市的山丘，是福建泉州通往菲律賓呂宋島航線的重要導航點。當時的高雄壽山高度為三五六公尺，地質屬隆起珊瑚礁石灰岩，船員遠遠望去像是一隻老虎躺在海岸，稱為虎仔山、虎頭山、虎尾山。

沿海原為海灣潟湖，經過高屏溪等河川不斷沖積，填平產生沖積平原，現全市已經淤積成陸地。高屏溪是臺灣南部最重要的河流之一，全長一七一公里，流域面積達三二五六平方公里，主要支流包括荖濃溪、旗山溪、隘寮溪、濁口溪等。

高雄濕地廊道

濕地生態廊道是現代城市因應氣候變遷、打造韌性環境所設計。高雄引入此概念，營造、串聯多個濕地城市計畫。筆者亦參與其中。[16]

■ **援中港**：楠梓區、左營區交界地帶的傳統地域名稱，源自「灣中港」。援中港濕地公園原是魚塭，屬於海軍用地，因為海軍二代艦基地的開發計畫，軍方收回土地進行重劃，其中約三十公頃規劃為濕地公園。目前由臺灣濕地保護聯盟認養維護。

■ **蓮池潭**：位處左營區半屏山之南、龜山之北的半人工湖，舊稱蓮花潭、蓮潭埤等，是左營最大的湖泊，源於高屏溪。

■ **半屏湖**：位於左營、楠梓兩區交界之處，半屏湖在半屏山上，蓮池潭之東北邊，與龜山相望。半屏湖濕地利用石灰採礦場沉沙池規劃而成，是特殊的人工湖濕地公園，園區內有觀景平臺、賞鳥屋等設施。

■ **洲仔濕地**：位於左營區蓮池潭邊。明清時期，半屏山南

蓮池潭（攝影：方承舜）

16 筆者原有構想希望仿照曹公圳進行廊道地串聯高雄平原。第一代的曹公舊圳（五里舊圳）由鳳山知縣曹謹興建浚路，提督熊一本稱之爲曹公圳，灌溉地區約爲現今高雄市大樹區、大寮區、小港區、前鎮區農田。1842年鄭蘭（興隆里人）、鄭宣治率衆開挖了曹公新圳（五里新圳），灌溉區大約在鼓山區、楠梓區、左營區、三民區等地。此外，鳳山圳灌溉地區約爲現在鳳山區，大寮圳灌溉大園區，林園圳灌溉林園區，圳路長度130公里，灌溉面積6千餘公頃。新自然主義企畫製作《聽，濕地在唱歌》，進行第一代的濕地廊道建構。

澄清湖位於高雄市鳥松區，是高雄第一大湖，舊名「大埤湖」或「大貝湖」，是重要的水源地和風景區。湖畔鳥松濕地擁有竹林、開卡蘆、水燭、水丁香等植物。（攝影：方承舜）

美術館濕地（攝影：方承舜）

洲仔濕地（資料來源：© by lienyuan lee, via Wikipedia.）

側布滿水田，蓮池潭水域廣闊，之後清朝疏濬蓮池潭，興建水利設施。潭的東北側堆積淤泥，彷彿沙洲，稱為「洲仔」。早期左營居民以農耕維生，種植菱角，常見水鳥於水田中活躍，如水雉、紅冠水雞、鷺科生物等，生物多樣性豐富。洲仔濕地公園屬於都市計畫中的左營一號公園，簡稱「左公一」。水雉之後從臺南官田返回洲仔濕地。[17]

- **美術館濕地**：原為埤塘滿布的內惟埤濕地，一九九四年美術館創建後為南臺灣第一座公立美術館，保留其成為都市中的濕地公園。
- **愛河之心**：愛河，古名硫磺水、打狗川、高雄川、一號運河，是臺灣少數以「河」為名的河川。愛河之心，又稱如意湖，是一座人工湖，二〇〇七年啟用。

茄萣與永安濕地

茄萣濕地是由蟯港潟湖淤積，以及填海造陸所形成的內陸沼澤濕地，位於原高雄鹽場竹滬鹽田的北部。永安濕地，緊鄰茄萣濕地，當地居民長期以晒鹽及賣鹽為生，為南臺灣重要的晒鹽場。鹽田廢晒之後，茄萣和永安濕地成為南臺灣候鳥度冬的最大棲息地之一。根據高雄鳥會統計，茄萣濕地每年冬天有黑面琵鷺、小燕鷗、魚鷹、游隼、各種鷸鴴類和水鴨聚集在此休憩覓食，潮間帶還有彈塗魚。

17 臺灣濕地保護聯盟曾經在2003年因爲「水雉返鄉」計畫，得到「福特保育暨環保獎」百萬首獎。

▲ 彈塗魚（攝影：方偉達）

▼ 蟹類是濕地常見的物種（攝影：方偉達）

茄萣濕地（攝影：方偉達）

高屏溪流域的人工濕地

▪ **大樹人工重要濕地**：高屏溪右岸大橋至舊鐵橋高灘地間的人工濕地，結合自然生態及民眾遊憩空間而成，由永豐餘和高雄市野鳥學會共同認養。

▪ **鱗洛人工重要濕地**：西側是臺糖隘寮溪農場，由場址東南側排水溝渠引水進入人工濕地，以自然淨化工法設計。

▲ 鱗洛人工重要濕地，位於國道三號西側台糖隘寮溪農場旁，是屏東縣政府環境保護局為處理廢水，利用濕地生態工程所營造。（攝影：方承舜）

歐亞板塊隱沒至菲律賓海板塊所形成的岩體，由屏東縣車城鄉海口向南延伸至恆春鎮南灣形成斷層。在斷層之上，較老的地層沉積岩，出現在較新地層的上方。恆春半島擁有大山母山和大尖石山，海濱有珊瑚礁海岸的裙礁地形，集中於南端之墾丁、鵝鑾鼻，以及臺東南部一帶。根據考古出土的生態遺留，發現大量的硨磲貝、芋螺、笠螺、夜光蠑螺、寶螺、硨磲蛤，代表約四千年前原住民喜歡利用海洋的資源，以及取自深海珍貴的夜光蠑螺打磨大小魚鉤。

目前恆春半島擁有東源重要濕地、四林格山重要濕地、南仁湖重要濕地、龍鑾潭重要濕地。

■ **東源水上草原**：屏東牡丹鄉東源村的東源水上草原，由沼澤、湖泊組成，名為東源湖，另有哭泣湖之稱，排灣族人稱為Pudung，意思是「角落、邊緣地帶」，屬於部落的禁忌之地。排灣族人原來住在枋山溪上游，曾經翻山越嶺來到現今的哭泣湖周圍定居，稱為Kuzi，這句話在排灣用

東源水上草原（攝影：方承舜）

語中，就是水流匯集的地方。一九四一年日本統治年間，將原沼澤地築起堤堰，形成現今的人工湖，目前漢人用諧音稱呼為「哭泣」，就是現在的東源湖。東源濕地一帶，植物長在含水量非常高的沼澤泥地上，水上草原盤根錯節，根部交互纏繞，形成一片草澤。

■**四林格山**：位於牡丹鄉四林村，中央山脈大武山山麓末端，因山勢呈現格子狀而得名。其中面積較大的是「恐龍母湖」、較小的是「恐龍子湖」，降雨後積水成湖泊，乾旱時為草澤窪地。四林格山有雞角薊、野菰，也曾記錄到麝香貓出沒。

■**南仁湖**：位於長樂村內，有三個天然高山湖泊，是淡水湖生態系統。區內林木蒼鬱，為天然熱帶季風林雨林，也是臺灣僅存的低海拔原始林，擁有豐富的生物資源，爬蟲類、兩棲類、哺乳類豐富。具備有暖溫帶、亞熱帶與熱帶雨林共存的特殊景觀，植物種類高達上千種。

■**龍鑾潭**：位於屏東縣恆春鎮西南方，為半人工的湖泊。龍鑾潭名字來自斯卡羅族龍鑾社。其四周

龍鑾潭（攝影：方承舜）

為關山、馬鞍山、大山母山、赤牛嶺、三臺山等，植被多林投、馬纓丹、相思林、銀合歡、木麻黃及蘆葦，圍繞潭邊茂密生長。

大航海時期，西班牙人、荷蘭人來到臺灣，之後鄭成功帶來閩南漢人文化，接著日本人入臺，在臺灣的西南海岸發展養殖和鹽業，及至近代的工業化。

從海洋到內陸濕地，從原住民到大航海的西方人、直至今之漢人，西南部濕地說明了臺灣文化的風華絕代。

參考文獻

1 方偉達，〈海岸沙洲、濕地變遷〉，《臺灣學通訊》，一三二期，二〇二三年，頁十六至十八。

2 黃美傳，《一看就懂台灣地理（新裝珍藏版）》。臺北：遠足文化，二〇二〇年。

3 郁永河，《裨海紀遊：三百年前郁永河台灣大旅行》。臺北：南港山文史工作室，二〇一五年。

4 施懿琳，《臺閩文化概論》。臺北：五南圖書出版股份有限公司，二〇一三年。

5 杜正勝，〈平埔族群風俗圖像資料考〉，《中央研究院歷史語言研究所集刊》，一九九九年，頁三九至三六一。

6 周運中，〈明末臺灣地圖的一則新史料〉，《福州大學學報（哲學社會科學版）》，第一一九卷第一期，二〇一四年，頁五至十。

7 周運中，〈明代《福建海防圖》臺灣地名考〉，《國家航海》，第四卷，二〇一五年，頁一五七至一七四。

8 簡文敏，〈大武壠研究與「大武壠族」正名的省思〉，《民族學界》，第四十四期，二〇一九年，頁一三九至一六八。

9 李祖基，〈陳第、沈有容與《東番記》〉，《臺灣研究集刊》，七十一卷第一期，二〇〇一年，頁七八至八六。

10 Hsu, P. C. 2023. Koxinga's Controversial Father and Mysterious Mother: A Tragic Love Story. *Ming Studies*, 1-24.

11 徐興慶，〈越境する日中文化・思想交流史の序〉，《南山大學アジア・太平洋研究センター報》，第十二期，二〇一七年，頁一至二三。

12 王日根，〈外患紛起與明清福建家庭組織的建設〉，《中國社會經濟史研究》，第二期，一九九九年，頁三五至四一。

13 楊龢之，〈荷據時期臺灣牛隻的引進與飼育〉，《中華科技史學會學刊》，第十七期，二〇一二年，頁一〇八至一一四。

14 林仁川，〈明代大陸人民向臺灣遷移及對臺灣的開發〉，《中國社會經濟史研究》，第三期，一九九一年，頁三四至四六。

15 陳家煌，〈從《赤嵌集》看孫元衡任職臺灣海防同知的處境與心境〉，《史匯》，第十九期，二〇一六年，頁一至二八。

16 吳炳輝，〈孫元衡《赤嵌集》詩中的台灣風土〉，《明新學報》，第三十一期，二〇〇五年，頁一至十八。

17 林仁川，〈荷據時期臺灣的社會構成和社會經濟〉，《中國社會經濟史研究》，第一期，一九九七年，頁六一至六九。

18 敏北，〈朱仕玠與《小琉球漫志》〉，《炎黃縱橫》，第十二期，二〇〇六年，頁三九至四〇。

19 林玉茹，〈政治、族群與貿易：十八世紀海商團體郊在臺灣的出現〉，《國史館館刊》，第六十二卷，二〇一九年，頁一至五四。

20 林正慧，《臺灣客家的形塑歷程：清代至戰後的追索》。臺北：國立臺灣大學出版中心，二〇一五年。

21 劉赫宇，〈對清代臺灣瘴氣的生態史考察—基於經濟開發和軍事史實〉，《愛知論叢》，第一〇七期，二〇一九年，頁一〇三至一一七。

22 林淑惠，〈明鄭復台抗清過程及其失敗因素之評析〉，《正修通識教育學報》，第十期，二〇一三年，頁六一至七六。

23 蔡蕙如，〈從世代論集體記憶的變遷—以臺南神社和林百貨屋頂神社的傳講爲討論場域〉，《臺陽文史研究》，第一期，二〇一六年，頁一一一至一二九。

24 江俊銓，〈日本赤十字社臺灣支部初期之研究（一八九五—一九〇六）〉，《史匯》，第十期，二〇〇六，頁六五至一一三。

25 曹樹基，〈鼠疫流行與華北社會的變遷（一五八〇—一六四四年）〉，《歷史研究》，第一期，一九九七年，頁十七至三二。

26 江文山、蕭士俊，《外傘頂洲侵退防治技術開發與策略建構計畫-雲嘉海岸漂砂質點追蹤與地形變遷機制探討》。臺南：國立成功大學台南水工試驗所，二〇一二年。

27 魏國彥，〈臺灣第四紀哺乳動物化石研究的回顧與前瞻〉，《經濟部中央地質調查所特刊》，第十八號，二〇〇七年，頁二六一至二六八。

28 郭炎土，〈煒隆精緻一貫作業鋼廠計畫〉，《鑛冶 中國鑛冶工程學會會刊》，第三十七卷第三期，一九九三年，頁十五至二五。

29 張祖詒，《蔣經國晚年身影》。臺北：遠見天下文化出版股份有限公司，二〇〇九年。

30 董天傑，《台灣國家公園政策之政經分析，一九四九—二〇〇六》，國立臺灣大學政治學研究所碩士論文，二〇〇七年。

31 陳力豪、莊士賢、陳耀祥、方偉達，〈鰲鼓濕地設立保護區可行乎？鰲鼓濕地的機會與挑戰〉，《濕地學刊》，第十卷第一期，二〇二一年，頁八五至一〇四。

32 Ferrell, R. 1971. Aboriginal peoples of the southwestern Taiwan plain. *Bulletin of the Institute of Ethnology Academia Sinica*, (32), 217-235.

33 曹瑞泰，〈從基地到龍珠—自歷史視角解析台灣地位之變遷〉，《通識研究集刊》，第六期，二〇〇四年，頁三一至五五。

PART 6

海上明珠

臺灣東部與離島濕地

攝影：許震唐

花東縱谷夾於中央山脈與海岸山脈之間，
濕地民族遷流，人類遺址訴說一頁頁滄桑。
風襲四野。鱟、海龜、鳳頭燕鷗駐留海上列島，
海洋疆土似已羽化成為生態聖地。

泗波瀾外海雲封，踏遍花蓮亂石蹤。
鳥道羊腸今已鑿，且銷金甲試春農。

——王凱泰（一八七五年），《臺灣雜詠合刻》

「婆娑之洋，美麗之島。」[1]臺灣東部海岸和沿海美麗的群島，常被稱為「海上明珠」，擁有豐富的自然景觀和生態資源。原住民族久居此境，是濕地演進的見證者。傳說，卑南族是風，阿美族是海；西拉雅族拜水，撒奇萊雅族拜火。

1 連橫，《臺灣通史》序。寫於1910年代，出版於1920年。

花東海岸（攝影：方承舜）

CHAPTER

17

花東海岸・珍珠織錦——地形與濕地

花蓮古稱奇萊、洄瀾、多羅滿，「奇萊」一詞為原住民撒奇萊雅族的臺語音譯簡稱，族人世居的花蓮平原，稱為「奇萊平原」（今花蓮市），內陸深山的祖山，則為「奇萊山」。

一六二二年，西班牙人到花蓮採取砂金，運回金包里一帶（今新北市金山區），並將花蓮立霧溪口至秀姑巒溪口的海岸與縱谷地帶，以巴賽語稱為多羅滿（Turoboan）。一六二六年至一六四二年，多羅滿省區成為西班牙屬艾爾摩莎噶瑪蘭省區（現蘭陽

平原）、淡水省區（現淡水河流域）、多羅滿省區（現花蓮立霧溪口至秀姑巒溪口的海岸與縱谷地帶）之一。一八五一年，閩南人看到花蓮溪水奔向海洋，波瀾交會為迴旋狀，稱為洄瀾（Hôe-liân）。

早在三六〇〇年前，新城鄉的濱海遺址已有聚落產生，當時溪流濕地漁業資源相當豐富，人類以砝碼型網墜捕魚。網墜以漁網固定水域範圍，發揮「定錨」功能。

花蓮是臺灣原住民族最多的區域，以阿美族分布最廣。花東海岸以豐富的地質地形景觀聞名，沿海岸山脈東側綿延的濱海地帶，全長約一八〇公里，背對海岸山脈，面朝太平洋，稻浪層層，浪花日夜拍打海岸，分布著濕地、海岸階地、沙灘、礫石灘、礁岸、離岸島、海岬和海蝕平

從花蓮海岸公路一路南行到臺東（知本），稱臺11線，會看到許多南島語系原住民的建築和瞭望臺。（攝影：方偉達）

花東縱谷（攝影：方承舜）

臺、海蝕洞、海蝕溝等地形。

若想從花東縱谷經過海岸山脈，通往花東海岸，有一條花四十六蕃薯寮產業道路，北邊是蕃薯寮溪，崎嶇難行，從鳳林鎮山興里（吉拉卡樣部落）連接到壽豐鄉芳寮部落，總長約十公里。選擇此路需橫越海岸山脈，貫穿山頂之後，出了芳寮，看到蕃薯寮溪，花蓮水璉的燈火即現眼前。

跨越壽豐溪到鳳林，林田中有許多煙樓，接上一九三線的箭瑛大橋之後，攀登海岸山脈才能進入臺十一號公路。

花東縱谷夾於中央山脈和海岸山脈之間，南北長約一八〇公里，東西寬二到七公里，面積約一千平方公里，海拔五十到二五〇〇公尺，地形以沖積平原為主，臺地夾雜，河川水系主要為花蓮溪、卑南溪等。

花東縱谷西側箭瑛大橋的故事

花蓮縣鳳林鎮山興國小，是依傍海岸山脈的原住民村落，居住著阿美族吉拉卡樣部落（山興部落）。早期教師們住在鳳林，需要渡橋到海岸山脈的山興國小，才能為學生上課。

一九七七年十月六日清晨，黛納颱風來襲，花蓮溪水暴漲，便橋沖毀。張箭、鄧玉瑛老師擔心學生的安危，面對暴漲的花蓮溪，冒險攜手步行想要渡過溪流，不幸遭滾滾溪水沖走。[2]

在「箭瑛大橋」上，感受到袞袞大地的蒼茫。如今三興國小已經廢校，當年畢業的小學生，現在也應該接近六十歲了。

2 吳正牧，〈箭瑛大橋－談花蓮山興國小教師張箭、鄧玉瑛涉溪殉職捨身育教的敬業精神〉，《師友月刊》，第127期，1978年，頁33至36。

■**花蓮溪口**：花蓮溪南端主要支流有木瓜溪、壽豐溪、萬里溪、馬太鞍溪、光復溪等，都發源於中央山脈東側。太平洋外海有黑潮暖流由南向北通過，當溪水注入和海浪激盪，即發出澎湃浪花的聲音「洄瀾」。

■**鯉魚潭**：位於花蓮縣壽豐鄉，為銅文蘭溪與荖溪之間河川襲奪所形成的堰塞湖，湖面呈橢圓形，湖水來自地底湧泉，所以終年清澈，最深處達十五公尺。當年太魯閣族登至鯉魚山頂往下看，潭的形狀就像是一條剛捕獲的鯉魚在跳躍，故名之。

■**馬太鞍**：馬太鞍部落的阿美族語Fata'an，原意為「樹豆」，位

鯉魚潭（攝影：方承舜）

在花蓮縣光復鄉馬錫山山腳下，是阿美族最大的部落之一。馬太鞍溪畔過去曾擁有成群的梅花鹿在濕地中生活，原耕作旱稻、旱小米，清朝時引進耕作水稻。馬太鞍部落目前進行旱稻復育計畫，旨在找回祖先留下的稻米品種。部落耆老從自家倉庫找出古老的旱稻種子，與花蓮農改場合作，成功培育出秧苗並進行插秧。

馬太鞍部落的小米復育計畫也取得了豐碩成果。這些小米品種在部落文化中具有重要地位，不僅是日常食用，還在慶典和祭祀中扮演重要角色。復育計畫不僅保護了珍貴的品種，還促進部落文化的傳承。

■ **卑南溪口**：卑南溪位於臺東縣東南部，是境內的主要河流，舊稱卑南大溪，上游為新武呂溪。卑南之名是賓朗社（Pinaski）轉音而來，原住民語稱 Puyuma（南王部落，普悠瑪），意為「獲得貢物最高位階的尊稱」，紀念卑南族大頭目鼻那來（Pinarai）。[3]

■ **知本濕地**：位於臺東縣臺東市知本

▲ 知本濕地（攝影：陳秉亨）

◀ 嘉明湖（攝影：洪敏智）

3 陳文德，《卑南族》。臺北：三民書局，2021 年。

地區，是一個重要的自然濕地，同時是卡大地布部落的傳統領域，其形成是由於知本溪出海口的舊河道被海岸沙礫堵塞而成。知本濕地擁有豐富的生態系統，是東部最重要的候鳥棲息地之一，其保護和管理也面臨挑戰。曾有開發計畫試圖將濕地改造成遊樂區和高爾夫球場，由於各種原因未能實施。近來，政府規劃在此開發太陽能光電區，引發對濕地保護的關注。

■ **新武呂溪**：位於臺東縣北部，為卑南溪的上游，流域包含海端鄉、池上鄉以及關山鎮，到了池上鄉萬安村附近才改稱「卑南溪」。新武呂溪保護瀕臨絕種的保育類高山鏟頷魚（又名高身鏟頷魚）以及稀有保育類的鱸鰻、臺東間爬岩鰍。

■ **嘉明湖**：在池上鄉以西，新武呂溪以

南。離開花東縱谷後翻越一三五一公尺的峖峖山，從大崙進入山脈中間，可抵達嘉明湖。位於海端鄉利稻村，因在三叉山側，又名「三叉池」，是臺灣湖泊中第二高的高山湖泊，海拔三三一〇公尺，僅次於三五二〇公尺的雪山翠池，湖水湛藍，面積約二公頃，深度六公尺。沒有任何山澗或溪流流入其中，湖水終年不枯。

嘉明湖位於布農族傳統領域，布農族稱為「月亮的鏡子」(Cidanuman Buan)。湖水顏色深藍如寶石，又稱「上帝遺失在人間之藍寶石」、「天使的眼淚」、「天神的眼淚」。

■ **大坡池：**原名大陂池，日本時期改為「大坡池」，亦可寫做「大陴池」、「大埤池」或「池上大埤」，花東縱谷主要湖泊之一，水源來自新武呂溪沖積扇扇端湧泉，這些湧泉提供了穩定的地下水源，維持大坡池的水位。此外，水源亦來自於池上圳的農田排水。一九一〇年面積為五十六公頃，後來因為放水造田，面積

大坡池（攝影：方承舜）

縮小，目前池域約二十八公頃，屬池上斷層所形成的斷層窪地。

■ **關山人工濕地**：位於關山鎮親水公園西北側，面積六公頃，是臺東縣內第一座以自然淨化方式進行實作的人工濕地，可淨化關山地區生活汙水、農田迴歸水以及畜牧業排放水。

▲ 關山人工濕地（攝影：方承舜）
▼ 關山的稻米（攝影：方偉達）

CHAPTER

18 泗波瀾外海雲封——歷史治理、原住民與濕地

十六到十七世紀的原住民族

十六世紀之前，臺灣南部遙拜山以南的中央山脈東西兩側，有原住民魯凱族、排灣族居住。蓊鬱的山脈以東，居住著卑南族；到了花東縱谷和海岸，則有阿美族。

一六三二年，蘭陽平原是西班牙人的勢力範圍，此處屬於噶瑪蘭族的領地，當地人自稱噶瑪蘭，意思是「平原的人類」，領有三十六社。[4]荷蘭人據北臺灣後，噶瑪蘭人也參加荷蘭人舉辦的淡水地方會議。當時蘭陽平原超過四十個以上的部落，分布在潮濕的沼澤，或是居住在河流、沙洲沿岸的宜蘭和羅東平原濕地，人口超過一萬人，過著漁獵、採集以及農耕生活。

噶瑪蘭族的生活和海洋、平原、溪流息息相關。平日祭典活動如海祭，族人一起吃飯，分配烹煮，喜螃蟹、烏魚、海膽、海參、海菜、海螺，加一點鹽和青苔，就是日常生活的美味。居住的空間是干欄式房屋，以木頭鑿空為頂，貼上茅草，竹木支撐。

---

4 劉騰謙，〈噶瑪蘭族的歷史傳統文化與變遷〉，《北市教大社教學報》，第8期至第9期，2010年，頁15至34。

噶瑪蘭族打馬煙社（今宜蘭縣頭城鎮竹安里），原意為「火」或「煮鹽社人的居地」；奇立板社（今宜蘭縣壯圍鄉東港村廍後），原意則是「靠近海灘沙子」的意思。這些噶瑪蘭的部落，都有濕地的意象。

十八到十九世紀的漢人與原住民

在漢人眼中，宜蘭平原水源充沛、排水良好，適合種植稻米。乾隆年間臺北地區的開墾者來到此地，登陸烏石港。

一八七四年牡丹社事件發生後，清朝由沈葆楨擔任欽差大臣，緊急到臺灣籌辦防務。沈葆楨計劃開發後山（臺灣東部），北路由噶瑪蘭（今宜蘭縣蘇澳鎮）到花蓮縣奇萊（今花蓮縣花蓮市），中路由彰化林圮埔（今南投縣竹山鎮）到花蓮璞石閣（花蓮縣玉里鎮），南路由屏東射寮（車城）開路到臺東卑南（臺東縣卑南鄉）。

一八七五年，吳光亮擔任臺灣總兵。[5]之前吳光亮已經進行了中路林圮埔到璞石閣的開路工程。十一月完工八通關古道。

從宜蘭平原到花東縱谷之間，清軍和噶瑪蘭族人、撒奇萊雅族人、太魯閣族人以及阿美族人衝突不斷。沈葆楨提出「開山」及「撫番」的雙軌經營策略，「開山」，就是開闢臺北通往後山的道路，從臺北經過宜蘭，深入到花蓮；「撫番」，是安撫招募當時尚未歸順清廷的原住民。清朝北路統領羅大春主要任務即是到花蓮後山「開山撫番」。此外，一八七五年年初，限制漢人的渡臺禁令解除，北路輔民理番同知正式改名成中路輔民理番

5　李宜憲，〈大港口事件：晚清國家體制與原住民部落的衝突〉，《東台灣研究》，第10期，2005年，頁5至35。

同知，設置招墾局，招募漢人進入後山開墾；也處理漢人與平埔族、阿美族的土地、物品交易以及婚姻衝突等問題。漢人不斷進入宜蘭平原，噶瑪蘭人漸漸離開了宜蘭平原。宜蘭地區墾荒成為一片水田。

羅大春修通蘇澳至花蓮的二百里道路，也就是蘇花公路的前身。一八七五年七月，臺灣北部開發已初具規模，清朝為了有效管理，決定在臺灣北部設置一府三縣。一八七五年，福建巡撫王凱泰曾寫：

> 泗波瀾外海雲封，踏遍花蓮亂石蹤。
> 鳥道羊腸今已鑿，且銷金甲試春農。

泗波瀾（秀姑巒，今花蓮豐濱鄉）意思是「河中之島」，阿美族人傳說中祖先登陸的地方。從這首詩可以看出，從秀姑巒溪一望，險阻的山脈已經開鑿出來。漢人將農業技術帶到了花蓮，穿越崎嶇的山徑，如同鑿開羊腸小道的工匠，試圖銷煉金甲一般，是春天耕作的象徵。

一八七五年沈葆禎離開臺灣之前，已經擘劃了東部改隸於新設立的臺北府；另在後山地區設置卑南廳。

從蘇澳到奇萊公路需要翻山越嶺（攝影：方偉達）

噶瑪蘭族在臺灣東部的分布

噶瑪蘭族分布區域主要在蘭陽平原一帶，與之臨近的還有同屬東臺灣南島語族的猴猴族（Qauqaut）與哆囉美遠族（Torobiawan）。哆囉美遠族分布於宜蘭縣壯圍鄉、冬山鄉一帶。

噶瑪蘭族最早可能在約八百年前在蘭陽平原上形成，是十三行文化在當地的分支，主要聚落包括打馬煙社（今宜蘭縣頭城鎮竹安里）、抵美簡社（今宜蘭縣礁溪鄉白雲村）、奇立丹社（今宜蘭縣礁溪鄉德陽村）、奇立板社（今宜蘭縣壯圍鄉東港村廍後）、貓里霧罕社（今宜蘭縣壯圍鄉東港村貓里霧罕橋一帶）等。現在居住在蘭陽平原的噶瑪蘭人已經很少了，他們散居臺灣東部，沒有比較大的聚落。在花東海岸，花蓮豐濱鄉的新社部落和立德部落，則是噶瑪蘭人目前較具規模的部落。

阿美族在臺灣東部的分布

阿美族是臺灣原住民族中人口數最多的一族，主要分布於花蓮和臺東兩縣。不同亞群包括：

一、南勢阿美群：分布於花蓮縣境內的花蓮市、新城、壽豐、吉安、秀林、豐濱、鳳林、光復，以及臺東縣的關山各鄉鎮。

二、中阿美群：包括秀姑巒阿美和海岸阿美，分布於花蓮縣境內的鳳林、光復、豐濱、瑞穗、玉里、富里，以及臺東縣的長濱、成功等鄉鎮。

三、南阿美群：包括卑南阿美和恆春阿美，分布於臺東縣的成功、東河、關山、池上、鹿野、臺東、卑南、太麻里、大武，以及屏東縣的牡丹、滿州等鄉鎮。

撒奇萊雅族在臺灣東部的分布

撒奇萊雅族（Sakizaya）在花蓮平原，也在花東縱谷、海岸等地建立部落。目前人數較多的部落，有新城北埔（Hupu’）、花蓮市國福里（Kasyusyuan）、國福社區（Cupu’）、美崙（Pazik）、撒固兒（Sakul）、瑞穗馬立雲（Maibul）、壽豐月眉（’Apalu）、鳳林山興（Cilakayan）、壽豐水璉（Ciwidian）與豐濱磯崎（Kaluluan）等。

撒奇萊雅族人世代居住在花蓮平原，以卷貝為食，勢力範圍在立霧溪以南，木瓜溪以北。他們是濕地民族，祖先因靠海吃海，將吃過的貝殼，在誕生之地堆積成為一座小山丘，稱為「拿拉拉贊嫡」(nalalacanan)。因為要躲避經常氾濫的洪水，後遷居到達固湖灣(Takobowan，今花蓮市慈濟大學至縣立體育高級中學)。

噶瑪蘭族人對於越來越多的漢人，早已不滿。一八七八年六月十八日，噶瑪蘭族人攔截清兵請撥糧食的文書，企圖斷絕清兵的糧食。第二天，決定聯合阿美族荳蘭社(今花蓮縣吉安鄉)、泰雅族賽德克亞族塔克達亞群(清朝文獻稱木瓜番，今木瓜溪上游)共計約二千人，攻擊清軍駐紮的鵲子埔(今花蓮縣新城鄉嘉里村、北埔村交界)營舍，清軍參將楊玉貴陣亡。清朝試圖派遣官吏進行安撫，但仍加派鎮海軍進入駐紮，清軍和原住民互有勝負。清軍駐紮於花蓮平原濱海地區與撒奇萊雅人在達固湖灣對峙。

達固湖灣在花蓮平原，大頭目古穆．巴力克(Komod Pazik)管理奇萊平原加禮宛、竹仔林、武暖、七結仔、談仔秉、瑤歌等達固湖灣六個部落。他下令撒奇萊雅族人積極備戰。

當時清軍分為兩路，一路以優勢武力，攻擊噶瑪蘭族加禮宛社(今花蓮縣新城鄉嘉里村)，另外一路攻擊撒奇萊雅族人部落達固湖灣。

達固湖灣即使有三道刺竹林圍繞，也無法阻擋清軍的攻勢。清軍炮彈落下，火箭紛飛，大火蔓延，撒奇萊雅族的青年軍和祭司團亦有八百多人覆沒。

6　楊仁煌，〈撒奇萊雅民族文化重構創塑之研究〉，《朝陽人文社會學刊》，第6卷第1期，2008年，頁339至388。

原住民以雕塑說明祖先的故事(攝影：方偉達)

大頭目古穆．巴力克和妻子伊婕．卡娜蕭(Icep Kanasaw)最後壯烈犧牲。巴力克化為「火神」，卡那蕭化為「火神太」。阿美族部落設法保護逃脫的撒奇萊雅青年，躲進花東縱谷之中。撒奇萊雅人學會了阿美族人語言，甚至取了阿美族人的名字。在這一場鬥爭之中，阿美族成為原住民的共主，噶瑪蘭族和撒奇萊雅族的保護者。

清軍戰勝之後，吳贊誠在臺灣待了一年，組織農耕、繼續修路設防，企圖改善原住民生活。

噶瑪蘭人遭受太魯閣族攻擊，繼續往南移動，像珍珠般地散落在海岸線上，形成連續型的村莊，有移居到花蓮縣豐濱鄉的新豐、小湖、新社、新莊，甚至遠赴臺東縣成功鎮，繼續以水梯田的方式，以水田濕地謀生。

目前，花蓮縣豐濱鄉新社村西北邊的復興部落(加塱溪)是阿美族的部落，居民以太巴塱社阿美族為主；花蓮縣豐濱鄉新社村南邊的東興部落(Malaloong)為撒奇萊雅族和阿美族聚居混合而成的部落。

鳥的濕地意涵

濕地以漁獵生產為主的文化中，通常需要鳥類的指引。鳥的神話，是從新石器時代的太陽鳥開始，很多民族都有神鳥傳說[7]，充滿漁獵民族神話中的薩滿意象。

大部分的部落中，神鳥是一種雄壯威武的象徵，臺灣原住民也擁有一種對於神鳥的崇拜。排灣族和魯凱族認為熊鷹是祖先的守護神[8]，和百步蛇身上的三角形一樣。

鄒族傳說，臺灣藍鵲犧牲生命，救活人類。布農族的神話則是從臺灣藍鵲變成了紅嘴黑鵯。紅嘴黑鵯—凱畢斯(haipis)接下了將火種叼回來的任務，像是彩虹般豔麗的羽毛被火燻到變成黑色。這也是「天命玄鳥」、「浴火重生」的一種象徵。

鳥類的崇拜也和人類生命存續的預言有關。鳥類聲音悠揚悅耳，是人世間的智者，為族人祈福謀利，祛病去災，包含協助觀察天候、預測災變，逢凶化吉。原住民在從事漁獵活動中，鳥類是占卜的對象。

布農族、鄒族、排灣族以及泰雅族人，會聽繡眼畫眉的聲音、叫聲次數以及發音位置，判定吉凶，稱為「鳥卜」。泰雅族認為繡眼畫眉「希利克」(Siliq)是可以預告吉凶的靈鳥；此外，白尾鴝喜歡住在陰濕的地方，看到白尾鴝表示那裡會有水源，族人不會刻意去開發，無形中能夠保護水源地安全。此外，濕地民族也會觀察水禽，水禽主司維護氏族漁獵豐收，仔細聽濕地水鳥的鳴叫聲，可以事前預報陰晴洪澇，水禽出現的江河，必多魚蝦，漁民可據此事先選擇漁獵地點。

鳥類的神話，具有文化上的意涵。鳥類為人類取回火種，擺脫生食文化，進到了

7　傅修延，〈元敘事與太陽神話〉，《江西社會科學》，第4期，2010年，頁26至46。

8　傅君，〈台東縣排灣族當代狩獵行爲模式的討論〉，《東台灣研究》，第20期，2013年，頁3至40。

用火的文明；人類從鳥的食物之中，發現了粟種和稻種，從漁獵文化轉型為農耕文化；原住民更以「鳥占」，未卜先知，趨吉避凶。

臺灣原住民的「崇鳥遺俗」，和中國新石器時代所信仰的「太陽鳥信仰」文化特質有異曲同工之妙，可回應臺灣原住民「多源遷移」的新思考方向。

白尾鴝，喜棲息於海拔約2,300公尺以下陰濕闊葉林中，原住民族看到牠就知道哪裡有水源，不刻意開發。
（資料來源：© by JJ Harrison, via Wikimedia Commons.）

紅嘴黑鵯，布農族神話中的神聖之鳥。
（資料來源：© by 葉子, via Wikimedia Commons.）

CHAPTER

19 莽莽荊原

約在二億五千萬年前，臺灣所處的華南板塊位於赤道附近，今日太魯閣的大理岩就是形成在當時熱帶海洋中的生物礁，類似現在澳洲大堡礁的環境，累積出巨厚的石灰岩。距今二億年前之後，古太平洋板塊由東往西隱沒入華南板塊之下，臺灣地質史上稱之為太魯閣運動。

約一億二千萬年前開始，形成火山的古太平洋板塊隱沒帶逐漸朝東後退，火山也跟著東移，到了約八千萬年前之後，板塊擠壓再度將太魯閣岩層深埋到地底數十公里深處，抬起古臺灣島，是地質史上有名的南澳運動。隨後拉張作用使得古臺灣島再度沉降，沒入海底。

距今一千五百萬年前以來，菲律賓海板塊不斷從南太平洋朝西北方向移動，一千萬年前到六百萬年前左右，菲律賓海板塊撞擊歐亞板塊，稱為「蓬萊運動」，創造出今天的臺灣島。

板塊擠壓碰撞時，產生巨大擠壓力和摩擦力，導致地殼熔融和火山活動。熔岩在板塊間流出冷卻，噴出了火山和火山島，形成了島嶼弧，像是海上的一連串的珍珠。這一串珍珠，排列像是花綵，又像是在大海中的織錦璇璣，那麼的閃亮燦爛，所以稱為花綵列島。花綵的英文是Festoon，來自拉丁語festum（節日），是一種花圈或是花環形狀的裝飾物。在太平洋的西緣，從北向南有千島群島、日本群島、琉球群島、臺灣島、菲律賓群島等一系列島嶼。

花綵列島這一串島弧，像一把彎曲的弓，在一萬八千年前，當臺灣海峽還是一片陸地的時候，呈現了一種南北向的輻輳。這是近代最後一次海降，因為天氣寒冷，從北邊南下的人類，順著二條路線南下。一條走臺灣東海岸的狹長海濱，這裡有許多海蝕平臺，也有豐富的漁產。另外一條走臺灣海峽的陸橋，陸橋上有許多猛獸，例如鬣狗、華南虎，甚至兇猛的熊。在海面大幅下

太魯閣峽谷（攝影：方偉達）

降的時候，北極冰棚也同時擴大，陸地面積增加，歐亞大陸和美洲大陸之間形成連接的陸橋。

海濱連綿的淺山，隨著天氣慢慢暖化，逐漸沒入海中。海水在短短的一萬八千年間，因為地球暖化上升了大約一二〇公尺，埋入海水中的山峰，變成了島尖，形成太平洋西緣，閃亮燦爛的一串島鏈珍珠。

臺灣島處於歐亞板塊和菲律賓海板塊之間的構造運動與演進過程，塑造出島嶼在太平洋西側島弧（Island arc）中舉足輕重的地質構造獨特性。目前，菲律賓海板塊每年仍以八公分的速度，向西北繼續擠壓。

東部海岸山脈屬於菲律賓海板塊的一部分，板塊碰撞後，在東海岸雕鑿出變化萬千的地貌與海岸地形，海岸山脈南端則形成特殊的泥岩惡地，例如利吉惡地。這一切造就出豐富的濕地生態環境，並與人類活動息息相關。

人類遺址

第二次世界大戰之後，學者在臺東發現重要的史前人類舊石器時代濱海濕地文明，稱為「長濱文化」。[9]海岸山脈上的集塊岩峭壁，從北邊的石梯坪到南邊的八仙洞，都擁有史前考古遺跡，訴說海岸濕地海進和海退的一頁滄桑史。

長濱屬於舊石器時代晚期文化[10]，沒有採集到人類頭蓋骨，因此並不清楚當時詳細的遷徙史。當時氣候已經溫暖化，面對太平洋自然形成了十幾個海蝕洞穴，臺東人

9 胡逢祥，〈史語所遷臺與1950-1960年代臺灣的人文學術建設〉，《華東師範大學學報（哲學社會科學版）》，45卷第2期，2013年，頁68至80。

10 盛清沂、王詩琅、高樹藩，《臺灣史》，國史館臺灣文獻館，1994年。

八仙洞（攝影：方偉達）

稱為「八仙洞」。[11]根據碳十四年代測定，中央研究院院士臧振華認為，長濱文化約出現在三萬年前到一萬五千年前。

約五千年前，華南地區號稱「小黑人」的尼格利陀人不斷地向南搬遷，東渡到臺灣東海岸。在臺東東河鄉的小馬海蝕洞和小馬龍洞遺跡，估計為五千年前左右。小馬海蝕洞五號洞穴發現的人類遺骸，以蹲踞式墓葬，這是屬於尼格利陀人的墓葬方式[12]，目前臺灣發現最早的一座墓葬。八仙洞潮音洞和小馬龍洞都是「和平文化」時期的小黑人，和原住民並無關係。石梯坪遺址位於花蓮縣石梯坪，是另一個石器時代的遺址。

11 曾于宣，〈八仙洞遺址無名洞四發掘出土新石器時代文化遺存的研究〉，國立清華大學人類學研究所碩士論文，2012年。

12 Hung, H. C., Matsumura, H., Nguyen, L. C., Hanihara, T., Huang, S. C., & Carson, M. T. 2022. Negritos in Taiwan and the wider prehistory of Southeast Asia: new discovery from the Xiaoma Caves. *World Archaeology*, 54(2), 207-228.

Matsumura, H., Xie, G., Nguyen, L.C. Hanihara, T., Li, Z., Nguyen, K.T.K., Ho X.T., Nguyen T.N., Huang, S.-C., & Hung, H.-C. Female craniometrics support the 'two-layer model' of human dispersal in Eastern Eurasia. *Science Report* 11, 20830(2021). https://doi.org/10.1038/s41598-021-00295-6

在臺東東河鄉小馬海蝕洞和小馬龍洞，都有原始人類遺址。（攝影：方偉達）

史前人類喜歡居住於海蝕洞（攝影：方偉達）

1 **卑南遺址：**位於卑南山東南端山麓，屬於新石器時代卑南文化的代表性遺址。根據考古學家推斷，存在年代大約距今五千三百年至二千三百年前，以距今三千五百年至二千三百年前最為興盛。

2 **支亞干（萬榮．平林）遺址：**位於花蓮縣萬榮鄉西林村，是臺灣東部唯一的大型玉器製造中心遺址，屬東部繩紋紅陶文化、花岡山文化平林類型。該遺址具備國定遺址的價值，並在距今約四千五百年至二千三百年前形成一套獨特的玉器製作體系，罕見於臺灣、東亞和東南亞地區。

3 **太麻里遺址：**位於太麻里鄉，是新石器時代的遺址。考古學家發現陶器、石器、玉器和動物骨骼，這些遺物提供了關於古代居民生活和文化的重要信息。

4 **富里遺址：**位於花蓮縣富里鄉，是新石器時代晚期遺址。人們使用陶器，並且有豐富的玉器遺物，顯示當時社會的發展和交流。

CHAPTER

20 島嶼之弧

臺灣沿海有許多島嶼，形成海上的明珠。中國大陸福建沿海有金門跟馬祖列島；臺灣海峽有澎湖列島；臺灣外海東緣有綠島、蘭嶼、基隆嶼、北方三島以及屬火山島的龜山島；臺灣外海西緣，則有屬珊瑚島的琉球島；而外傘頂洲、舊港等，皆為沉積島。

馬祖列島

馬祖列島臨閩江口、連江口和羅源灣，主要由南竿島（馬祖島）、北竿島、高登島、亮島、東莒島（東犬島）、西莒島（西犬島）、東引島、西引島及附屬小島、礁嶼組成。

馬祖東莒島（攝影：許震唐）

風襲四野。這是眾神之島。

坐落於南竿的媽祖巨神像朝西與湄洲媽祖遙遙相望，手持馬祖特有的「宮燈」，面容慈祥。神像二〇一三年十月十三日落成啟用，高度二九．六公尺（加上避雷針），用三六五塊石頭堆砌，守護「四鄉五島」，象徵「日日平安」。

清水濕地

清水濕地位於南竿福澳港西南側，保育「黑口玉黍螺」。面積雖僅十一公頃，但因具有潮間帶底質，形成多樣性的微棲地，提供生物多元生活空間。濕地中可以發現蟹類、矬鱟、螺貝類，例如北方丑招潮蟹、黑口玉黍螺等。

媽祖神像坐落於南竿，法像莊嚴慈悲，守護「四鄉五島」。（攝影：方偉達）

涨潮時候的清水濕地（攝影：方偉達）

這裡雖有互花米草，楊磊分析，它們並非毒舌猛獸，有其生態服務價值，在治理上需「因地制宜，彈性管控」，絕非一味「全面清除」。若確認威脅到瀕危的本土種弱勢海岸濕地植物，當然需清除並復育該本土種植物；然而若互花米草可提供海岸濕地特殊的生態服務功能，例如促淤固砂、碳匯、提供稀有種生物棲息地，僅需有效管控。

二〇二一年開始，諾亞方舟和與人團隊共同合作執行「清水重要濕地監測和環境教育工作項目計畫」，包括環境教育教案設計及推廣、在地社區及老師訪談、開發生物調查及海廢議題「潮間帶觀察小尖兵」、針對當地水域水質進行「清水濕地監測家」課程等，這些都讓在地人更認識這片重要的物種棲息地，同時對土地產生連結。

馬祖的生態旅遊還包括大坵梅花鹿、黑嘴端鳳頭燕鷗、藍眼淚的螢光蟲等。豐富的民俗文化則是「擺暝」，福州語念起來接近「北漫」，為「排夜」的意思，是在夜晚排放供品祭神、酬神的儀式。四鄉五島在元宵節前後舉行迎神遶境，感謝神明的保佑。

從嘉義魍港太聖宮的明朝媽祖神像，到澎湖的「媽宮」，再到馬祖的「媽港」天后宮，一路「鑽橋腳」，追尋前人的足跡。回溯亮島八千二百年之前人類文化的遺跡，至今馬祖深沉豐富的歷史和生態，以及紅極的藍眼淚，呈現出「後戰地社會的轉型」。[13]

馬祖大坵梅花鹿（攝影：方偉達）

藍眼淚（攝影：鄭智新）

13 林瑋嬪，〈線上馬祖：網路社群與地方想像〉，《國立臺灣大學考古人類學刊》，85卷第2期，2016年，頁17至50。

金門列島

金門群島包括本島（大金門）、烈嶼（小金門）、大膽、二膽等十五個大小島嶼，總面積一五〇平方公里。

西部屬於古九龍江河道，二百萬年前河川帶來沉積物，進行堆積。金門島除了慈湖之外，陵水湖、田浦、浯江溪口、太湖等周圍的環境，都是濕地保護的範疇。

鱟（馬蹄蟹）被稱為「活化石」，牠們的歷史可追溯到四億年前，比恐龍還古老。鱟的血液含有銅離子，呈藍色，被稱為「藍金」，對醫學檢驗有重要貢獻。金門因為長期軍管，海岸不得任意進出，意外提供了鱟棲息、繁衍的安全環境，金門西、北海岸潮間帶有穩定的族群分布，每年六月到九月是鱟的繁殖季節，這時可以看到鱟上岸產卵的景象。但近年由於開發，也面臨棲地破壞、數量減少的生態危機。

金門列島（圖片來源：©by Yenping Lee, via Wikiwand.）

三棘鱟的稚鱟（攝影：楊明哲）

金門后豐港鄰近夏墅一帶的灘岸，為稚鱟分布最密集的區域，引來了水鳥。中央研究院研究員陳章波從一九九七年開始在金門進行鱟的保護與族群復育研究，包括人工培育稚鱟、成鱟引入、野外產卵復育試驗，以及人工棲息地復育試驗。[14]

慈湖重要濕地位於金寧鄉，原為海灣地形，經過築堤後成為半封閉的鹹水湖。這裡是東亞地區鳥類遷徙的重要中繼站，擁有豐富的生態資源。**雙鯉濕地**位於金寧鄉南、北山村落之間，與慈湖相連，湖內水生植物繁多，提供了良好的水鳥棲地和食物來源。

在金門，互花米草在河口濕地擴散，人類可作適度干預管控。

14 陳章波、陳昭倫、楊明哲、葉欣宜、林柏芬，〈鱟的保護與族群恢復之研究〉，《福建環境》，第20卷第4期，2003年，頁32至34。

澎湖的青螺國家級濕地和菜園地方級濕地是非常重要的生態區。

青螺國家級濕地位於湖西鄉北岸，是澎湖唯一的國家級濕地，不僅是三棘鱟的繁殖地，更有豐富的潮間帶生物和紅樹林復育區。

菜園濕地位於馬公市菜園里，這裡原是魚塭，後來成為鳥類過境和度冬的最佳場所。豐富的生態系包括黑面琵鷺、遊隼等珍稀鳥類，以及海茄苳、水筆仔等植物。

澎湖群島擁有廣大的潮間帶生態系，展現生物多樣性，例如礁岩上常見笠螺、鐘螺等貝類；陸蟹族群也非常豐富，例如圓軸蟹[15]、角眼沙蟹等。珊瑚族群覆蓋海床面積大，是海洋底層食物鏈；附近海域的海龜有綠蠵龜、赤蠵龜、玳瑁，另有少見的革龜、欖蠵龜等。

凶狠圓軸蟹（資料來源：澎湖縣政府農漁局）

角眼沙蟹（攝影：方偉達）

15 鄭文翔、施志昀，〈澎湖群島凶狠圓軸蟹分布調查及其棲地底質初探〉，《臺灣生物多樣性研究》，第17卷第3期，2015年，頁263至273。

小燕鷗雛鳥（資料來源：澎湖縣政府農漁局）

青螺重要濕地的稚鱟，藍色號碼為標定放流用。
（資料來源：澎湖縣政府農漁局）

奎壁山摩西分海露出豐富的潮間帶生態。澎湖海域水淺，岩礁眾多，許多生物在此棲息、覓食。
（攝影：方偉達）

▼ 遠眺青螺濕地全區海茄苳及真武廟。海茄苳與紅海欖生長健壯。（資料來源：澎湖縣政府農漁局）

▲ 澎湖池西玄武岩石瀑和九孔池，展現澎湖自古以來，人類在濱海活動與自然協調的關係。（攝影：洪敏智）

▼ 菜園濕地是地方級濕地，涵蓋自然與人文生活型態。（資料來源：澎湖縣政府農漁局）

▲ 青螺濕地生態豐富，人們於濕地採集。旁邊可見玄武岩搭建的石敢當，石敢當為澎湖獨有，廣泛分布，荒郊野外甚至海邊港口皆可見，展現當地精神信仰與鄉土特色。(資料來源：澎湖縣政府農漁局)

▼ 青螺濕地夕照(資料來源：澎湖縣政府農漁局)

東沙群島

南中國海的東沙群島包括三個珊瑚環礁，分別為北衛灘、南衛灘與東沙環礁。前二者為沉水環礁，後者為出水環礁。東沙環礁西側的東沙島為近期堆積層，幾乎沒有土壤化育，表層覆蓋著貝殼風化成的白沙，有些地方中層是由鳥糞堆積成的磷礦層。

東沙二十五公里環礁形成了大潟湖，浮出水面長約二公里的東沙砂島，島形如U字狀，中間有一小潟湖。大潟湖優勢物種是皺紋陸寄居蟹。[16] 清晨時分，角眼沙蟹如精靈地鼠般，穿梭在貝殼沙上，瞬間消失鑽入洞中。深夜的寄居蟹，則不知何時早已散會。[17]

東沙繽紛的大海，豐富了生物多樣性調查紀錄。

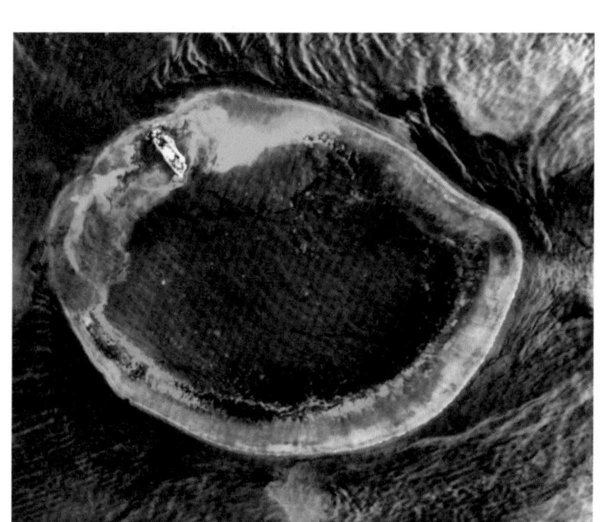

東沙環礁

（資料來源：©by ISS Crew Earth Observations experiment and the Image Science & Analysis Laboratory, NASA - Johnson Space Center - The Earth Science and Remote Sensing Unit, NASA Johnson Space Center,, via Wikimedia Commons.）

16 梁藝蓓，《南海東沙島海岸皺紋陸寄居蟹（*Coenobita rugosus*）聚集之機制驗證》，國立中山大學海洋科學研究所碩士論文，2018年。

17 中國文化大學教授陳敏明、郭瓊瑩以及筆者在深夜進行研究。

近年來，我們在墾丁、宜蘭、澎湖和東沙進行陸蟹調查，也與夥伴們進行在地實驗，觀察海域藻類、珊瑚生態以及海洋生態。[18]

由於地理位置緣故，臺灣周遭島嶼與本島海岸擁有豐富的珊瑚群聚生態系統，例如東北角岬角自野柳岬、鼻頭角到三貂角中間的近海海域，以及澎湖望安等，但近年來受到嚴重威脅。根據全球珊瑚群聚監測網絡報告顯示，受調查的九十六個國家及三七二個珊瑚群聚中，自一九五〇年以來，已有十九%消失，二〇%將會於十至二十年內消失，國際社會

東沙潟湖海草床（攝影：柯金源）

18 日本國立環境研究所研究員許嘉軒、海洋環境教育推廣協會理事長黃宗舜是筆者的合作夥伴。

澎湖西吉嶼美麗的珊瑚礁生態(攝影:柯金源)

非常憂心。

若能長時間進行海洋科學觀察,顯示珊瑚群聚的變化以及復育和韌性(resilience)之間的關係;並透過這些研究向管理機構提出政策建議;同時配合海洋課程教學規劃,推動完成海洋和濕地的「聯合國永續科學教育的十年計畫」,方能建構整體性海洋調查和科學教育永續的藍圖。

臺灣東部海岸和沿海美麗的群島,常被稱為「海上明珠」,擁有豐富的自然景觀和生態資源,包括紅樹林、潮汐灘地、海草床、珊瑚礁等。一如東沙環礁,新月當空時,在白潔的沙灘和翠葉如洗的草海桐樹牆之間,海洋疆土似已羽化成為海洋天堂生態聖地。潟湖口不知幾百公里外漂來的大木幹,靜靜地躺著,身上的裂紋與不知名的小洞,寫盡千里漂流大自然的洗練痕跡。[19] 這些都是值得世世代代呵護和保育的寶藏。

19 以上取自郭瓊瑩與陳敏明的口述。

參考文獻

1 胡逢祥，〈史語所遷臺與一九五〇—一九六〇年代臺灣的人文學術建設〉，《華東師範大學學報（哲學社會科學版）》，四十五卷第二期，二〇一三年，頁六八至八〇。

2 陳瑪玲、陳珮瑜、林宜羚，〈技術選擇取徑再探陶器製作體系：以臺北盆地幾個史前文化爲例〉，《國立臺灣大學考古人類學刊》，八十四卷第一期，二〇一六年，頁一至三八。

3 劉騰謙，〈噶瑪蘭族的歷史傳統文化與變遷〉，《北市教大社教學報》，第八期至第九期，二〇一〇年，頁十五至三四。

4 李宜憲，〈大港口事件：晚清國家體制與原住民部落的衝突〉。《東台灣研究》，第十期，二〇〇五年，頁五至三五。

5 羅大春，《臺灣海防並開山日記》。臺北：國史館臺灣文獻館，一九九七年。

6 潘繼道，〈光緒初年臺灣後山中路阿美族抗清事件之研究〉，《台灣原住民研究論叢》，第三期，二〇〇八年，頁一四三至一八六。

7 夏獻綸，《臺灣輿圖》。臺北：國史館臺灣文獻館，一九九六年。

8 李宜憲，〈從烏漏到阿棉納納-論大港口事件下烏漏社的失憶〉，《台灣原住民研究論叢》，第三期，二〇〇八年，頁九九至一一八。

9 施正鋒，〈歷史教育、轉型正義，及民族認同〉，《臺灣國際研究季刊》，第十卷第四期，二〇一四年，頁一至二五。

10 楊仁煌，〈撒奇萊雅民族文化重構創塑之研究〉，《朝陽人文社會學刊》，第六卷第一期，二〇〇八年，頁三三九至三八八。

11 蘇羿如，〈撒奇萊雅族的火神祭及其祭祀團體的發展〉，《中央研究院民族學研究所資料彙編》，第二十六期，二〇一八年，頁七九至一一三。

12 王人弘，〈歷史、口傳與祭儀的交融：撒奇萊雅族火神祭與達固湖灣戰役傳說〉，《中國文化大學中文學報》，第三十一期，二〇一五年，頁九十三至一一八。

13 傅修延，〈元敘事與太陽神話〉，《江西社會科學》，第四期，二〇一〇年，頁二六至四六。

14 于國華，〈神鷹振翼—縱覽中華滿族的鷹崇拜〉，《中外文化交流》，第四期，二〇〇二年，頁四二至四三。

15 傅君，〈台東縣排灣族當代狩獵行爲模式的討論〉，《東台灣研究》，第二十期，二〇一三年，頁三至四〇。

16 盛清沂、王詩琅、高樹藩，《臺灣史》。臺北：國史館臺灣文獻館，一九九四年。

17 曾于宣，〈八仙洞遺址無名洞四發掘出土新石器時代文化遺存的研究〉，國立清華大學人類學研究所碩士論文，二〇一二年。

18 Hung, H. C., Matsumura, H., Nguyen, L. C., Hanihara, T., Huang, S. C., & Carson, M. T. 2022. Negritos in Taiwan and the wider prehistory of Southeast Asia: new discovery from the Xiaoma Caves. *World Archaeology*, 54(2), 207-228.

19 Matsumura, H., Xie, G., Nguyen, L.C. Hanihara, T., Li, Z., Nguyen, K.T.K., Ho X.T., Nguyen T.N., Huang, S.-C., & Hung, H.-C. Female craniometrics support the ‘two-layer model’ of human dispersal in Eastern Eurasia. *Science Report* 11, 20830(2021). https://doi.org/10.1038/s41598-021-00295-6

20 陳有貝，〈史前臺灣的兩綹型網墜與投網技術〉，《國立臺灣大學考古人類學刊》，第六十七期，二〇〇七年，頁一一七至一五五。

21 陳文德，《卑南族》。臺北：三民書局，二〇二一年。

22 吳正牧，〈箭瑛大橋—談花蓮山興國小教師張箭、鄧玉瑛涉溪殉職捨身育教的敬業精神〉，《師友月刊》，第一二七期，一九七八年，頁三三至三六。

23 梁欣芸，〈解讀［巴冷公主］現象—魯凱族〔頭目之女與蛇聯姻〕傳說再創作觀察〉，《東海中文學報》，第二十一期，二〇〇九年，頁四一五至四三三。

24 方偉達，《聽，濕地在唱歌：城市的生態復育手冊：高雄市生態廊道復育成果分享》。臺北：新自然主義，二〇〇六年。

25 Liao, T. H. 2022. Land Use Planning and the Indigenous People in Taiwan–case study of the territory of the Thao nation and Katatripulr tribe, from the 17th-contemporary period (Doctoral dissertation, University of Birmingham).

26 曾明德，《瑯嶠十八社頭人卓杞篤家族與恆春半島族群關係之變遷（一八六七—一八七四）》，二〇一七年。

27 林靜玉，〈牡丹事件後之東部原住民族〉，《大漢學報》，第二十三期，二〇〇九年，頁二九至五二。

28 陳在正，〈牡丹社事件所引起之中日交涉及其善後〉，《近代史研究所集刊》，第二十二期，一九九三年，頁二九至五九。

29 郭伯佾，〈從琉球藩民墓碑文探索牡丹社事件〉，《實踐博雅學報》，第二十二期，二〇一五年，頁八一至九九。

30 林瑋嬪，〈線上馬祖：網路社群與地方想像〉，《國立臺灣大學考古人類學刊》，八十五卷第二期，二〇一六年，頁一七至五〇。

31 陳章波、陳昭倫、楊明哲、葉欣宜、林柏芬，〈鱟的保護與族群恢復之研究〉，《福建環境》，第二十卷第四期，二〇〇三年，頁三二至三四。

32 鄭文翔、施志昀，〈澎湖群島兇狠圓軸蟹分佈調查及其棲地底質初探〉，《台灣生物多樣性研究》，第十七卷第三期，二〇一五年，頁二六三至二七三。

33 梁藝蓓，《南海東沙島海岸皺紋陸寄居蟹（*Coenobita rugosus*）聚集之機制驗證》，國立中山大學海洋科學研究所碩士論文，二〇一八年。

34 方偉達，〈邁向永續發展目標的海洋科學和教育以珊瑚觀察架構爲例〉，《濕地學刊》，第十卷第一期，二〇二一年，頁七一至八三。

35 宋聖榮，《追火山——臺灣火山群連結起的地球與宇宙紀事》。臺北：野人文化，二〇二三年。

36 陳文山、楊小青，《太魯閣世界自然遺產：臺灣造山運動史》。花蓮：太魯閣國家公園管理處，二〇二〇年。

PART 7

水之法

回到濕地之心：保育的進程與趨勢

濕地存在的智慧，是一種生物智慧，和人工智慧互補協同。

人工濕地復育工程是近代最重要的生態保育工程，

其精神在於取得人類與自然協調共處的棲地營造模式。

從山到海，擴大生物多樣性的保護範圍，建造棲地多樣性，以及城市淨化典範。

攝影：洪敏智

濕地：指天然或人為、永久或暫時、靜止或流動、淡水或鹹水或半鹹水之沼澤、潟湖、泥煤地、潮間帶、水域等區域，包括水深在最低低潮時不超過六公尺之海域。

——《濕地保育法》第四條定義（二〇一五年）

二〇一二年，時任立法委員的邱文彥聯絡了律師詹順貴、蠻野心足協會秘書長林子淩進行討論，建立了立法院的《濕地保育法》草案版本。邱文彥早在一九九五年即起草民間搶救濕地宣言，在宣言最後一段，呼籲政府建立完善法規，以永續發展為主軸，尊重濕地。

經過一年多朝野的努力與連署，《濕地保育法》終於在二〇一三年六月十八日於立法院三讀通過，七月三日由總統馬英九公布，二〇一五年二月二日施行。事實上這已經經過十八年無數濕地志工不斷的奮鬥。此外，二〇一五年一月二十日三讀通過《海岸管理法》，十二月十八日三讀通過《國土計畫法》，國土三法終於完成。[1]

《濕地保育法》納入一九七一年聯合國《拉姆薩國際濕地公約》(Ramsar Convention）的精神，以「明智利用」和「零淨損失」的概念合理規劃資源保育與利用[2]，將濕地分為國際級、國家級與地方級，分區保護。法案也制定優先迴避、減輕衝擊、異地補償，以及生態補償等原則與步驟，並建立濕地基金和獎勵制度，讓保育工作永續進行。《濕地保育法》的條文顯現了

1　第八屆立法院通過了9個攸關國土生態保全的法案，包括《濕地保育法》、《原住民族委員會組織法》、《海岸管理法》、《森林法樹木保護專章》、《博物館法》、《溫室氣體減量及管理法》、《海洋委員會組織四法》、《水下文化資產保存法》、《國土計畫法》等。

2　許晉誌，〈臺灣濕地保育策略及管理機制〉，《濕地學刊第五卷第一期》，2016年，頁1至11。

《濕地保育法》施行至今，目前有58處國家重要濕地、3處暫定地方級重要濕地。圖右為關渡濕地公園，左為關渡紅樹林濕地。（攝影：方偉達）

多元目標、彈性的資源明智利用、跨界整合的區域考量、公告劃設前的暫時保育措施、棲地補償機制等新典範。[3]

《拉姆薩國際濕地公約》特別強調，濕地不僅是經濟、文化、科學和遊憩的寶貴資源，濕地破壞也是人類無可挽回的損失。《濕地保育法》正式施行後，至今臺灣有五十八處國家重要濕地（二處國際級、四十處國家級、十六處地方級）、三處暫定地方級重要濕地。濕地保育呼應《拉姆薩國際濕地公約》以及「里山倡議」（Satoyama Initiative）的精神，以保育與明智利用兼容並進為原則，達到「人類社會與自然和諧共存」之目標。

3　葉梁羽，《臺灣濕地保育法的典範分析》，國立臺灣大學森林環境暨資源學研究所碩士論文，2018年。

CHAPTER

21 濕地保育與教育

1 國土留白，永續發展

回溯濕地立法的過程，邱文彥認為美國紐澤西州松地委員會在濕地保育的努力，啟發了我們對於「零淨損失」(Zero Net Loss)、「明智利用」(Wise Use)和「生態補償」(Ecological Compensation)的政策或原則深刻的理解。為了兼顧既有使用的相容性，《濕地保育法》第二十一條第一項規定：

「重要濕地範圍內之土地得為農業、漁業、鹽業及建物等從來之現況使用。但其使用違反其他法律規定者，依其規定處理。」

「全球各地濕地的快速損失，是因為濕地被認為是無用的廢地，人們認為應該改變為具有較高價值的使用方式，因此濕地招致變更為魚塭、農地或填埋為都會與工業用地，漠視了濕地具有淨化水質、提供棲地、觀光遊憩、研究教育、調節洪水、因應氣候變遷等多方面功能。因此濕地教育的核心議題，應該是認知其功能與價值，並且喚起人們對於濕地重要性的理解與認同，進而

邱文彥(圖左)和拉帕契(Ben LePage)(圖右)都認為，濕地教育的核心議題，應是認知其功能與價值，並且喚起人們對於濕地重要性的理解與認同，進而挺身進行保育。照片背景為邱文彥繪製的水墨作品。(攝影：方偉達)

挺身進行保育。」邱文彥說。

《濕地保育法》指出濕地具有維護生物多樣性以及因應氣候變遷等多重重要功能；《國土計畫法》第一條亦明定「因應氣候變遷，確保國土安全，保育自然環境與人文資產……」，第四章「國土功能分區之劃設及土地使用管制」特別針對「具豐富資源、重要生態、珍貴景觀或易致災條件，其環境敏感程度較高之地區」劃設「國土保育地區」，都回應了邱文彥主張「國土留白、永續發展」的期待。

風起雲湧的保育浪潮

美國自一九六〇年代，環境保護運動風起雲湧；臺灣直到一九八〇年代僅有少數環保團體。一九九〇年代，臺灣社會正經歷「臺灣錢淹腳目」的經濟蓬勃階段，熱錢不斷滾動；而也正是此時，各地工業區開發，開始侵占濕地，臺灣環境保護運動風起雲湧。

一九八〇年代的社會尚無環保概念，在經濟掛帥的國家政策之下，填海造陸，十大基礎建設等皆在海灣進行。當年對於濕地的概念，停留在以保護人民生命財產的防洪安全為主，並以此修建臺灣西岸以及全島重要河堤工程，造成海岸普遍「水泥灌漿化」。到一九九〇年，「十四項建設」才開始出現自然生態保育。

一九九〇年代大部分的開發案，都是沿著海岸濕地進行。從北到南，規劃了新竹香山工業區、彰濱工業區、麥寮工業區、七股科技工業區、濱南工業區、曾文溪出口的四草工業區開發案等。因為環境影響評估的問題，除了彰濱工業區、麥寮工業區、七股科技工業區如期興建之外，新竹香山工業區、七股濱南工業區、國光石化工業區三大濕地開發案，引發地方居民的疑慮。新竹香山工業區、七股濱南工業區分別位於新竹香山濕地、七股潟湖，屬於濕地生態敏感地帶，引起爭議；而二〇〇八年規劃的國光石化工業區，位於彰化縣大城、芳苑濕地，全國關注，反國光石化行動蔓延，最終廠商放棄在臺投資。

大規模的工業開發，一步步向臺灣西部海岸進逼，臺灣濕地保護意識抬頭，民間保育團體紛紛成立。[4]

一九九五年八月二十六日和八月二十七日，臺北市野鳥學會、荒野保護協會負責召集籌備「第一屆全國民間生態保育會議」，主題為「搶救濕地」，會中決議生態保育聯盟成立搶救五大濕地專案小組，共同草擬《濕地白皮書》，針對當時五大濕地進行倡議保育，包括臺北關渡、新竹客雅溪口（香山濕地）、臺中大肚溪口、嘉義鰲鼓濕地，以及臺南曾文溪口。臺灣濕地保護聯盟於一九九六年在南部

---

4 1984年社團法人臺北市野鳥學會成立。1992年，曾瀧永、翁義聰等成立臺南野鳥學會。1992年經濟部規劃興建美濃水庫，曾貴海等人籌組美濃愛鄉協進會，1993年抗議水庫興建，2000年美濃水庫廢建。高屏地區環保團體包括衛武營公園促進會、文化愛河協會、柴山公園促進會。

成立，致力於臺灣濕地及生態保護，推廣自然保育。這些社會環境意識的提升與運動，都催生了《濕地保育法》。

臺灣濕地保護聯盟和臺南市野鳥學會、高雄市野鳥學會合作，推動濕地經營管理，包括青鯤鯓鹽田濕地、半屏湖濕地、洲仔濕地公園、援中港濕地公園、二仁溪流域濕地等。高雄市野鳥學會理事長邱滿星推動官田濕地水雉復育園區的養護，在高雄洲仔濕地推動水雉棲地的復育，並且認養美濃湖水雉棲地、布袋鹽田濕地。

濕地保護，風起雲湧。二〇〇三年國立臺灣大學動物學系教授李玲玲、中央研究院研究員劉小如在行政院永續發展委員會生物多樣性組建議「劃設臺灣濕地及珊

臺灣濕地保護聯盟和臺南市野鳥學會、高雄市野鳥學會合作，推動濕地經營管理，圖為洲仔濕地。（攝影：方承舜）

瑚礁分布範圍」，二〇〇四年指示內政部繪製「重要濕地及珊瑚礁區域分布圖」。[5]二〇〇五年十二月內政部劃設臺灣濕地分布範圍。其後，二〇〇六年十月內政部營建署成立「國家重要濕地評選小組」，選出七十五處「國家重要濕地」[6]，二〇〇七年筆者協助繪製出第一版《國家重要濕地地圖》中英文版本，於全國公園綠地會議公布。

2 濕地教育

AI、BI、環境教育

濕地存在的智慧，是一種生物智慧(biological intelligence, BI)，而人工智慧(artificial intelligence, AI)象徵著科技，一直和生物智慧進行某種角力。生物智慧其實是AI的靈感之源；尤其，善用濕地的智慧，是一種生物智慧，這種智慧體現在濕地生態系統的自我調節和適應能力上。濕地能夠通過自然過程來維持生態平衡，提供生物棲息地、淨化水質、調節氣候等功能。

BI是自然進化的結果，具有高度的適應性和自我調節能力；而AI是人類創造的技術，依賴於數據和算法來模擬智慧，因此，AI可以幫助我們更好地理解和保護生物智慧。例如，AI可以用於監測濕地生態系統的健康狀況，預測環境變化，從而幫助制定保護措施，甚至通過衛星影像

5 陳鵬升、齊士崢，〈臺灣濕地保育面臨之挑戰—以台南地區濕地劃設爲例〉，《台灣土地研究》，第22卷第1期，2019年，頁29至57。
陳鵬升、齊士崢，〈臺灣濕地復育的機運與困境-以茄萣濕地爲例〉，《台灣土地研究》，2020年，第23卷第1期，頁47至81。

6 彭千容，《以制度分析與發展架構解析國家重要濕地評選制度》，臺灣大學公共事務研究所碩士論文，2020年。

和傳輸數據來監測濕地的變化，預測可能的生態威脅。

輝達（NVIDIA）執行長黃仁勳在出席二〇二四年二月十二日杜拜舉行的世界政府峰會上說：「如果讓我回到過去，我會意識到人類生物學是最複雜的科學之一，它如此多元、如此難以理解，但影響力又奇大無比。」他認為生物智慧，啟發AI。生物智慧中的自我調節和適應機制可以啟發AI的發展。例如，仿生學研究通過模仿自然界的智慧來設計更高效的AI系統，因此說BI是AI的啟蒙。

生物智慧和人工智慧之間的關係是互補和協同的，AI可以幫助我們更好地理解和保護生物智慧，而生物智慧也可以為AI的發展提供靈感和啟示。

從「生物工程」到「生命科學」，是人類神祕的生命旅程。工程建設可進行標準化，但以生命基因來說，即使是渺小的濕地環境，永遠存在許多謎團。

濕地擁有生命科學奇妙的特性，卻在「能源」受到基礎建設和高科技需求的強烈導向之下，濕地環境首當其衝成為犧牲之地。臺灣不斷處於「科技工業島嶼」和「環境保護島嶼」孰重孰輕的拔河之中，經歷過經濟發展的榮光，也嘗過環境破壞的苦果。

聯合國在一九八七年《我們共同的未來》報告書中揭櫫，環境、經濟與社會三者間需要均衡。因此，永續發展教育（Education for Sustainable Development, ESD）是推向環境保護，兼顧經濟發展和社會共融的一種教育；甚至是環境教育的擴大版，更為全面，而且更為務實。

聯合國在二〇一五年發布了十七項永續發展目標（Sustainable Development Goals, SDGs），讓全球的企業界從過去著重員工福利和社區回饋的企業社會責任，轉向聚焦在「環境、社會與治理」（Environment, Society, and Governance, ESG）方面。全球新的交易政策讓公司必須重視ESG，環境品質與多元社會。金融監督管理委員會公布的「公司治理3.0永續發展藍圖」，以及二〇一五年公告施行的《濕地保育法》，使得「永續管理」和「環境教育」成為企業治理最好的策略。

濕地環境教育以及個人親環境的行為，有很強的相關性；因此，濕地環境教育結合公司治理，可形成公司財務成果最佳公益化；透過企業的力量，不僅可以保護濕地，更可改善「環境、社會與治理」（ESG）績效和信譽的目標。

從永續發展的角度要求，全球新的交易政策讓企業必須重視ESG。臺北大安森林公園螢火蟲棲地營造，形成濕地棲地復育重要基地，是企業參與的範例。圖為楊平世螢火蟲棲地設計景觀。（設計、攝影：楊平世）

濕地環境教育的論述，可回溯至「依賴理論」(Dependency Theory)，以及在自由批判的環境之下，產生出的「經驗理論」(Experiential Theory)。

經驗理論強調通過實際經驗來獲取知識和技能。這種理論認為，學習應該是主動的、參與性的，並且應該與學習者的實際生活經驗相關。在濕地環境教育中，經驗理論可以通過實地考察、實驗以及互動活動，來幫助學習者更好地理解和保護濕地生態系統。

「依賴理論」側重於宏觀的經濟和社會結構，強調外部依賴對發展的影響；而經驗理論則側重於微觀的個人學習過程，強調通過實踐獲取知識。

一九六〇年代晚期，「依賴理論」興起，臺灣學界引入。此理論是一種「後馬克思主義」，指出「核心—邊陲」的連帶關係。如果從經濟地理的角度來說，都市為核心，濕地是邊陲。但是若從生態角度去看經濟問題，濕地就是核心，因為其擁有豐富的生物多樣性。依賴理論並不完整，因為經濟問題從來都不是唯一。

從「後馬克思主義」角度來看，臺灣是一個「世界的邊陲」或「歷史的邊陲」。[7]以「國家邊陲」的角度來看，認為濕地環境是一種邊陲。依照這套西方依賴理論，臺灣是「世界工廠」的「邊陲」，「濕地」是世界工廠的「垂危邊陲」。事實上，所謂「邊陲」都是自己設定的。

在濕地環境教育中，可以結合這兩種理論來提供更全面的教育策略。例如，理解

7　林富士，《小歷史——歷史的邊陲》。臺北：三民書局，2023年。

環境保護和開發利用，絕對不是二元對立。透過濕地保育利用計畫以及分區管理機制，以國有非公用邊際土地提供認養，促進環境保護，是財政部國有財政署以及各公協會努力推動的事務。包含復育臺北市五分港的濕地，如圖。（攝影：方偉達）

依賴理論，可以幫助我們認識資源分配的不平等，從而推動更多資源投入濕地保護和教育中；而經驗理論則可通過實踐活動來增強學習者的環境意識和行動力。

依賴理論的局限性在於它過於強調外部依賴，而忽視了內部因素的影響；經驗理論則可能忽視了宏觀結構對個人學習的影響。因此，將這兩種理論結合起來，可以提供更全面的視角來探討濕地環境教育的推動和實施。

臺灣濕地擁有好山好水，並非「邊陲」與「窮山惡水」之地。

從「生物多樣性」的角度來看，地方從不是「邊陲」。甚或以生物多樣性的主張來看，全球在面臨氣候變遷、洪水旱澇的危急時，濕地才是人類永續文明的「韌性之地」。

環境保護和開發利用，絕對不是二

元對立。環境教育和永續管理，將保育和明智利用兩端維持平衡，透過濕地保育利用計畫，以及分區管理機制（包含核心保育區、生態復育區、環境教育區、管理服務區等分區），將濕地保育未來性放入經營管理中考量。在濕地發展產業特色方面，申請濕地標章，回饋金納入濕地基金，做為濕地保育、復育及環境教育等用途。濕地標章有三個面向：農漁產品、生態旅遊遊程，以及環境設施。

目前濕地內的私人土地，透過重要濕地保育利用計畫的規劃，適度允許使用項目並區分使用時間、空間及強度，以解決空間規劃的手段調和衝突。因此，需要其他分區導入都市計畫、區域計畫，將民眾的開發需求透過容積移轉，集中一處，解開保育和開發的癥結。政府亦應鼓勵民眾，多多參與討論及意見表述，也就是依據《國土計畫法》的功能分區，反映落實到保育利用計畫中。

生物多樣性、鳥與濕地：《臺灣鳥類紅皮書》三十年歷程（一九九三～二〇二三年）

近年來，「生物多樣性」（biological diversity，又稱為biodiversity）成為一般人耳熟能詳的名詞。一九九二年六月，聯合國環境與發展會議在巴西里約熱內盧舉行，簽署《里約宣言》。當時會議中討論出《生物多樣性公約》，希望由各國代表帶回各國主管機關，由國家或經濟體的名義進行簽署。從一九九三年十二月生效日開始，這個劃時代的保育公約已經有一九六個締約國或經濟體加入。

《生物多樣性公約》為目前聯合國推動保育最大的公約組織，主要目的在於透過締約國的努力，推動生物多樣性、永續利用、世世代代公平合理的享有多樣化資源。第二條開宗明義指出「生物多樣性」的定義：「來源包括陸地、海洋和其他水生生態系統及其所構成的一切具有差異性的生物體及其生態綜性；其內容包括物種內部、物種之間和生態系統的歧異特性。」

最早的生物多樣性考慮的是生物種類，探討地球上所有植物、動物、真菌及微生物的分類。在一九八六年生物多樣性的論文被提出來時，全世界所有文獻加起來還不到十篇，直至一九八六年諾斯（Norse）等人提出，才清楚界定何謂生物多樣性，包括我們現在所熟知的生物多樣性三大要素，基因多樣性、物種多樣性及生態多樣性。

什麼是基因多樣性？簡單來說，是說明物種在遺傳上的差異。物種多樣性是物種組成的個體、族群、群落之間的差異。生態多樣性則是說明生態系統之間的多樣性。因此，生物多樣性的概念，可以說等同於一個活生生的地球上所有生命的結構和價值。

在臺灣，農業部（前為行政院農業委員會）是生物多樣性的主管機關，林業及自然保育署推動鳥類保護不遺餘力，其中《臺灣鳥類紅皮書》的編寫、出版計畫，早在一九九七年就已經開始。

一九九七年三月，中央研究院動物所研究員、中華民國野鳥學會理事長劉小如在臺北主持《臺灣鳥類紅皮書》編寫規劃及審

華江雁鴨公園是鳥類重要棲息濕地環境（攝影：方偉達）

查會議，會中就受脅等級標準、受脅鳥類名錄的審查進行討論，初擬了九十八種，就資料蒐集進行分工。八月「亞洲及臺灣鳥類紅皮書期末會議」，經過以國際自然保護聯盟（IUCN）物種指標，確定六十三種編入紅皮書，根據國內已有的調查、研究資料以及IUCN受脅等級標準而確定。

某些鳥種就亞洲或是全球的分布而言，並未受到生存的威脅，但是由於這些鳥在臺灣的分布局限，數量稀少，或是生存的環境日趨惡化，因此必須要加強保護，才能確保其生存。中華民國野鳥學會於一九九八年展開臺灣地區「重要鳥類棲地（IBA）」計畫，編寫紅皮書所記錄的棲地資料，已成為重要鳥類棲地認定的重要依據，其中許多重要棲地就在沿海濕地之中。

二〇〇四年，原報告書中六十三種名錄加列黑腳信天翁及小剪尾二個鳥種，合計六十五個鳥種，依照IUCN受脅物種級別標準指標細則及代碼編寫，刊登於《中華飛羽》。經由鳥界學者、專家的協助，二〇〇四年審訂出四十四個受脅鳥種。

二〇一六年《臺灣鳥類紅皮書》進行更新，通過臺灣新年數鳥嘉年華，調查面向涵蓋常見繁殖鳥類與度冬鳥類，並且進行開放資料的取用。[8]二〇二三年農業部生物多樣性研究所林瑞興、中華民國野鳥學會邱承慶邀集中華民國野鳥學會、農業部生物多樣性研究所以及農業部林業及自然保育署共同編撰二〇二三年《臺灣鳥類紅皮書》，依據全球性評估標準跟區域性評估標準，進行相應的評估準則調整。

8　吳采諭、林瑞興，〈臺灣生物多樣性監測體系之現況與展望〉，《自然保育季刊》，第110期，2020年，頁4至17。
陳宛均、張安瑜、吳采諭，〈從開放資料到保育應用—以臺灣陸域脊椎動物生物多樣性熱點爲例〉，《台灣生物多樣性研究》，第20卷第2期，2018年，頁95至139。

台灣濕地學會以及濕地知識庫：《臺灣濕地學》

臺灣濕地學的研究，緣起於二〇〇九年社團法人台灣濕地學會成立。二〇二三年出版《臺灣濕地學》（坔卷／人卷），邀集國內二十七位各領域專家撰寫，是集眾人之力對於濕地貢獻的智慧結晶。

台灣濕地學會積極推動國內外濕地教育、研究、調查、交流、規劃、設計及評估，成效卓著。在濕地國際合作平臺上，學會每年組成參訪團參與國際研討會進行交流，也與國際濕地科學家學會(Society of Wetland Scientists, SWS)、濕地國際(Wetland International)中國辦事處、中國濕地保護協會、臺灣濕地保護聯盟等各國學術、民間團體簽署合作備忘錄，並協助外交部參與拉姆薩會議科學技術審查委員會(The Scientific and Technical Review Panel, Ramsar Convention, STRP)，以觀察員(Observer)身分代表我國參加年度會議。

二〇一〇年起舉辦臺灣濕地生態系研討會，至今每年不間斷，已進入第十四屆，是濕地夥伴們的重要盛事。二〇二四年台灣濕地學會成功爭取國際濕地科學家學會年會來臺舉辦，呼應「濕地與全球變遷：減緩及調適」以及《拉姆薩國際濕地公約》「濕地與人類福祉」。

臺灣濕地教育的重要推手：《綠芽教師》

《綠芽教師》是中華民國環境教育學會針對國民中小學教師編輯的濕地環境教育讀物，二〇〇五年創刊，二〇一五年開始採用環保大豆油墨，已經發行了十六期，其中囊括了許多關於濕地保育、復育以及教育的精彩案例。

面臨城市環境教育與濕地環境教育的課題，除了遠離塵囂的森林、高山、海岸和濕地戶外教育，還包含城市濕地教育。曾任學會理事長的許毅璿說：「城市環境教育有五個議題，如《都市環境教育》(*Urban Environmental Education Review*)作者羅斯(Alex Russ)所說：『城市即教室、問

濕地科普推廣——臺灣的「野性濕地」讓全世界看見

二〇二四年，國家科學及技術委員會委託筆者主持「野性濕地：聯合國永續發展目標下的臺灣濕地生態系」科普產品製播推廣，邀請導演馮振隆掌鏡，拍出「野性濕地」四集，除了在二〇二三年美國華盛頓州斯伯崁國際濕地科學家學會年會進行短片首映之外，並在國際濕地科學家學會亞洲大會（韓國拉姆薩東亞中心）進行亞洲首映，二〇二四年在國內民視新聞臺正式播出。

「野性濕地」首度跨國和聯合國拉姆薩濕地東亞中心、國際濕地科學家學會、社團法人台灣濕地學會合作，直接進入臺灣濕地祕境，以國際化和地方化的角度，分析最精彩的濕地生態系統，進行深入導讀和解說。國內外濕地專家學者嚴謹的科學分析與討論，指出臺灣濕地永續管理和發展的意義。

「野性濕地」首度跨國和聯合國拉姆薩濕地東亞中心、國際濕地科學家學會、台灣濕地學會合作，並出版專書。

共分四集，第一集討論高山湖泊濕地、森林濕地、垂直濕地；第二集討論農田濕地與沼澤濕地；第三集討論河川濕地與河口濕地；第四集討論海岸濕地與藻礁濕地。

題解決、環境經營、青少年與社區發展、城市即社會—生態系統等』」。

《綠芽教師》是臺灣濕地教育非常重要的資料庫。

《綠芽教師》是國內濕地環境教育讀物的先驅者，累積出非常重要的資料庫。（攝影：方偉達）

CHAPTER

22 全球濕地保護和復育政策

依據《濕地保育法》，主管機關為二〇二三年新成立的內政部國家公園署，掌管《國家公園法》、《濕地保育法》、《海岸管理法》等。

從二〇〇七年全國公園綠地會議公布《國家重要濕地地圖》，二〇〇八年在臺灣舉行的國際濕地科學家學會亞洲委員會第一屆亞洲濕地大會，到二〇二一年紐西蘭的第十一屆國際生態學會(INTECOL)國際濕地大會，筆者皆有參與，此次紐西蘭《濕地權利世界宣言》相當值得參考。

1 濕地營造之法

濕地的營造，要遵照自然之法，同時也要尊重當地人民的意願。傳統的濕地營造，充滿了生態智慧，屬於地方性的人工濕地工法。人工濕地是近代最重要的生態保育工程，建造於河岸高灘地，在國內已有許多案例。人工濕地設置完成之後，可以適時提供資訊反饋與修正機制。其精神在於透過遞迴的程序反覆操作與修正，取得人類與自然協調共處的棲地經營模式。這一套模式，透過在地化建築設計(location-based architectural design)，適用於發展需求具高度複雜性與不確定因子系統，同時也具有可隨時效性需求而調整改變的優點。

景觀就是剖面圖——從規劃、設計到批判，從城市到小學教育

濕地營造需要考慮城市的發展以及景觀的規劃。臺灣城鄉與區域研究構造、功能及歷史變遷發展，其源流與發軔引自美國重點大學學派，包含規劃學派、設計學派及批判學派：

1. **規劃學派**：賓州大學都市計畫學派、區域計畫、環境規劃。
2. **設計學派**：哈佛大學景觀生態學派、地理資訊系統、景觀模擬、城市設計、景觀規劃。
3. **批判學派**：芝加哥學派、基進地理學和馬克斯學派、後現代地理學與後現代主義（柏克萊時期），到城市批判、城市正義、環境主義、參與式規劃。

二〇一七年，賓州大學設計學院院長斯坦那（Frederick Steiner）來到臺灣參觀陽明山國家公園，以及人工濕地陰陽池的設計。二〇二三年哈佛大學設計學院院長懷亭（Sarah Whiting）、二〇二四年副院長柯克伍德（Niall Kirkwood）與斯坦那陸續來訪臺灣，和臺北市市長蔣萬安討論臺北市的建設規劃。臺灣濕地「規劃、設計與批判」時代已經來到。

二〇二四年針對臺灣城鄉「規劃、設計與批判」，需要進行源流的分類。例如從自然解方（nature-based solutions）、零碳經濟、循環經濟，到整個城市鄉村的規劃設計，從點狀、線狀到帶狀的循環發展；從「垂直」濕地到「垂直」城市等。

內政部國土管理署副署長徐燕興說：「國土規劃與發展，需要向下扎根，進行公民論述。」三十年前在美國，市民參與（citizen participation）已經是一門科目的課程名稱。市民參與、街頭宣講、小學扎根，《大富翁》桌遊的「城鄉規劃」（小學生的桌遊遊戲）等，可將自然解方、永續經濟、循

二〇二一年紐西蘭第十一屆國際生態學會（INTECOL）國際濕地大會決議《濕地權利世界宣言》

倡議者：國際濕地科學家學會、濕地權利倡議委員會

依據：

1 承諾各原住民族和當地社區在濕地和其他自然地區生存數千年之權利。

2 因應全球趨勢，世界文化民族都逐漸強烈認識**濕地和其他自然地區的人格身分**。

3 在紐西蘭奧特亞羅亞，毛利人最大組織IWI近年來領導自然權利的成就，例如建立萬加努伊河人格身分的法律承認，認可此一流域，為從山脈到海洋之間，不可分割且與生活息息相關的整體元素（特阿瓦圖普阿法案I）。此節符合毛利人長期以來所持有的生態系統的觀點，即**土地和資源權利**，**係由土地自身擁有**，**此節否定了人類對於土地的所有權**，**並強調人類履行監護權**，**而不是統治權**。

4 全球科學家和相關人士已經認識到，此時採取行動的極端迫切性，以扭轉氣候變遷和生物多樣性喪失和退化的趨勢。

5 全球濕地科學家和相關人士體認立即採取行動，以扭轉濕地損失和退化的極端迫切性，並認識到儘管五十年前各國政府正式闡述了此一需要，惟《拉姆薩國際濕地公約》的面積和濕地狀況，卻繼續惡化。

6 全球濕地科學家和相關團體認識到濕地維持穩定氣候、提供適應氣候的能力和適應氣候的關鍵作用。包括了支援生物多樣性、濕地獨特的脆弱性，以及氣候變遷。

7 該法承認特阿瓦圖普阿為「**不可分割的生活整體**，**包括從山脈到海洋的萬加努伊河系**，**結合的地理、物理和哲學元素**，**形成法人人格權利資格**，**包括法律義務和責任**」。

8 原住民族和當地社區的聲音持續傳遞，科學界也意識氣候變遷和生物多樣性喪失和退化有關，包括濕地、森林，以及其他重要生態系統的喪失和退化。

上述損失往往是由於土地和水源的利用變化，導致直接毀損（包括開發、燒毀森林、過度開採地下水和地表水）或是來自於生物多樣性和濕地的轉換（農業和森林種植園區、河流的疏濬，以及築壩），以及由上述原因造成的間接破壞（海平面上升、海洋酸化、風暴和洪災、二氧化碳濃度增加、水溫上升、乾旱發生率），其他間接影響，包括入侵物種的擴散。因此，解決氣候、生物多樣性和濕地緊急狀況，需要伴隨著人類與自然之間關係的變化調控，因此，第十一屆國際濕地大會的出席者需要解決：

1 在人類與濕地關係之中，進行倫理和法律規範轉移，以有效應變全球氣候、生物多樣性、濕地和土地使用變化緊急情況，並且解決人類與自然關係的根本錯位的問題。

2 支援《濕地權利世界宣言》，承認《拉姆薩國際濕地公約》所界定的所有濕地的固有權利和生存關係，促進典範轉移。

3 參加國際濕地大會的代表贊同並支援《濕地權利世界宣言》，並致力通過《宣言》。

4 全球科學家和濕地社區，以個人和組織身分，致力於支持和促進《濕地權利世界宣言》的有序發展，推進人類與濕地關係的倫理和法律典範變移，加快濕地和生物多樣性保護和復育濕地發展所必需的要件，從而重建穩定氣候，使之公平且永續適應氣候變化之長期影響。

5 為達上述目的，請《拉姆薩國際濕地公約》締約方承認濕地固有權利，並致力有效整合原則，納入《公約》下的未來政策和實踐。

（資料來源：有關濕地權利進一步資料可參見《濕地權利世界宣言》https://www.publish.csiro.au/mf/MF2019)

環經濟的ESG，融入濕地環境教育。

此外，關於「景觀就是剖面圖」的脈絡與精神，可說明臺灣對於現況的思考方向，不是從平面圖，而是從3D剖面圖開始。

濕地景觀不僅是一場人類歷史烙印在大地的剖面圖，更是俯瞰圖。如果以人的高度來看，視角永遠是狹隘的。人類在水平線上的視角，無法看到濕地在夕陽西下時的波瀾壯闊，以及落日墜入山後的一抹餘暉。需要登上群山的高度，透過一種俯瞰視角，才能夠看清這片大地。哈佛大學教授，也就是「地理資訊系統之父」卡爾・史坦尼茲(Carl Steinitz)以及他的學生在一九九〇年代發展在景觀規劃中使用資訊管理和視覺影響評估的開創性探索過程，[9] 討論的就是「濕地景觀就是俯視圖」。

從衛星遙測，進入地理資訊系統分析，是一段很長的路程。我們在教育過程中的學習，似乎缺乏了基本訓練，例如，學習景觀的正射影像的「校正」；從衛星影像、空照圖進行數位地圖的「數化分析」等。

人類的高度有限，大地卻廣袤無窮。如果從「鳥類的視角」，我們將會看到「看蒼茫大地，誰主浮沉」。一張富含豐富景觀的濕地俯視圖，如鷹隼視角動態追逐萬物「蹤跡」，看盡大地，這也是哈佛大學教授理查・佛爾曼(Richard Forman)所說的「基質、區塊、廊道」(Matrix, Patch, Corridor)。從大地的起伏地形中，蜂擁而出的視角理論，可以和凱文・林曲(Kevin Lynch)的《都市意象》(*The Image of the City*)相結合。

大地的投影是豐富的，呈現三度空間投影的運動軌跡，需尋找到三度空間中的「地標」。這和過去學者所說的「剖面」、「平面」不同，還加上「時間序列」。

9 Carl Steinitz, *A Framework for Geodesign*, (Esri Press, 2012).

曾經，筆者研究一種「正射影像的穿越」，以人工精準的數化，結合地理資訊系統，進行鳥類多樣性的呈現。

「大數據」是人類一筆一筆觀測出來的。這個時代，也許即時的物理數值，可以以二十四小時不斷的監測系統進行數據呈現；但是「生物多樣性」無法如此進行。如果所有資訊都能通過5G呈現，將會更準確，得到這個世代的生物數據的觀測研究。

2 人工濕地復育工程：多樣化的棲地與城市淨化新典範

濕地是自然的，而透過人工恢復的濕地，亦有必要進行保護以及管理。

人工濕地可保護棲地，增進生物物種多樣性，讓瀕危物種重新獲得棲地，得到生存繁殖的機會。在水質劣化的地區，或是生物種類少的貧瘠陸域，建造水質淨化型的人工濕地，稱為「復育工程」(restoration engineering)，這使原本不具多樣性生物的地區，成為多樣生物的棲地。

人工濕地能夠具備生態保育的功效，主要的工法特性在：

1 提供水域，而水域與周邊的潮濕環境，增加景觀空間分布的多樣性，提供更多樣生物棲息的機會。

2 所具的營養成分，提供食物鏈初級生產者所需，更成為初級消費者或高級消費者的食物來源。

3 初級生產者進行光合作用，吸收更多陽光、產生更多碳源，成為生物群落能量的來源。

4 挺水性植物提供許多隱蔽的空間，減低外界干擾，吸引野生動物前來棲息與繁殖，成為野生動物在空間分布時，物種源的所在來源。

5 長期穩定的水位，成為生物遷移的廊道（corridor），許多人工濕地面積不大，仍然具有生態保育的功能，甚至成為遷移性鳥類、蝶類、魚類、蟹類暫時性的庇護所。

6 會經由複雜的生物、地質、化學循環，分別在各種暫時或長期貯留及源出處，如水體、植物、微生物、沉積物以及介質間進行轉移，因此在氮、磷等元素的處理機制上能發揮作用，達到淨化水質的功效。

人工濕地營造

「濕地營造」的觀念，隨著西方環保技術引進國內，近年來已成為環境復育的主流項目。依據濕地植物生態功能，當人們在研究如何解決汙水處理，以及考慮增加生物多樣性和調節地表微氣候的過程中，除了部分河川水域汙染嚴重地區，需要設置汙水處理設施外，最經濟與最具生態效益的方法，即是建造人工濕地，來改善當地水質，並且增強其他生態基礎建設（ecological infrastructure）。

臺灣目前營造人工濕地，規劃單位考慮以水質自然淨化、工程安全、節省能源、現地取材、生物多樣性、環境教育、提升整體自然品質及景觀美質為主軸，施工單位應該以最低的成本與最自然的方式，在營造過程中同時達到「水質改善」、「生態保育」與「生物多樣性」三贏的目的。

依據環境部現地處理（on-site treatment）原則，濕地營造需要進行依地制宜的地方化建築設計，在汙水排放附近將汙水或排水就地處理，以免汙水直接排入河川。這種建築設計，有別傳統目前水質淨化現地處理場址，也已納入國家重要濕地之中。

在政策方面，現階段營造濕地，應融合在都市規劃內，利用停車場、開放空間、住家前庭或是公路腹地設計小型人工濕地，不但可做為景觀池，同時在暴雨季節，亦可發揮減少地表逕流、過濾汙染及降低地表氣溫的效果。

同時，應該考慮利用閒置的河川、溝渠，運用人工濕地，進行生態工程，依據濕地植物在不同地方的日照、水文蒸發散量、生長季節性及汙染去除效能等，考慮濕地植物多重效能，營造自由水層流動濕地（Free water surface wetland, FWS）或表層下流動濕地（Sub-surface flow wetland, SSF）等不同類型的設計。

濕地營造需要結合科學家、景觀建築師、城市規劃師及社區居民共同參與，一方面可以倡導保育目標；另一方面，還可以倡導生態旅遊。對於水生動植物棲息環境，建議政府成立濕地保護區，以志工團體扮演後續管理及監測的角色。在擴大營造方面，鼓勵政府開發單位或是企業界對城市濕地的認養或捐助。例如，在進行重大工程開發案的環境影響評估前，政府可以先要求開發業者回饋相對開發面積，

自由水層流動濕地（Free water surface wetland, FWS）

模擬天然濕地的水文狀態，設計淺凹窪地，底層具有土壤層或其他介質，底部土壤層約二十公分。當水流從分水管進水，流到人工濕地中，流水在濕地表層自由流動。汙水流到濕地底層的土壤，經過與水生植物的莖、根部接觸後，進行過濾及吸收，達到淨化的效果，其間栽種高密度挺水性植物，使其約占百分之五十的表面積。由於自由水層流動濕地外觀接近天然濕地，除了汙染防治功能外，可以營造出新的野生動物棲息地，增強鄰近濕地在野生動物保育上的功能，並具有美化景觀的效果。

做為城市濕地營造地區。國有財產署在二〇一九年底訂定「國有土地認養原則」，由民間保育團體認養二千公頃的國有鹽田、監測生態，暫時化解部分鹽田開發的危機。

高灘地人工濕地營造

過去人工濕地的營造，著重於汙水淨化，但是因為許多人工濕地的基地位於河岸高灘地上，高灘地種植的水生植物，經過颱風、暴雨及洪流沖刷，在颱風季節之後，幾乎所剩無幾。原有應用生態水池的營造工法，已經不敷使用。氣候變遷，豪暴雨機率增加，洪氾加劇，導致人工營造的濕地植被經常被沖走。因此濕地設計師（wetland designer）應該針對其主要限制、次要限制，進行規劃設計，例如對洪水氾濫的忍受度、後續帶來的影響等，以期透過水生植物的根系吸收力及土壤的緩衝力，來過濾有機物與懸浮物質，達到淨化水質的目的。

為了增加生物多樣性功能，可以利用植栽的特性，讓河域的邊緣隱藏在花葉之中，不留人工的痕跡，透過調節水位高度，可控制邊緣植物擴散的範圍。

此外，為了吸引濕地物種，河岸的邊緣應該漸次傾斜，成為淺灘，其中栽種的水緣植物，如燈心草的高聳枝稈，可成為蜻蜓及蜻蜓稚蟲水蠆蛻變的棲所，並且加強高灘地人工濕地的營造標

表層下流動濕地（Sub-surface flow wetland, SSF）

指的是進流水從分水管流到人工濕地，充填約四十到六十公分厚的可透水性砂土或碎石做為介質，以支持挺水性植物的生長。其間汙水被迫在土壤表層下流動，流過土壤砂土、植物根系及根莖，進行過濾及吸收作用，達到水質淨化的效果。此種系統由根系區間法（root-zone method, RZM）和蘆葦床處理系統（reed bed treatment system, RBTS）技術演進而來。

準作業程序。

採用階梯式固床工工法，因其整體穩定性佳，又有分段跌水消能特性，具有緩坡面及多孔空間，可營造多樣性環境空間；配合上下游形成水池，可完整營造豐富之河道生態環境。經證明，可有效穩定河槽，保護植栽免於被洪水沖走。以下即為高灘地人工濕地的營造措施：

1 營造觀賞平臺，階梯式固工法的多孔隙，形成水鳥棲地。
2 營造高低差的水流，搭配不同淨化水質的濕地植物。
3 較深的河床可形成瀨池。
4 營造彎曲的牛軛彎道，加上高低河階，以使流速更為緩慢。
5 抬高上游水位之作用，長期而言增加地下水補助的效果。
6 營造水流的動態美感，搭配整體造型的地方感（sense of place）的景觀營造，可成為優美的地方觀光景點。

3 未來濕地何在？共生的未來

在臺灣，我們一方面看到濕地復育的成效，另一方面也看到濕地破壞的速度。配合二〇五〇年淨零碳排政策，臺灣四處可見光電板在鹽田濕地之中蔓延。[10] 在沿岸和海域架設風機，影響了生物多樣性。

10 楊弘任，〈「養水種電」的行動者網絡分析：地方政府、光電廠商與在地農漁民〉，《臺大人類學刊》，第15卷第2期，2017年，頁45至96。

高灘地人工濕地的營造措施，包括復育當地濕地植物、營造觀賞平臺與階梯式的多孔隙棲地、營造高低差的水流，搭配淨化水質不同的濕地植物，並且需要控制除汙植物布袋蓮的擴散，以營造水流的動態美感。加上搭配整體造型的地方感(sense of place)景觀營造，可成為優美的地方觀光景點，例如五分港溪濕地。

五分港溪濕地(攝影：方偉達)

景觀規劃——河道植物分析

河域的邊緣隱藏在花葉之中，不留人工痕跡。透過調節水位高度，可控制邊緣植物擴散的範圍。燈心草的高聳枝桿，可成為蜻蜓及其稚蟲水蠆蛻變的棲所。

(資料：方偉達；重新繪製：朱欣儀)

埤塘植物設計

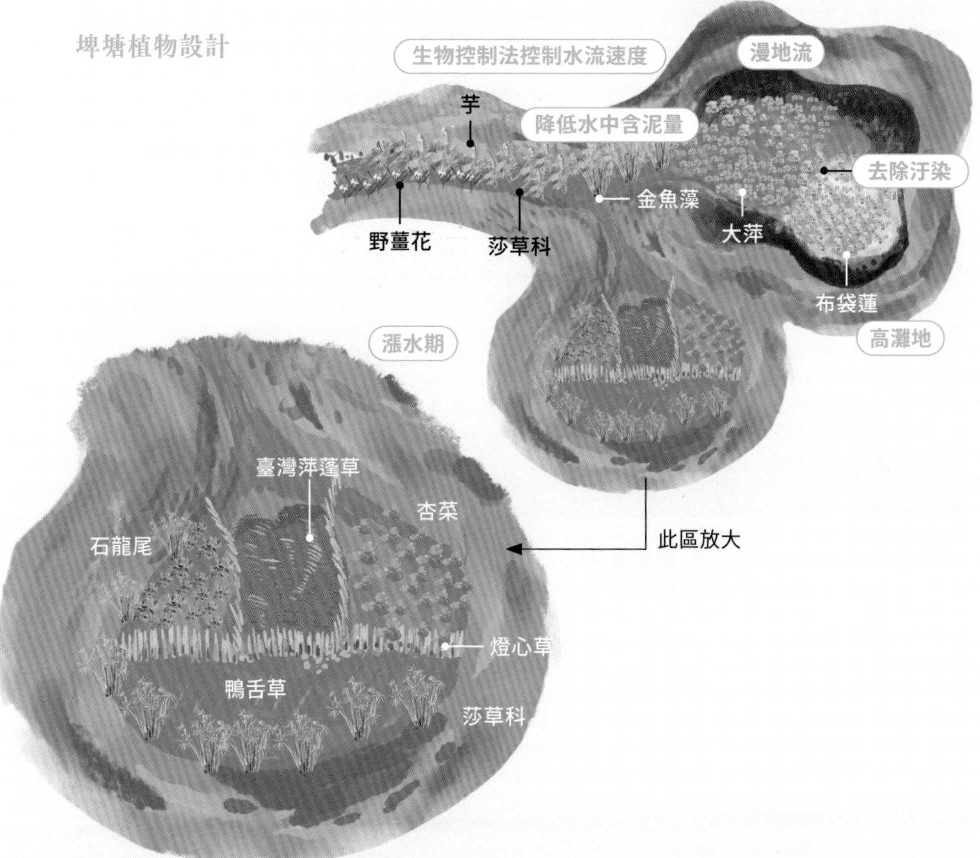

布袋蓮(*Eichhornia crassipes*),也稱為鳳眼蓮,原產於南美洲亞馬遜河流域的漂浮性水生植物。由於快速繁殖和擴散能力,在全球許多地區成為有害的入侵物種,對當地的生態系統造成影響。控制布袋蓮的方法有多種,以下是常見的控制措施:

1. **手動移除**:這是最直接的方法,但需要大量人力和時間。通常適用於小範圍的布袋蓮清除。
2. **機械清除**:使用專門的機械設備來清除大面積的布袋蓮,效率較高,但成本較高。
3. **生物控制**:引入布袋蓮的天敵,如昆蟲或魚類,來自然抑制其生長。
4. **資源化利用**:將布袋蓮轉化為有用的產品,如製作有機肥料、動物飼料,或是手工藝品,不僅能控制其生長,還能創造經濟價值。

在臺灣,布袋蓮也被廣泛應用於水質淨化和沼氣生產,但其快速繁殖仍需嚴格控制,以防止對水體環境造成負面影響。

(資料:方偉達;重新繪製:朱欣儀、丸同連合)

濕地營造需要結合科學家、景觀建築師、城市規劃師及社區居民共同參與，倡導保育與生態旅遊。濕地保護區建議以志工團體扮演後續管理及監測的角色。圖為臺南市樹谷園區（上）與七股潟湖（下）。（攝影：方偉達）

依據《拉姆薩國際濕地公約》，稻田、鹽田、魚塭都是重要濕地（Wetlands）。從空中俯瞰臺灣鹽田和魚塭，光電板林立導致環境棲地破碎，嘉義布袋的鹽田光電板開發面積為一〇二公頃，臺南七股鹽田光電板開發面積二九四公頃。西海岸光電板和風機陸續開發，大量砍樹，填掉濕地、埤塘、鹽田，摧毀了濕地原有的生物多樣性，壓縮了生態系統，以及漁民和農民原有的權益。

濕地保育應呼應《拉姆薩國際濕地公約》精神，以保育與明智利用兼容並進為原則，「明智利用」強調在不破壞生態系統的前提下，合理且可持續地利用自然資源。其核心理念包括：一、適地、適性、適量：在濕地生態系統的承載範圍內，進行適當的資源利用，確保生態系統的穩定和永續性。二、生態平衡：強調保護生態系統的完整性，避免過度開發和資源浪費。三、社會經濟效益：在保護環境的同時，兼顧當地社區的經濟發展和生活品質。

明智利用的理念體現在以下幾個方面：一、農漁業活動：允許在不破壞生態的前提下，進行傳統的農漁業活動，既能保護濕地生態，又能維持當地居民的生計。二、生態旅遊：推動生態旅遊，讓更多人了解和關注濕地保護，同時為當地社區創造經濟收益。三、教育與宣傳：通過環境教育和宣傳，提高公眾的環保意識，促進社會對濕地保護的支持，並且維護濕地健康。

濕地健康對於人類福祉發揮重要作用，提供就業機會，並且是淡水的重要來源，透過提供魚類等蛋白質，養活全球三十五億人口，確保全球糧食安全。

此外，濕地為天然屏障，保護沿海社區免受氣候變遷災害風險，如暴潮、洪水、侵蝕和乾旱。這些生態系統支持生物多樣性，還可以強化心理健康、人類福祉、維持生態平衡。

二〇二四年國際濕地重要的議題包括：一、濕地與氣候變遷；二、國際濕地展望；三、濕地科學評估與經營管理；四、濕地生物多樣性；五、濕地生態系統服務與以自然為本之解方

（NbS）；六、濕地社經與文化；七、濕地傳播與教育；八、濕地與國家政策等主題，達成濕地保育、復育、教育工作全方位的發展，以因應全球氣候變遷與極端氣候，凸顯濕地之價值與重要性。

從前我們思考的是保護區，現在我們思考其他有效地區保育措施（自然共生區域，OECM），此指「除了保護區之外的地理空間範圍之內，我們透過不同方式進行經營管理，強化生態系統功能，推動永續發展及生物多樣性」。二〇一八年，OECM的定義經過《生物多樣性公約》第十四次締約方會議，明確納入國際自然保育聯盟（IUCN）規劃，擴大保護範圍，強化永續性、保護文化習俗，包括公平和原民權利。

這是一種「自然共生」，經由社區、企業、地方政府、民間團體或個人等，透過倡議或行動，達到保護生物多樣性目標。推動長期及正向的永續發展，需要公私共營。透過永續發展的環境教育方式，強化「文化、精神、社會、經濟層面的價值」。

從山巒到海濱，擴大「生物多樣性」的保護範圍，以及「自然共生」的民間模式，我們還需要更多的智慧與努力。

參考文獻

1 葉梁羽，《臺灣濕地保育法的典範分析》，國立臺灣大學森林環境暨資源學研究所碩士論文，二〇一八年。

2 許晉誌，〈臺灣濕地保育策略及管理機制〉，《濕地學刊第五卷第一期》，二〇一六年，頁一至頁十一。

3 陳鵬升、齊士崢，〈臺灣濕地保育面臨之挑戰—以台南地區濕地劃設爲例〉，《台灣土地研究》，第二十二卷第一期，二〇一九年，頁二九至頁五七。

4 陳鵬升、齊士崢，〈臺灣濕地復育的機運與困境—以茄萣濕地爲例〉，《台灣土地研究》，二〇二〇年，第二十三卷第一期，頁四七至頁八一。

5 彭千容，《以制度分析與發展架構解析國家重要濕地評選制度》，臺灣大學公共事務研究所碩士論文，二〇二〇年。

6 游博仰，《資料中心GPU廠商發展策略分析：以輝達爲例》，國立臺灣大學商學研究所碩士論文，二〇二三年。

7 林富士，《小歷史——歷史的邊陲》。臺北：三民書局，二〇二三年。

8 魏郁欣，〈書評〉，三尾裕子編著，《臺灣で日本人を祀る——鬼から神への現代人類學》。東京：慶應義塾大學出版會，第二期，二〇二二年，頁八七至頁一〇〇。

9 榮芳杰，〈導言：邁向多元族群文化保存的相容社會〉，《全球客家研究》，第二十一期，二〇二三年，頁一至頁十二。

10 張之傑，〈中國犀牛淺探〉，《中華科技史學會會刊》，第七期，二〇〇四年，頁八五至九〇。

11 陳千里，〈移步換形別有洞天—評《中國古代文學與文化的性別審視》兼論女性主義理論的本土化問題〉，《婦女研究論叢》，第四期，二〇一二年，頁一一七至頁一二〇。

12 連淑能，〈論中西思維方式〉，《外語與外語教學》，第五十五卷第二期，二〇〇二年，頁四〇至四八。

13 羅家湘、田榮菲，〈試論商湯求雨故事中的巫風文化〉，《中州學刊》，第四十三卷第七期，二〇二一年，頁一四五至一五〇。

14 吳采諭、林瑞興，〈臺灣生物多樣性監測體系之現況與展望〉，《自然保育季刊》，第一一〇期，二〇二〇年，頁四至十七。

15 陳宛均、張安瑜、吳采諭，〈從開放資料到保育應用—以臺灣陸域脊椎動物生物多樣性熱點爲例〉—《台灣生物多樣性研究》，第二十卷第二期，二〇一八年，頁九五至一三九。

16 楊弘任，〈「養水種電」的行動者網絡分析：地方政府、光電廠商與在地農漁民〉，《臺大人類學刊》，第十五卷第二期，二〇一七年，頁四五至九六。

PART
8
濕地之跋

全球氣候變遷加快水文循環速度，使海平面上升、氣候更加詭譎多變。
濕地碳匯以及濕地可提供的生態系統服務、濕地植物所帶動的能量，
將能應對未來挑戰。
攝影：洪敏智

海洋水體內藻類及大型海洋生物蓄積的碳匯叫海洋藍碳，圖為綠島海域。(攝影：羅力)

悠悠心、莫惘悵，濯足滌纓亦輕狂。
清秋逝、豔夏老，緣訴此生，斗酒爐香。

——方偉達(一九九一年)

本書從考古、歷史、地質、地理到文化，全方位討論濕地科學。濕地科學不是科學家的事，而是眾人之事，然而科學家須承擔起科學普及的責任，傳達正確科學知識的理解與關懷。

近年來全球特別關注碳匯議題。棕碳（Brown Carbon）和黑碳（Black Carbon）在臺灣以碳匯（carbon sink）名稱使用，實為錯解，在國際上這兩者是所謂「汙染源」的表現。真正的碳匯，包括以下不同類型：

- **綠碳**（Green Carbon）：指森林和其他陸地植被吸收和儲存的二氧化碳。機制為植物通過光合作用吸收二氧化碳，並將其儲存在樹木、土壤和其他植被中。

- **青碳**（Teal Carbon）：指淡水濕地（如湖泊、河流和沼澤）中儲存的碳。機制為這些濕地通過植物和微生物活動吸收和儲存碳，並在沉積物中長期封存。
- **濱海藍碳**（Blue Carbon）：指沿海濕地（如紅樹林、鹽沼和海草床）中儲存的碳。機制為這些生態系統具有高效的碳封存能力，能夠將大量碳固定在植物體和沉積物中。
- **海洋藍碳**（Marine Blue Carbon）：指海洋水體內藻類和其他海洋生物吸收和儲存的碳。機制為浮游植物和其他海洋生物通過光合作用吸收二氧化碳或為其他海洋生物利用後，並將其轉化為有機碳，部分有機碳會沉降到深海中長期儲存。

不同類型的碳匯在全球碳循環中扮演重要角色，幫助減緩氣候變遷。國際上的定義，並無土壤中貯存的黃碳（Yellow Carbon）、棕碳和黑碳；而是正確定義的綠碳、青碳、藍碳。

最末一篇，筆者希望回溯《拉姆薩國際濕地公約》、國際濕地科學家學會、世界自然基金會（WWF）以及世界自然保護聯盟（IUCN）的精神與作為，透過臺灣參與國際公共事務和其中發生的點滴故事，談濕地碳匯、全球氣候變遷、海平面上升以及未來濕地發展的構想與展望。

淡水型濕地的碳匯叫青碳(Teal carbon)，海岸碳匯叫濱海藍碳(Blue carbon)，海岸型濕地同時擁有藍碳和青碳的碳匯特性。圖為韓國順天灣濕地。(攝影：方承舜)

CHAPTER

23 氣溫依然在暖化——濕地是人類生命延續的解方

二〇一七年六月一日，川普當選美國總統，正式退出聯合國《巴黎氣候協定》。當時環保署中有一位勇敢的中階官員，甘冒川普之大不韙，在《自然》(*Nature*)期刊上刊出令川普不悅的文章。[1] 她是凱洛琳．史奈德（Carolyn W. Snyder）。史奈德當時擔任美國環保署氣候保護夥伴關係處處長，發表了一篇關於氣候暖化的文章，將暖化模式說明得非常清楚。

二〇二一年一月二十日，拜登當選美國總統，重返《巴黎氣候協定》。史奈德轉任負責能源效率的副助理部長，領導多元化的能源效率專案和研發組合。

地球十三萬年前處於高溫期，之後溫度逐年下降，進入小冰期。一九五〇年後，全球溫度不斷上升，且上升幅度極大。史奈德說：「如果以大氣二氧化碳濃度穩定在當前水準的情況下，未來將變暖攝氏五度。」

中國北方黃河流域在七千年前，溫度比現在高約攝氏三度，雨量比現在還多，產生了黃河流域的濕地文化。當時中國北方出產水稻，甚至挖出熱帶地區

1 Snyder, C. W. 2016. Evolution of global temperature over the past two million years. *Nature*, 538(7624), 226-228.

若暖化趨勢不變，21世紀末，沿淡水河口至臺北盆地的社子島到關渡，都會浸在水下。（攝影：洪敏智）

才有的大象、犀牛骸骨。[2]如果如史奈德所形容，地球溫度將比現在高五度，是否無甚可懼？然而事實相當堪憂。

筆者計算過臺灣的氣溫增溫趨勢，一百年來，臺北增溫攝氏二度，臺中增溫攝氏二．四度，比全球一百年來的平均增溫要高。近年來隨著全球暖化，臺灣災害頻傳，科學研究亦多指出，海平面上升將造成沿海城市危機，甚至缺水，導致水的戰爭。

如果氣溫升高，冰川溶解將導致海平面上升，本世紀末，從臺北盆地中的社子島到關渡（海拔一公尺至二．五公尺），及至西南沿海地區，土地都會浸在水中，應盡早建立防洪機制，例如，沿著淡水河岸下游到西南沿海建立防災共同體。此外，建築應可參考高腳屋形制，下方使水流通

2　劉昭民，《中國歷史上氣候之變遷》。臺北：臺灣商務印書館，1982年。

過，河川蜿蜒流過屋腳，以荷蘭羊角村或是美國北卡洛萊納州的外灘(Outer Banks)為典範，高腳屋或船屋可做為未來預警。

全球氣候變遷令科學家們憂心忡忡。二〇二三年，國際濕地科學家學會刊物《濕地期刊》(SCI期刊)總編輯馬里奧斯．歐提在其主編的專書(*In Wetlands for Remediation in the Tropics: Wet Ecosystems for Nature-based Solutions*)中，刊登了兩篇由筆者等所著作的文章，討論臺灣濕地。[3] 文中談到，在濕地減緩氣候變遷方面，我們一直思考採用微藻生產生質柴油，雖然技術上可行，但要以此取代目前的化石柴油，仍有限制；未來的確有其發展性。產油微藻的含油量，約為藻體重量的二〇%到五〇%，而某些特殊藻種甚至高達八〇%。因產油速率的快慢取決於微藻的生長速率，所以選擇高產油速率的微藻是第一要務。

此外，我們也談到自然解方(nature-based solutions)的重要，並以臺灣和世界的海綿城市為例，希望以「海綿儲水」的方式，儲備能源，當做戰略物資，亦在酷熱、酷寒、水資源不均的危機下，做為一種解方。[4]

---

3 Fang, W. T., Hsu, C. H., LePage, B., & Liu, C. C. 2023. Urban Wetlands in the Tropics–Taiwan as an Example. *In Wetlands for Remediation in the Tropics: Wet Ecosystems for Nature-based Solutions* (pp. 71-92). Cham: Springer International Publishing.
Fang, W. T., Hsu, C. H., & LePage, B. (2023). Bioremediation and Biofuel Production Using Microalgae. *In Wetlands for Remediation in the Tropics: Wet Ecosystems for Nature-based Solutions* (pp. 155-174). Cham: Springer International Publishing. 本書作者來自美國、阿根廷、墨西哥、巴基斯坦、臺灣、荷蘭、澳洲、巴西、加拿大、哥倫比亞等國，共計11篇文章討論熱帶濕地的復原「整治」，臺灣就占了兩篇。

4 Fang, W. T., Hsu, C. H., LePage, B., & Liu, C. C. 2023. Urban Wetlands in the Tropics–Taiwan as an Example. *In Wetlands for Remediation in the Tropics: Wet Ecosystems for Nature-based Solutions* (pp. 71-92). Cham: Springer International Publishing.
Fang, W. T., Hsu, C. H., & LePage, B. (2023). Bioremediation and Biofuel Production Using Microalgae. *In Wetlands for Remediation in the Tropics: Wet Ecosystems for Nature-based Solutions* (pp. 155-174). Cham: Springer International Publishing.

二〇二四年，臺灣：國際濕地科學家學會(SWS)年會

二〇二四年國際濕地科學家學會(SWS)年會於十一月在臺灣舉辦，這是該年會首次來到亞洲，更是首次來到臺灣。國際級的科學家和聯合國代表將來臺討論全球最熱門的「藍碳」、「青碳」與珊瑚礁議題。筆者為該會亞洲主席，整合亞洲並邀集《拉姆薩國際濕地公約》東亞中心共同協助。

早在二〇一七年，在日內瓦附近的拉姆薩濕地會議中心總部，筆者即有機會和東亞中心主任徐昇吾、科學技術審查委員會主席羅伊·加德納(Royal Gardner)以及墨西哥籍的專家杜西·瓔芬(Dulce Infante)探討國際情勢與亞洲未來。同年於韓國順天市，拉姆薩東亞中心舉辦第九屆濕地管理者訓練工作坊，感受到來自世界各國熱愛濕地的學者、專家和官員，對於濕地保育不遺餘力。未來濕地保育長路漫漫，仍有一群人堅持往前走。[5]

國際濕地科學家學會年會的宣傳
(設計、攝影：方偉達)

5 筆者2017年到2018年擔任《拉姆薩國際濕地公約》第21屆濕地公約科學技術審查委員會(STRP)觀察員，特別感謝台灣濕地學會監事長陳章波贊助出國經費。會議之後，和朋友們共同寫了2018年的《全球濕地展望：2018年全球濕地及其爲人類提供服務狀況》，由拉姆薩公約總部出版。亦有中文簡體字版可供參考。https://www.global-wetland-outlook.ramsar.org/gwo-2018

處理回收水

人類發展從工業化、商業化到資訊社會，迅速擴張，需要增加供應衛生設施等的供水服務，這導致地表有限的水資源和自然生態系統更大的壓力；因此實現永續的衛生和廢汙水管理，將利於資源生產用途，有助於強化人類福祉。此外，水資源政策十分重要，是鞏固社會經濟的重要條件。[6]

在環境問題清單之中，水資源與大氣、廢棄物管理以及生物多樣性問題相比，水資源回收在公共經濟學中，呈現出較低的市場失靈和較低的政策失靈的徵象。考慮低市場失靈和低政策失靈，環境部等單位在內陸水域的管理，可考慮濕地市場的運作，並且鼓勵執行將汙水回收再利用等節水措施。水資源循環回收指標可以被認為是評估綜合環境管理的可信因素。

我們需要運用再生水或循環水（reclaimed or recycled water），將廢水轉化為可再用於其他目的的用水，包括灌溉花園和農田，或是補充地表水和地下水（groundwater recharge）。水回收和循環利用可以節省大量淡水，從而減少環境汙染並減少碳足跡，再生水也可以用於滿足住宅（例如馬桶沖水）、企業用水和工業用水之需求，甚至可以經過三級處理，例如透過生物處理採用之典型技術：臭氧化、超濾、好氧處理（薄膜生物反應器）、逆滲透、高級氧化等，以達到飲用水標準。

---

6 Davidson, B., Hellegers, P., & Namara, R. E. 2019. Why irrigation water pricing is not widely used. *Current Opinion in Environmental Sustainability*, 40, 1-6.

濕地生態系統服務功能

濕地環境的土地利用、水資源利用以及氣候變遷因素，都會影響濕地環境的生態系統服務功能。上述影響，超過濕地多樣性變化以及濕地本身的範圍影響。然而，在實際案例中，濕地超過目前人類對於自然解方的理解，許多碳匯的計算，尚未列入工程和管理決策考量；而工程和管理決策對國際重要濕地保育計畫之影響，亦未列入計算，例如興建光電板在重要濕地之上。

濕地應進行系統性調查研究，納入碳匯計算，以了解其動態變遷。可運用地理資訊系統計算濕地景觀碳匯，依據自然系統變遷原理，理解區域對全球氣候變化的影響。另透過濕地生態系統服務功能之研究，可了解海岸保護、生物多樣性、地下水位、土壤濕度、洪患調節以及清除汙染物等。

納入碳匯，理解濕地在景觀中連接的循環路徑，可解決環境系統平衡崩壞的問題；透過科學分析、研究人員和工程師之間的討論，可提高濕地生態系統服務功能、預測性、管理之重要性，形成學科間的環境、社會和治理「問責制」(accountability)，以負責任的環境行為，推動永續型的地方濕地治理。

以美國為例，地方政府根據《聯邦淨水法四〇四條款》、《州政府生態局法令》、《海岸法》、《汙水管理法》、《成長管理法》以及《聯邦環境政策法》，規劃出政府「濕地分級制度」，以進行管理。[7]

7　2003年9月華盛頓州政府改變濕地的分級制度，訂定濕地的分級制度2.0版，其中包括「水文、水質、生態棲地」調查，另外加上景觀，形成一個完整的分級系統。

善用濕地植物

濕地植物係依據其吸收水分的來源，決定水分如何循環，例如降雨、漫地流、地下水、空中濕氣、土壤含水、水分儲存（樹冠截留）以及水體輸出（即蒸發散量，evapotranspiration）等。

水分進入植株，藉由蒸發散的作用力，進入大氣循環。相較於陸域植物，濕地植物可藉由地下水吸收更多水分，其吸收的地下水量，比吸收到的降雨量來得多。

濕地植物依抵抗水流能力與根、莖、葉等營養器官特徵的不同，可分類為沉水性、挺水性及浮葉性植物，各自依據不同水流流速與深度而生長。流速慢，植物的根系可深入土壤，因此在流速緩慢及土壤顆粒較細的地區，植物生長密度較高；在水深且狹隘的水路，尤其是流速快、土壤顆粒較粗的濕地，不利植物生長，此區植物分布情形變得分離而且破碎化。

一些物理及化學因素會影響濕地植物的分布，例如水深、流速、地形、土壤、溫度、水質及光線與植物間的競爭等。

依據濕地植物之測量結果發現，植物生長越密集，沉積

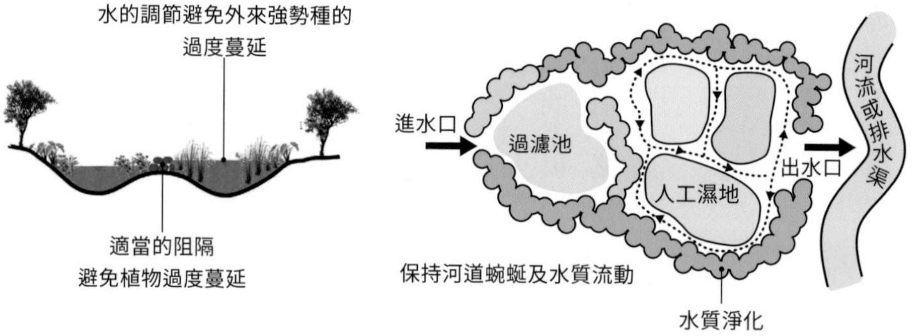

善用濕地植物，需要進行水循環和植物配置設計，棲地營造要避免植物過度蔓延。
（設計：方偉達）

回收水處理生態系統服務功能

| 濕地營造要注意回收水處理的生態系統服務功能（設計：方偉達）

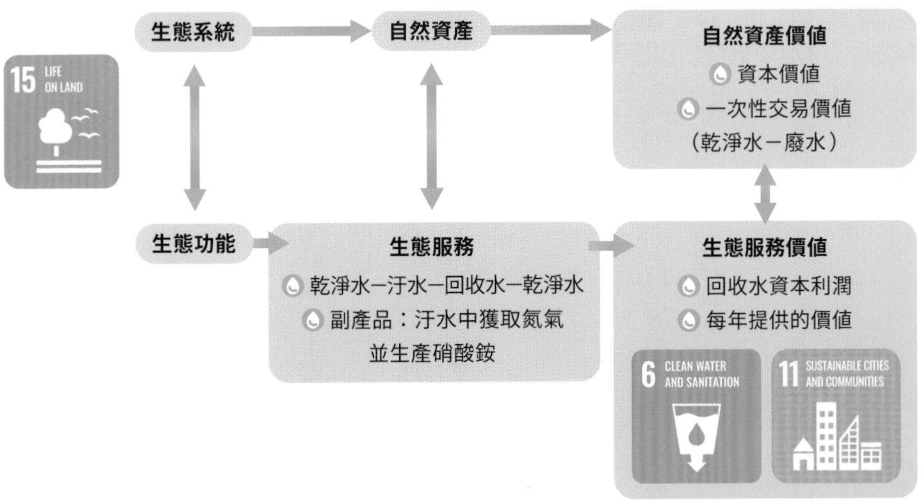

濕地建構成本

| 濕地營造也需要計算濕地營造的成本和效益（設計：方偉達）

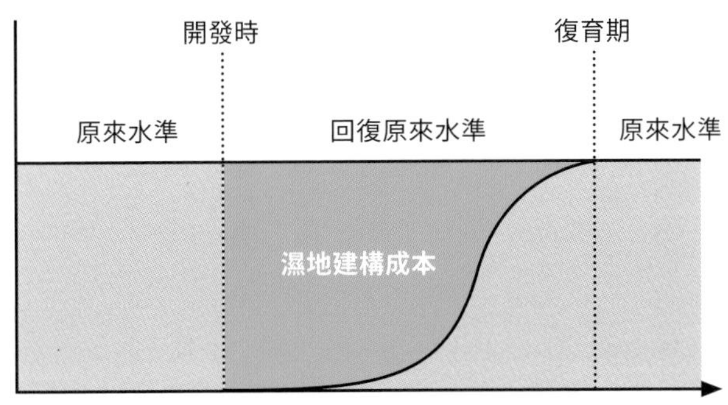

原來水準＝濕地本身生產力（水資源回收再利用）＋外部生態服務（生態廊道）

作用越強，河道曲率越形增加。上述情況會妨礙河水流動，如果降雨量增大時，河川負載力無法承受，洪氾就會發生。植物生長密集，通常伴隨著木質碎屑，會降低濕地水域流速，並且增加泥沙淤積，妨礙河水流動，因而增加洪氾頻率。然而，太少植物又達不到生態復育效果，因此濕地需要適度管理，以符合實際需要，才能發揮下列功能：

1 營造生態能量

在海岸地區，濕地長期缺氧且水質鹽分高，加上陽光照射及漲退潮影響，生物在此必須對環境有高度適應力。在河域濕地，植物的枯枝、落葉所產生的落葉層，會分解為有機碎屑，形成底棲生物的食物來源；而未被吸收的有機碎屑，則向下滲透至缺氧底層，由厭氧細菌分解。在食物鏈龐大的生態體系中，濕地植物可說是生態體系中一連串能量循環的啟動者。

2 控制洪氾與減輕乾旱

水文循環過程主要來自於海洋，當溫暖的大氣暖化海洋及陸域地區後，造成蒸發散量增加，大量的濕氣以水汽形式進入大氣層中，再經由凝結成雨的形式回到地表。由於降雨量遽增，同時造成陸域地表逕流增加，加速流動。當降雨量超過土壤的吸收能力時，多餘的水會沿著地表流動，形成逕流。

濕地植物可以降低進入河道的水體流速。逕流發生時，濕地植物可吸收水分，降低逕流進入河道的速度。在豐水量期間，濕地就像巨大海綿或是天然蓄水池，可以預防洪氾與侵蝕作用的發生。再者，乾旱發生時，植物根部可漸漸經由毛細管作用，將植株內儲存的水分往上吸附、釋出體外，減輕自然界乾旱的壓力。

3 調節地表溫度

在溫度調節方面，濕地植物具有遮蔭河道、降低水溫、減少地表反射率（Land-surface albedo）及顯熱（Sensible heat）的產生等功能，亦可降低惱人的藻華現象，做為河川中生物相的屏障。

4 防止河川侵蝕

濕地植物可以藉由阻擋水體流動，減低河岸侵蝕；植物根部也可強化河流自淨能力，藉以保護河岸免受水體侵蝕。此外，落葉層也可做為過濾系統，阻攔來自上游逕流的沉積物。這些落葉層可以除去沉積物中的磷，阻攔沉積物與養分，不僅不會造成河道淤塞，還可變成河底土壤的一部分。因此，濕地植物在阻攔沉積物與汙染物時，擁有淨化河川水質的強大功能。

此外，在城市地區當降雨量超過土壤吸收能力時，多餘的水會形成逕流，因為不透水的表面（如道路和建築物）會阻止水滲透到地下，進一步增加了地表逕流。

地表逕流增加會帶來多種環境影響，包括逕流會沖刷土壤，導致土壤侵蝕和肥沃土壤的流失。逕流會攜帶汙染物，如農藥、肥料和油汙，進入河流、湖泊和海洋，影響水質。逕流會提高洪水的風險，特別是在降雨強度高的地區。這些影響指出有效管理和營造濕地的重要性，例如通過增加都市濕地、滯洪池以及透水表面，來減少逕流，並採用適應性管理策略來應對氣候變遷帶來的挑戰。

生物多樣性指標在都市的運用

談論健康城市時，我們常以夏儂指標（Shannon-Wiener Diversity Index）或是辛普森指標（Simpson's Diversity Index）計算植物的多樣性，但栽培物種不列入計算。

夏儂指標是一種用來衡量群落中物種多樣性的指標，辛普森指標也是一種用來衡量一個群體中物種多樣性的方法。這二種指標通常用於生物多樣性研究，也可以應用於其他領域，如學校或社區的人口多樣性。

普通生態學理論以森林中的內部物種（interior species）、邊緣物種（edge species）和一般物種（generalist species）探討生物多樣性。在生態學中，邊緣效應（edge effect）是景觀生態學所說區塊和區塊之間的物種相異法則，例如森林中間的林相，和森林邊緣的林相是不同的。試問，物種在森林內部比較多，還是在森林和草澤交錯的地方比較多呢？

根據科學家的研究，邊緣效應造成物種在森林生態邊緣交錯環境出現的頻率次數較高，因此計算出來的生物多樣性也較高；反之，在森林中間的物種出現的頻率物數較低，多樣性也較低。

這個研究成果可能出乎一般人意料之外。然而，都市計畫學者所說的「都市邊緣效應」，和古典生態學中的說法不一樣。都市邊緣效應指的是人為干擾對景觀邊緣造成的生態影響，這些干擾包括蓋房子、建工廠等人類行為。城市化的人為影響，產生了物種的干擾，造成森林中的內部物種在城市中難以生存，甚至造成邊緣物種僅能勉強生存，或是較少看到；但是，一般物種卻能夠生存得很好，而且很習慣和人類雜居在一起。

生物多樣性是健康綠城市的發展指標。但是，在應用多樣性指標時，我們必須清楚了解生物多樣性指標的局限，並了解內部物種、邊緣物種和一般物種的定義不同。在計算生物多樣性時，需要慎選指標，甚至是慎選物種，因為這會直接影響結果的準確性和代表性。例如，辛普森指標適合用於衡量物種豐富度和均勻度；夏儂指標考慮了物種的豐富度和均勻度，但對稀有物種更敏感。

選擇物種時，需要排除常見的大量昆蟲，以避免某些物種過度影響多樣性指標，特別是在研究特定生態系統時。這樣的選擇可以得到更準確和有意義的多樣性評估結果。

生態學中的島嶼生物地理學理論可應用於城市生態規劃。「生境效應」指的是增加棲地多樣性、增加生物多樣性，其重要性媲美「面積效應」。面積的大小、棲地的多樣性與鄰近棲息地的現況，對於生物族群有密切的關聯。依據島嶼生態學者所主張的面積效應，城市中生物棲地（森林、湖泊、濕地）面積越小，所能涵容的生物越少。此外，因為自然生態環境鄰近城市，特有的森林、水域及陸域重疊形成的生態交錯環境（ecotone）效應不容易顯現，反而造成城市化的邊緣效應，所以在開發社區時，需要預留生物的棲息生態空間和環境，以提供較多的物種居留或是過境。

未來濕地

全球氣候變遷會加快水文循環的速度，使氣候更加詭譎多變，且持續產生大氣暖化的現象。以降雨量、蒸發散量與逕流來說，近十年大幅增加，是否會造成濕地增加或是消失，學界仍有爭議。

氣候暖化改變了暴風雨與地表洪流的頻率與分布現象，天然災害造成生物棲息地功能與結構

臺灣是從海洋上升的新興島嶼，濕地環境具有年輕、多變，以及生態薈萃的特性；亦具有大陸及海洋生態系統交會之處的特徵。（攝影：方偉達）

破壞，都需要時間恢復其原貌。氣候變遷造成乾旱現象，也使得生態環境遭到破壞與衰竭，讓許多濕地一去不返。

臺灣位於板塊碰撞隆起之處，係為從海洋上升的新興島嶼，濕地環境具有年輕、多變，以及生態薈萃的特性；亦具有大陸及海洋生態系統交會之處的特徵。

不論是自然生態與人文生態，「國際臺灣濕地學」與「臺灣國際濕地學」兩種路徑，皆有可稱頌及深入研究和討論之處。從六百萬年前臺灣島隆起開始，到濕地中出現原始人類，臺灣濕地，滄桑壯闊。本書以大篇幅進行跨時空描述，從海洋到山巔，試圖將臺灣濕地帶到讀者眼前，以史詩記錄人類「恢弘的濕地歷史」。

參考文獻

1 Snyder, C. W. 2016. Evolution of global temperature over the past two million years. *Nature*, 538(7624), 226-228.

2 劉昭民，《中國歷史上氣候之變遷》。臺灣商務印書館，一九八二年。

3 Fang, W. T., Hsu, C. H., LePage, B., & Liu, C. C. 2023. Urban Wetlands in the Tropics–Taiwan as an Example. *In Wetlands for Remediation in the Tropics: Wet Ecosystems for Nature-based Solutions* (pp. 71-92). Cham: Springer International Publishing.

4 Fang, W. T., Hsu, C. H., & LePage, B. (2023). Bioremediation and Biofuel Production Using Microalgae. *In Wetlands for Remediation in the Tropics: Wet Ecosystems for Nature-based Solutions* (pp. 155-174). Cham: Springer International Publishing.

5 Davidson, B., Hellegers, P., & Namara, R. E. 2019. Why irrigation water pricing is not widely used. *Current Opinion in Environmental Sustainability*, 40, 1-6.

6 Fang, W. T., Hu, H. W., & Lee, C. S. 2016. Atayal' s identification of sustainability: traditional ecological knowledge and indigenous science of a hunting culture. *Sustainability Science*, 11, 33-43.

7 方偉達，《圖解：節慶觀光與民俗—SOP標準流程與案例分析》。臺北：五南出版社，二〇一八年。

終章
我的濕地懷想

之一，《阿凡達：水之道》

三歲之前，我經常去溪流濕地遊玩，和外公黃清火在曹公圳釣魚。某次因為要抓一隻蜻蜓，我不慎掉入曹公圳支圳中。摸著水草，我在水中前行，追尋著蜻蜓的身影。小時候，看到「人類」的軀殼，我總有種奇異感，覺得這真是一種奇特的生物，而自己也擁有著他。隨水漂流，藍天在上，口中含的是水草，波光雲影在我身中粼粼流動。陽光在天邊，非常燦爛，而我卻一直在水流中翻滾，漸漸沉了下去。我在水中感覺得到那一片片綠色跟藍色。

我是怎麼活過來的？記得阿公在土堤，趕忙丟下一張網，將我撈起來。我像一隻魚，不知自己已經昏迷。回家以後大病一場。我的獎賞是一顆蘋果，當時臺灣的進口蘋果很貴，我嘗到生平第一個蘋果的滋味，真好！

五十多年之後，當時我在水中的情境依然鮮活。這曾經的小祕密，直到《阿凡達：水之道》（*Avatar: The Way of Water*）的場景映入眼簾，再次甦醒。兒時水中的情境不正是阿凡達所現嗎？

而今，曹公圳早已被填埋消失，左營高樓大廈林立，二〇〇六年寫的《聽，濕地在唱歌》，喚起這一段回憶，濕地卻不會再唱歌了。

看到《阿凡達》，我產生了後人類主義（posthumanism）的構想，以原住民的狩獵環境保護為內涵，泰雅族為想像主角，編織出美好回憶，「呈現一種原住民的生態智慧」。文章刊登於《永續科學》（*Sustainability Science*, SCI, IF=7.179）國際期刊（日本聯合國大學副校長主編）。[1]

之二，燈火闌珊處

二〇二三年到二〇二四年，國小六年級的方承舜一直幫忙我規劃濕地生態空中拍攝的行程，我們在北、中、南、東濕地間穿梭行進。

從石梯坪出來，經過長虹橋，我帶著哥哥方承竣、弟弟方承舜，父子三人想像著秀姑巒溪出海口過往如何成為人類播遷的路徑，仰望靜浦的北迴歸線指標。來到八仙洞時，天公不作美，下起了滂沱大雨，承竣、承舜全身濕透。

二〇二四年元月二十九日，我和承竣、承舜冒著咆嘯的寒冷暗夜，穿過驚心動魄的海岸山脈產業道路，在杳無人煙的山巒之中，騎著電動輔助自行車，行經陡峭崎嶇的產業道路。水花濺起，蟲聲唧唧，四周彷彿充滿了祖靈的召喚，希望我們安全下山。在最絕望的時候看到水璉部落的一盞明燈，就在出口。

眾裡尋他千百度。驀然回首，那人卻在，燈火闌珊處。

---

1 Fang, W. T., Hu, H. W., & Lee, C. S. 2016. Atayal's identification of sustainability: traditional ecological knowledge and indigenous science of a hunting culture. *Sustainability Science*, 11, 33-43.

我想起了古穆・巴力克、伊婕・卡娜蕭的苦難。這是我書寫過程中，最悲傷的時刻。就在撒奇萊雅水璉部落（Ciwidian，水輦）。

我不開車，沒有汽車和摩托車。所有行程，甚至遠渡韓國拉姆薩東亞濕地中心進行拍攝，都是使用大眾運輸系統、自行車，或是租借電動輔助車，以最節能減碳、最簡單的方式進行。

之三，人種相連，何須爭戰

我想像八仙洞和小馬海蝕洞的人類遺跡，是「和平文化」時期人種，也就是小黑人，和現今臺灣原住民並無關係。

我又想到沖繩。二萬三千年前沖繩的港川人，經過DNA檢測，是E單倍群。當年港川人因為追捕獵物，在沖繩港川掉到懸崖之下，粉身碎骨，遺體留存到現在。

海下悠遊的綠蠵龜（攝影：羅力）

亮島人在八千二百年前遺留的頭骨，也是E單倍群，而關島原住民、臺灣原住民，也有同樣的E單倍群。

本書初稿超過二十五萬字，從空中俯瞰到海洋潛出，北、中、南、東到離島，落筆完成之時，心中卻仍有很多惆悵，以及很深的遺憾。

駐足土地，「誰是先來，誰是後到」，複雜難言。以人類遺傳學或是人類文化學的觀點來說，臺灣可能是南島語系發源地，但是「來到臺灣之前」呢？這些人種何在？論述越發撲朔迷離。

東沙群島海浪（攝影：方偉達）

當二萬年前到一萬八千年前，海平面下降至最低的時候，從中國大陸東南沿海、臺灣、一路到沖繩，都是陸地。之後海水面上升，大家困在島嶼上；有些人砍伐大樹，挖獨木舟，離開島嶼，往太平洋上諸島前進。因此，可以說在臺灣海峽澎湖陸橋存在的時候，這些人種都是「同時存在」在一塊連接的大陸上，中間或許會有海濱水窪，淺淺的海面覆蓋在陸地上面，但並不妨礙行走。

過去臺灣島上曾經往來的住民，他們的化石頭骨何在呢？滾滾大河西逝水，泯除了遺跡，是否也泯除了爭戰。

之四，生命召喚

二〇一三年十月，我在澎湖進行海灣濕地調查。清晨六點，觀音亭前，我的臉部受到強烈撞擊，昏迷，腦部蜘蛛網內膜出血。又是一次生死交關的重擊，但我存活了下來，被召喚回來。

目睹地景變遷、風化、凋零，一個時代的濕地匆匆變化。二十一世紀末會如何，海水面上升，氣候暖化，大家是否都將成為困在島上的災民。

本書完成時，已經有了自己的生命。是下一世代的讀者們需要續寫或增刪的時刻。

人類需要健康的濕地，才能永續發展。圖為西海岸泥灘濕地。（攝影：馮振隆）

誌謝

這是一本新的嘗試。記得我們父子三人爬高山、下海洋，曾經在靜謐空虛又恐怖的夤夜穿越海岸山脈，心情就像是不斷旋轉跌宕、反覆一次又一次的「風火輪」。冬季在東北季風強力吹拂下，方承竣（竣竣）曾大聲喊著：「爸爸，我快煞不住了，手好痛。」我則回應大喊：「你煞不住整臺腳踏車就會直接摔入溪谷，我就看不到你了！」他拚命煞車。這一段畫面完全漆黑。我只聽到澤蛙和盤古蟾蜍的叫聲。

在箭瑛大橋，我們被Google誤導到海岸山脈，但仍必須把偉大的小學老師如何冒險度過湍急溪流的故事，經歷一遍。而我也必須要寫出「火神」的故事。歷史洪流中，我們卑微的生命在掙扎，而我也很快回到現實。回想起臺灣濕地生態系研討會如今已經第十五屆了，該如何栽培新秀。

撰寫本書時，筆者在臺灣各地濕地空中拍攝，感謝主管部會的許可與協助，包括內政部國家公園署、國家公園管理處、農業部林業及自然保育署、農業部林業試驗所以及各縣市政府等。

此外，寫書過程中遠赴韓國、沖繩、菲律賓、越南、泰國深入探訪，尋找原住民的文化遺跡，都要非常感謝諸多朋友的幫助。另外也要感謝主編王梵的邀稿。

拍攝過程中，我看到櫻花鉤吻鮭等許多美麗珍稀的物種，然而最大的挑戰，是我的記憶逐漸開始淡忘。我喜歡杜威・德拉伊斯瑪的著作《記憶的風景》、《遺忘的慰藉》、《懷舊製造所》，不是刻意遺忘，而是自然遺忘。「過去的總是過去，懷舊是感情的暫流。」

最後要感謝先父方薰之將軍、先母黃素梅女士、愛妻何伽穎的支持。

感謝指導單位：

國立臺灣師範大學國際臺灣學研究中心（教育部高等教育深耕計畫）、國立臺灣大學地理環境資源系地形研究室、經濟部推動會議展覽專案辦公室、國家科學及技術委員會「韌性社會與跨域治理：馬祖戰地／後戰地社會的轉型及創新」辦公室、「野性濕地：聯合國永續發展目標下的臺灣濕地生態系」一一二年科普產品製播推廣產學合作計畫（NSTC 112-2515-S-003-002-）辦公室、聯合國拉姆薩東亞中心、國際濕地科學家學會（Society of Wetland Scientists）

特別感謝：

國立宜蘭大學森林暨自然資源學系、農業部林業試驗所福山研究中心、農業部林業署宜蘭分署、農業部林業署新竹分署、內政部國家公園署陽明山國家公園管理處、內政部國家公園署太魯閣國家公園管理處、內政部國家公園署墾丁國家公園管理處、內政部國家公園署台江國家公園管理處、內政部國家公園署海洋國家公園管理處、內政部國家公園署雪霸國家公園管理處、內政部國家公園署金門國家公園管理處、海洋委員會海洋保育署、內政部國家公園署、內政部國土管理署、經濟部水利署、經濟部地質調查及礦業管理中心、農業部林業及自然保育署、農業部生物多樣性研究所、農業部林業試驗所、澎湖縣政府農漁局、交通部觀光署、國家環境研究院、環境部氣候變遷署、交通部民用航空局、臺北市政府觀光傳播局、臺北市動物保護處、臺北市議會郭昭巖議員辦公室、社團法人台灣濕地學會、社團法人臺灣濕地保護聯盟、勤美集團、山盟公益協會、國際扶輪3481地區、國際扶輪3521地區、臺北市明德扶輪社、中華民國環境教育學會、中華民國水資源環境教育學會、中華民國景觀學會、中華民國荒野保護協會、中華民國野鳥學會、臺灣生物多樣性保育學會、臺灣濕地復育協會、臺北市野鳥學會、臺北市華江濕地守護聯盟、景澤創意有限公司、合方創意股份有限公司、科文双融投資顧問股份有限公司、臺灣永續新聞網、永豐餘學院、緯穎永續基金會、內湖社區大學

洪敏智教練提供許多珍貴照片、馮振隆導演拍攝、國科會《野性濕地》提供許多珍貴影像和照片

丁宗蘇、丁照棣、丁詩同、丁澈士、丸同連合、于幼新、方承竣、方承舜、方偉光、方偉宏、方淑波、王文誠、王花俤、王姵琪、王思翰、王美珠、王乾發、王順美、王筱雯、王靚秀、王穎、王嶽斌、王鑫、史書美、甘偉文、白芷瑞、石明宗、任秀慧、伊恩、印永翔、安樹青、朱文煌、朱有田、朱達仁、江政人、江柏煒、江復正、江慧儀、江懿德、何一先、何介舜、何介舜、何奕佳、何清川、何壽川、何麗萍、吳月貴、吳正己、吳有能、吳忠信、吳忠勳、吳昌祐、吳欣修、吳思儒、吳政翰、吳茂成、吳振斌、吳振發、吳泰坤、吳祖光、吳曉雲、吳聰敏、吳聲昱、呂正華、呂光洋、呂佩倫、呂登元、呂憲國、宋曜廷、李天行、李在哲、李佩珍、李宗育、李怡寧、李承嘉、李旺龍、李冠群、李勇達、李建興、李玲玲、李素馨、李培芬、李晨光、李裕紅、李鴻源、李豐楙、李鎮洋、汪明輝、汪靜明、沈淑敏、沈賜川、阮忠信、卓英仁、周永暉、周睿鈺、周儒、林子淩、林巾力、林文和、林巧雯、林安邦、林廷芳、林志豐、林宗儀、林幸助、林昆海、林昌平、林昌榮、林明志、林玫君、林俊全、林建南、林思民、林益仁、林惠真、林登秋、林華慶、林瑞興、林裕彬、林澔貞、林蔚任、林憲文、林曜松、武昕原、武海濤、邱文彥、邱立文、邱祈榮、邱英浩、邱淑媞、姜明、姜榮寬、施上粟、施習德、柯伶樺、柯金源、柯建興、柳婉郁、洪伯邑、洪廣冀、胡世澤、胡秀芳、胡哲明、韋煙灶、倪世標、夏瑞紅、夏榮生、孫維潔、徐昇吾、徐堉峰、徐棟、徐貴新、徐韶良、徐燕興、桂景星、翁佳音、翁義聰、袁孝維、袁金塔、康敏平、康敏捷、張子超、張弘毅、張宇欽、張育傑、張芳德、張珣、張素玢、張國恩、張清義、張尊國、張順發、張鈺崴、張維銓、張馨文、梁一萍、梁世武、梁皆得、莊佳穎、莊明德、許文龍、許明仁、許晉誌、許書國、許瑛玿、許嘉軒、許銘謙、許慧如、郭一羽、郭方宜、郭瓊瑩、陳力豪、陳子英、陳文山、陳王時、陳世偉、陳仕泓、陳正雄、陳永松、陳永森、陳宇俊、陳克林、陳志榮、陳佳宜、陳秉亨、陳亮全、陳宣汶、陳建忠、陳映伶、陳昭倫、陳界山、陳美汀、陳貞蓉、陳重仁、陳泰宏、陳乾隆、陳國勤、陳敏明、陳章波、陳焜銘、陳達新、陳漢石、陳德鴻、陶翼煌、陸國先、陸曉筠、傅祖怡、彭立沛、彭啟明、曾知善、曾彥學、游旨价、游舜德、童慶斌、賀安娟、馮振隆、黃生、黃仲平、黃仲生、黃光瀛、黃向文、黃宗煌、黃怡春、黃金聰、黃俊翰、黃茹蘭、黃偉哲、黃國文、黃國琴、黃基森、黃盟元、黃群策、黃韶顏、黃瀚嶢、黃釋賢、楊平世、楊瑞芬、楊嘉棟、楊磊、楊樹森、楊樺、楊懿如、葉至誠、葉欣誠、葉淑蓮、葉謙、董澤平、詹允文、詹順貴、鄒淑蘭、廖一光、廖林彥、廖桂賢、廖運志、廖榮鑫、廖學誠、廖學誠、趙芝良、趙淑德、劉小如、劉世芳、劉正祥、劉守禮、劉奇璋、劉宗勇、劉東啟、劉南玉、劉思岑、劉美慧、劉祥麟、劉榮傳、劉靜榆、潘忠政、蔡文潔、蔡木寬、蔡志申、蔡尚宏、蔡玲儀、蔡慧敏、鄭仲傑、鄭先祐、鄭建瑋、鄭國威、鄭凱方、鄭瑞昌、盧淑妃、盧道杰、蕭崇仁、賴建信、賴榮一、賴榮孝、錢尚璞、戴琳儷、薛怡珍、薛美莉、謝昭華、謝偉松、謝蕙蓮、鍾志鵬、簡又新、簡旭伸、簡連貴、顏愛靜、魏志潾、魏國彥、羅力、龐新蘭、蘇玉萍、蘇成田、蘇淑娟、蘇惠珍、蘇碩斌、顧訓龍

撒奇萊雅人古穆・巴力克(Komod Pazik)與伊婕・卡娜蕭(Icep Kanasaw)

臺灣重要濕地分布簡圖
東海
中
國
馬祖
烏坵
金門
外傘頂洲
澎湖群島
基隆嶼
龜山島
臺
灣
綠島
蘭嶼
小琉球
東沙群島
東沙島
南海
菲
律
賓
太平島
南沙群島
夢幻湖重要濕地
淡水河流域重要濕地
北海岸河系系統
淡水河流域
許厝港重要濕地
內寮重要濕地
基隆市
臺北市
桃園埤圳重要濕地
桃園沿海河系流域
南港202兵工廠及周邊重要濕地
桃園市
新豐重要濕地
新北市
雙連埤重要濕地
頭前溪流域
頭前溪生態公園
香山重要濕地
頭城沿海河系系統
新竹市
蘭陽溪口重要濕地
竹南沿海河系流域
新竹縣
蘭陽溪流域
西湖重要濕地
五十二甲重要濕地
宜蘭縣
後龍溪流域
苗栗縣
無尾港重要濕地
鴛鴦湖重要濕地
大安溪流域
南澳沿海河系系統
大甲溪流域
南澳重要濕地
高美重要濕地
烏溪流域
七家灣溪重要濕地
臺中市
大肚溪口重要濕地
太魯閣河系流域
彰化沿海河系流域
花蓮溪口重要濕地
彰化縣
花蓮溪流域
成龍重要濕地
濁水溪流域
南投縣
椬梧重要濕地
草坔重要濕地
馬太鞍重要濕地
鰲鼓重要濕地
花蓮縣
雲林縣

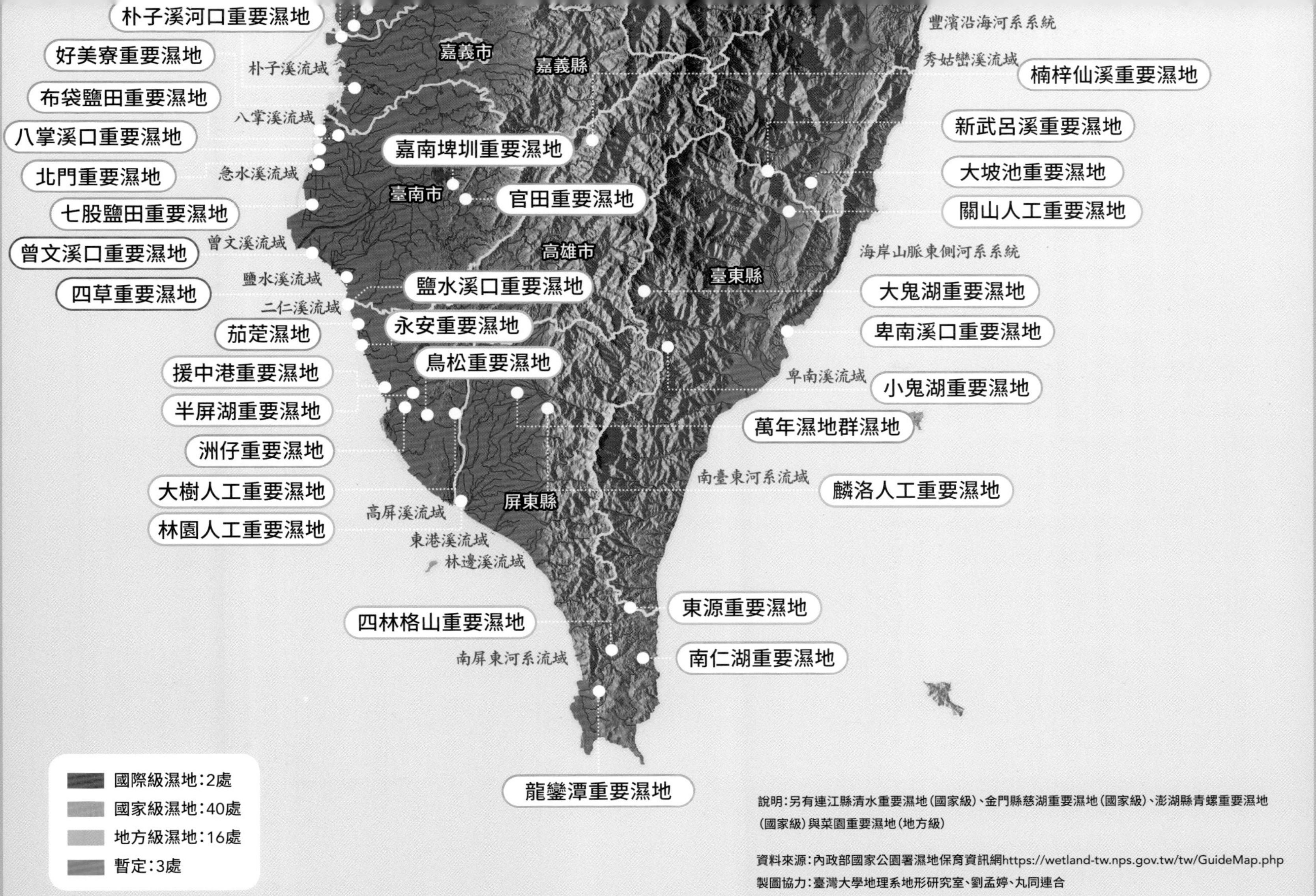

說明：另有連江縣清水重要濕地（國家級）、金門縣慈湖重要濕地（國家級）、澎湖縣青螺重要濕地（國家級）與菜園重要濕地（地方級）

資料來源：內政部國家公園署濕地保育資訊網https://wetland-tw.nps.gov.tw/tw/GuideMap.php

製圖協力：臺灣大學地理系地形研究室、劉孟婷、丸同連合

beNature 10

臺灣濕地誌

從東亞文明到臺灣與周遭島嶼的濕地變遷、人群流動與物種演替史卷

Chronicles of Taiwan's wetlands : a history of human mobility, species and wetlands evolution

---

作　　者　方偉達

野人文化股份有限公司 第二編輯部
主　　編　王梵
封面設計　盧卡斯
內頁設計　丸同連合 UN-TONED Studio
圖表繪製　丸同連合 UN-TONED Studio、朱欣儀、吳貞儒、劉孟婷
校　　對　林昌榮

出　　版　野人文化股份有限公司
發　　行　遠足文化事業股份有限公司
　　　　　（讀書共和國出版集團）
地　　址　231新北市新店區民權路108-2號9樓
電　　話　(02)2218-1417 傳真：(02)8667-1065
電子信箱　service@bookrep.com.tw
網　　址　www.bookrep.com.tw
郵撥帳號　19504465遠足文化事業股份有限公司
客服專線　0800-221-029
法律顧問　華洋法律事務所 蘇文生律師
印　　製　通南彩色印刷股份有限公司
初版一刷　2024年10月
定　　價　750元
I S B N　978-626-7555-23-1
EISBN(PDF)　978-626-7555-21-7
EISBN(EPUB)　978-626-7555-22-4

國家圖書館出版品預行編目(CIP)資料

臺灣濕地誌：從東亞文明到臺灣與周遭島嶼的濕地變遷、人群流動與物種演替史卷
Chronicles of Taiwan's wetlands : a history of human mobility, species and wetlands evolution
/方偉達著.—初版.—新北市：野人文化股份有限公司出版：遠足文化事業股份有限公司發行，2024.10
392面；17×23公分.—(beNature；10)
ISBN 978-626-7555-23-1((平裝)

1.CST：溼地　2.CST：歷史地理　3.CST：人文地理　4.CST：臺灣
351.68　113015669